凝聚隧道及地下工程领域的

先进理论方法、突破性科研成果、前沿关键技术，

记录中国隧道及地下工程修建技术的创新、进步和发展。

中国隧道及地下工程修建关键技术研究书系

面向挑战与创新的大盾构隧道修建技术系列

特高压电力

越江管廊修建关键技术

陈　鹏　肖明清　韩先才　陆东生　王华伟　等　编著

KEY TECHNOLOGIES FOR CONSTRUCTING

ULTRA-HIGH VOLTAGE POWER

PIPE CORRIDOR CROSSING RIVERS

人民交通出版社

北京

内 容 提 要

本书依托苏通 GIL 综合管廊盾构工程,对工程建设过程中的科研成果和施工方法进行总结,主要内容包括绪论、盾构机装备选型与设计技术、泥水输送管道耐磨及刀盘防结泥饼冲刷设计、密实砂层掘进参数优化选择与刀具更换技术、高水压盾尾密封系统设计与盾尾刷更换技术、成型隧道稳定控制技术、长距离大断面快速同步施工技术、沼气地层长距离独头掘进安全穿越技术。

本书可供从事隧道工程及相关领域建设工作的专业技术人员参考,也可供高等院校土建类相关专业师生学习使用。

图书在版编目(CIP)数据

特高压电力越江管廊修建关键技术 / 陈鹏等编著.
北京 : 人民交通出版社股份有限公司, 2024.11.
ISBN 978-7-114-19889-2

Ⅰ. TU990.3

中国国家版本馆 CIP 数据核字第 2024ST3013 号

Tegaoya Dianli Yuejiang Guanlang Xiujian Guanjian Jishu

书　　名: 特高压电力越江管廊修建关键技术
著 作 者: 陈　鹏　肖明清　韩先才　陆东生　王华伟　等
责任编辑: 谢海龙　李学会
责任校对: 赵媛媛
责任印制: 刘高彤
出版发行: 人民交通出版社
地　　址: (100011)北京市朝阳区安定门外外馆斜街 3 号
网　　址: http://www.ccpcl.com.cn
销售电话: (010)85285857
总 经 销: 人民交通出版社发行部
经　　销: 各地新华书店
印　　刷: 北京博海升彩色印刷有限公司
开　　本: 787 × 1092　1/16
印　　张: 13.5
字　　数: 320 千
版　　次: 2024 年 11 月　第 1 版
印　　次: 2024 年 11 月　第 1 次印刷
书　　号: ISBN 978-7-114-19889-2
定　　价: 108.00 元

隧道及地下工程

出版专家委员会

中国隧道及地下工程修建关键技术研究书系

面向挑战与创新的大盾构隧道修建技术系列

本书编委会

序一

盾构机被誉为工程机械之王,是国家装备制造业整体实力的集中体现,而大直径盾构机在工程机械领域更是堪称"皇冠上的明珠",它集隧道掘进、出渣、衬砌拼装、导向纠偏等功能于一体,是穿江越海实施大断面隧道施工不可或缺的"国之重器"。

近二十年来,随着城市化进程的加速推进和交通需求的迅猛增长,隧道工程不断朝着大埋深、大断面、长距离的方向发展,大直径盾构的应用日益增多,隧道断面利用形式也越来越灵活。从长江之滨到黄河两岸,从湖泊浅滩到海湾深处;从"京津冀"到"长三角"再到"粤港澳大湾区"……面向国家重大战略工程需求,面对环境艰险复杂区域、城市核心密集敏感区、江河海峡等高风险水域的建设挑战,立足"科技自立自强",穿越"江河湖海城"下的大盾构隧道修建技术日益发展与完善。因此,及时对工程项目及科研创新成果进行总结,梳理凝练百花齐放、因地制宜又各具特色的大盾构隧道修建核心技术方法体系,对于推动我国隧道及地下工程技术进步和重大装备的创新发展具有重要意义。

中铁十四局集团有限公司作为我国盾构施工领域的代表性企业,是我国盾构研制及施工技术实现从无到有、从小到大、从弱到强、从"跟跑"到"并跑"到"领跑"华丽转变的见证者和参与者,更是我国水下盾构隧道掘进机制造和复杂地质条件下盾构隧道建造技术达到世界先进水平的攻关者和推动者。从10m级到13m级，再到16m级……不断向更大、更深、更长、更难的盾构隧道发起挑战——攻克了水压最大（深江铁路珠江口隧道，1.06MPa）、埋深最大（深江铁路珠江口隧道，106m）、覆土最浅（常德沅江隧道，4.6m）、岩石最硬（厦门地铁2号线穿海隧道，192MPa）、地质最复杂（南京和燕路隧道，上软下硬、长距离硬岩、岩溶密集、断层破碎带及冲槽叠加段）、距离最长（通苏嘉甬高铁苏州东隧道，11817m）、长距离并行高铁且距离既有构筑物最近（上海机场线盾构隧道，0.7m）、直径最大（济南黄岗路穿黄隧道，17.5m）等施工难题，在铁路、公路、市政、水利、能源等专业领域的大直径盾构隧道工程中，积累了丰富的技术和管理经验。

"一代技术带来一代工程的革命"，丛书依托中铁十四局集团有限公司诸多典型工程的科研创新及技术攻关成果，聚焦大直径盾构隧道修建核心技术，秉持"标准化、精细化、智能化、科学化"的发展理念，基于躬身潜行、不断刷新掘进纪录过程中积累的海量数据和技术经验，致力于通过系统凝练诸多基础性理论研究成果和突破性技术，构建具有自主知识产权的大直径盾构隧道修建关键核心技术体系。

大盾构的创新进取之路才刚刚开启，探索地下空间的漫漫征途徐徐铺展，期待系列丛书持续记录大盾构技术发展、突破的历程，系统呈现国家战略科技力量多学科协同攻关的原创性、引领性科技成果，体现人工智能、先进制造、绿色低碳等创新驱动要素在隧道工程"智能、安全、绿色"融合发展中的关键作用，为推动隧道及地下工程领域的智能建造开辟新的发展赛道。

中国工程院院士 钱七虎

序二

当前,新一轮科技革命和产业变革突飞猛进,科学研究范式正在发生深刻变革,学科交叉融合不断发展,科学技术和经济社会发展加速渗透融合。大直径盾构作为我国高端产业发展的代表,在广大科研、建设专业技术人员的共同努力下,创新链产业链日益融合,针对各类地质条件、越江跨海等极端复杂工况的修建技术体系日益完善,正在从量的积累迈向质的飞跃、从点的突破迈向系统能力提升。因此,及时对过去一段时期大直径盾构隧道修建技术进行系统的总结,促进知识共享,推动技术进步,对于该领域的安全、有序、高效发展具有重要的推动作用。

中铁十四局集团有限公司作为以大盾构为技术核心的施工企业,依托市场需求、集成创新、组织平台的优势,构建了企业牵头、高校院所支撑、各创新主体相互协同的创新联合体,并以此布局构建了集装备设计、研发、施工于一体的全产业链供应体系。依托其承建的国内长、大、深、险等典型盾构工程,通过推进重点项目协同和研发活动一体化,持续开展原创性、引领性技术攻关,在盾构新型刀具与高效掘进、微扰动掘进控制技术、特殊及复杂地层安全掘进技术、"四超"条件下盾构掘进技术、盾构隧道构件智能拼装技术、盾构隧道同步推拼新技术、盾构隧道智能建造技术、盾构浆渣绿色处理技术等关键核心技术方面不断取得突破。"面向挑战与创新的大盾构隧道修建技术系列"是对上述诸多前沿性、突破性科研成果及工程实践经验的系统凝练。瞄准产业发展的制高点，立足科技自立自强，秉承“共建、共享、共创、共赢”的发展理念，丛书汇聚了以京张高铁清华园隧道、济南黄河济泺路隧道、苏通GIL管廊工程等为代表的100km大盾构创新成果，对于引领行业整体技术水平的提升具有重要促进作用。

善学者尽其理，善行者究其难。现代工程和技术科学是科学原理和产业发展、工程研制之间不可缺少的桥梁，衷心期待作者团队与行业同人一道，依托丰富的工程实践与产业优势，面对更大直径、更大埋深、更复杂工况的挑战，与时俱进，革故鼎新，凝练科学问题，加强多学科融合的现代工程和技术科学研究，带动基础科学和工程技术发展，持续记录、总结，在大直径盾构隧道修建领域形成完整的共性技术供给体系。

是为序。

中国工程院院士 [signature]

前言

随着全球能源结构的转型和可再生能源的大规模接入，特高压电力输送技术已成为解决能源分布不均、提高能源利用效率的重要手段。其中，特高压电力越江管廊是这一技术中的核心环节。苏通GIL综合管廊工程作为“淮南—南京—上海1000kV交流特高压输变电工程”穿越长江段的关键节点工程，是我国首条大断面电力特高压输变电隧道，也是国内强渗透地层中单面掘进长度最大的隧道工程，开创了我国特高压输变电工程穿越江、河、湖、海等大面积水域的新模式，对国家输电网建设具有显著的引领和示范作用。隧道长距离穿越长江主航道，面临开挖断面大、高水压、工程建设区地质和水文条件复杂、内部结构复杂、穿越沼气地层等施工难题。

为了安全高效和高质量地完成建设任务，由中铁十四局大盾构工程有限公司牵头，联合中铁第四勘察设计院集团有限公司、武汉大学、中南大学等多家单位共同组成科研团队开展协同攻关，形成了高耐压防爆型泥水盾构总体设计、泥水盾构关键部件性能研究及优化设计、高磨耗地层下泥水盾构环流系统关键技术、超高水压密实砂层掘进模型试验及参数优化配置、超高水压密实砂层泥水盾构刀具优化设计及换刀技术、超高水压强透水地层泥水盾构盾尾刷保护及更换技术、泥水盾构长距离直接穿越沼气地层无抽排及管片上浮抑制关键施工技术等成果,克服了大直径盾构高水压长距离穿越沼气地层水下隧道施工难题,是当前大直径盾构水下隧道施工先进技术的代表。

本书依托苏通 GIL 综合管廊盾构工程,对工程建设过程中的科研成果和施工方法进行总结,共分为 8 章,第 1 章主要介绍苏通 GIL 综合管廊工程的建设背景和建设意义,对工程范围、周边环境、地质与水文情况以及面临的重难点进行概括介绍。第 2 ~ 8 章,主要针对工程重难点情况,从盾构机选型、刀具磨损预测检测及更换、盾尾刷更换保护、成型隧道稳定控制、快速同步施工、通风技术等方面进行全面系统地介绍。

本书在编写过程中,得到“面向挑战与创新的大盾构隧道修建技术系列”学术委员会及组织委员会专家学者的指导和大力支持,在此谨向各位专家表示崇高敬意与由衷感谢。笔者深知知识无涯,本书所呈现的内容只是冰山一角,希望本书能为从事盾构隧道建设的广大科研工作者提供参考借鉴,为促进我国盾构隧道修建技术的发展作出贡献。书中的缺点、错误在所难免,恳请各位专家和读者批评指正。

作　者

2024 年 8 月

目录

第1章
绪　论

大时代

盾智行

构未来

1.1 综合管廊概况与修建技术

1.1.1 综合管廊概况

综合管廊又称共同沟,它是实施统一规划、设计、施工和维护,建于城市地下用于敷设市政公用管线的市政公用设施。综合管廊的最大特点就是在城市地下建造一个隧道空间,将市政、电力、通信、燃气、给水排水管线等各种管线集于一体,设有专门的检修口、吊装口和监测系统,实施统一规划、统一设计、统一建设和统一管理,以做到地下空间的综合利用和资源的共享,有效改善城市道路反复开挖、电线杆林立、空中管线密布等问题。

在发达国家,综合管廊已经存在了一个多世纪,在系统日趋完善的同时其规模也有越来越大的趋势。早在1833年,法国人结合巴黎下水道的富裕空间,开始建设世界上第一条综合管廊,综合管廊内容纳了自来水、通信、电力、压缩空气管道等市政公用管道。此后,英国的伦敦、德国的汉堡等欧洲城市也相继建设地下综合管廊。1926年,日本开始建设地下综合管廊,到2023年,日本在东京、名古屋、横滨、福冈等近80个城市建造了总长达2057多公里的地下综合管廊。

我国第一条综合管廊于1958年在天安门广场敷设。相对国外发达地区而言,我国的管廊建设起步较晚,发展较慢。但是近年来,我国综合管廊建设步入了“快车道”。仅2016年一年,全国147个城市28个县已累计开工建设城市地下综合管廊2005km。截至2022年6月,我国累计建设城市综合管廊6000km,建成廊体近4000km,逐步扭转了“重地上、轻地下”的现象,取得了较好的社会效益、经济效益和环境效益。

电力管廊是综合管廊中的重要组成部分,GIL管廊是综合管廊在电力系统的典型应用。GIL是指在地下隧道中敷设气体绝缘金属封闭输电线路(Gas-insulated Metal Enclosed Transmission Line,简称GIL)。它将高压载流导体封闭于金属壳体内,注入绝缘性能远远优于空气的高压六氟化硫(SF_6)气体,极大地压缩了输电线路的空间尺寸,实现高度紧凑化、小型化设计,成为替代架空输电线路的紧凑型输电解决方案。“十三五”时期以来,GIL综合电力管廊得到了政策上的大力支持,多数试点城市都积极扩大对GIL综合管廊的投资和建设。历年来,GIL项目以短距离输电为主,应用场景丰富。随着技术发展与工程需要,GIL综合管廊项目逐渐朝着更高电压、更长距离的方向不断发展。现代化的GIL电力管廊建设方式也朝着智能化、绿色环保方向发展。近年来国内典型GIL管廊项目见表1.1-1。

近年来国内典型GIL管廊项目　　表1.1-1

电压等级(kV)	长度(km)	项目名称	建设时间(年)
220	0.1	高新5号主变扩建及220kV母线分段工程	2019
220	2.1	溧阳时代新能源总降变-余桥变220kV输电线路工程	2018
220	4.8	无锡荣港街道220kV悬梁线迁改入地工程	2019

续上表

电压等级(kV)	长度(km)	项目名称	建设时间(年)
220	11.4	外电引入项目220kV GIL	2018
220	20	滨江片区220kV线路迁改工程	2019
500	1.9	江门500kV江西线、顺江线加装串抗工程	2018
500	3.7	太平岭项目	2020
1100	34.7	淮南—南京—上海1000kV交流特高压输变电工程苏通GIL综合管廊工程	2019

1.1.2 综合管廊修建技术

目前综合管廊的主要施工方法包括明挖现浇法、顶管法、明挖预制拼装法、浅埋暗挖法和盾构法。表1.1-2给出了几种工法的比较。

不同工法修建综合管廊的比较　　表1.1-2

工法名称	地层适应性	工艺特点	施工要求	施工速度	结构形式
明挖现浇法	适应性强，可在各种地层中施工	工艺简单	施工要求简单，安全性一般	施工速度快，可根据现场调节	临时围护结构和内部结构衬砌
顶管法	适应性差，主要应用于软土地层	工艺复杂，不适合长距离掘进	机械化程度高，施工人员少，安全性高	施工速度快	单层预制衬砌
明挖预制拼装法	适应性强，可在各种地层中施工	工艺简单	机械化程度高，安全性高	施工速度快，可根据现场调节	单层预制衬砌
浅埋暗挖法	适应性差，主要用于粉质黏土及软岩地层，软土地层及透水性强的地层中需有多种辅助措施	工艺复杂，工程规模较小时不需要大型机械	机械化程度低，施工人员依赖性高，作业环境较差，安全性高	作业面小，施工速度较慢	复合式衬砌
盾构法	适应性较强，主要用于软土地层	施工工艺复杂，设备造价高	机械化程度高，安全性高	施工速度快，为矿山法的3～8倍	单层预制衬砌

1.2 工程概况

1.2.1 建设背景和意义

淮南—南京—上海特高压交流工程是国务院批复的大气污染防治行动计划的12个重点输电通道之一[《关于加快推进大气污染防治活动计划12条重点输电通道建设的通知》(国能电力〔2014〕212号)],是华东特高压主网架的重要组成部分,工程已于2014年4月21日获得国家发改委核准[《国家发展改革委员会关于淮南—南京—上海1000千伏交流特高压输变电工程核准的批复》(发改能源〔2014〕711号)]。

工程新建南京、泰州、苏州三座变电站,新建同塔双回路线路779.5km,需跨越淮河、长江。工程建成后,在华东地区将形成全国首个1000kV特高压交流环网,不仅可以提高华东电网接纳区外电力的能力,提升电网安全稳定水平,也可有效解决长三角地区短路电流大面积超标问题,对满足华东地区长三角经济社会发展和用电需求具有重要意义。同时,工程的建设有利于资源节约型、环境友好型的绿色特强电网发展,对推动经济社会持续健康发展也将起到重要作用。

继2017年锡盟—泰州、锡盟—南京两条特高压直流线路相继投运后,受端华东电网大规模交直流混联的系统安全和电网稳定面临挑战,也给作为重要节点工程的苏通GIL综合管廊工程建设带来了较大的工期压力。

苏通GIL综合管廊工程首次将大盾构技术与特高压输电技术相结合,采用盾构法水底隧道的形式过江,与架空线路大跨越相比,具有不受气象条件制约、不影响航运、防灾减灾性能好、战略意义重大等诸多优点。对国家输电网建设具有显著的引领和示范作用。

1.2.2 建设条件

1)工程地质

苏通GIL综合管廊位于长江下游三角洲平原近前缘地带,就地貌单元而言,GIL管廊陆域部分及水域部分地貌单元分别为长江河漫滩和长江河床,该段长江由南北大堤防护,长江南岸大堤堤高约7m,长江北岸大堤堤高约4.3m。陆域地势平坦开阔,地面自西向东微倾,两岸向江边低倾。北岸地面高程相对较低,一般为2.5~3m,南岸地面高程3.2m左右。

南岸始发工作井场地位于苏通大桥管理处院外南侧规划用地,距离长江南岸大堤263m左右,地势相对平坦,地面有浅水塘分布,塘底高程2.8~3.0m;北岸接收井场地属于长江漫滩滩涂,近年围垦而成,距离新建成的长江北岸大堤270m,周边200m外无建(构)筑物,地势平坦,交通便利。管廊隧道水域部分位于长江江底沉积地层。

工程建设场址位于长江三角洲,具河口段沉积物特点。松散层巨厚,隧道深度范围内均为第四系地层。根据揭露地层的地质时代、成因、岩性、埋藏条件及其物理力学特征等进行工程地质地层划分。具体划分如下:

(1)第四系全新统冲洪积地层(Q_4^{al+pl}):共分为4个地质层组(①～④层),主要为冲洪积及静水沉积,由上到下依次为$①_1$粉细砂、$①_2$粉砂混粉土、$①_{2-1}$粉质黏土夹粉土、$①_3$粉砂、②粉质黏土、$③_1$淤泥质粉质黏土、$③_2$粉砂、$③_3$淤泥质粉质黏土、$③_4$粉质黏土与粉土互层、$③_5$淤泥质粉质黏土、$③_6$粉质黏土、$④_1$粉质黏土混粉土、$④_2$粉土。

(2)第四系上更新统冲洪积地层(Q_3^{al+pl}):共分为6个地质层组(⑤～⑧层),主要为砂土,呈细-粗-细-粗的沉积韵律,由上到下依次为$⑤_1$粉细砂、$⑤_2$细砂、$⑥_1$中粗砂、$⑥_{1-1}$粉砂、⑦粉细砂、$⑧_1$中粗砂、$⑧_{1-1}$粉质黏土、$⑧_2$粉细砂、$⑧_4$中粗砂。

另外,DK0+700～DK1+720段存在生物成因浅地层天然气(沼气),沼气的主要成分为甲烷(CH_4)(占比85%～88%)。地下工程施工有时会产生有害气体,其危害之大越来越引起社会的关注。这些有害气体通常是指瓦斯(沼气)、二氧化碳(CO_2)、硫化氢(H_2S)及氨气(NH_3)等天然气体,在施工过程中如果处理不当,严重时会造成燃烧或爆炸等后果。有害气体类型主要为可燃性气体(CH_4)、H_2S、O_2和CO等,气体成团块状、囊状局部集聚分布,赋存地层主要为砂层,S72沼气溢出点位于隧道管廊顶部约4m,S74沼气溢出点位于隧道管廊底部约20m,两沼气溢出点之间无隔气层,初步判定该沼气对隧道管廊有影响。初步估计气体压力为0.4～0.9MPa。

工程地质状况见表1.2-1。

工程地质状况一览表　　表1.2-1

时代成因	层号		地层名称	颜色	状态	特征描述	层底埋深(m)	厚度(m)
	层	亚层					最小值～最大值 平均值	最小值～最大值 平均值
Q_4^{ml}	0		填土			人工回填而成,分布于沿线道路、长江南岸北大堤及南岸表层	0.7～0.9 0.8	0.7～0.9 0.8
Q_4^{al+pl}	1	1	粉细砂	灰色	饱和	颗粒均匀,级配不良,含少量贝壳碎屑、黏土颗粒,该层顶部为新近吹填江砂,局部为细砂	2～15 8.5	2.5～15.0 8.75
Q_4^{al+pl}	1	2	粉砂混粉土	浅灰色	饱和	松散～稍密,夹薄层软塑粉质黏土,级配好,可见水平层理,含云母及腐殖质	20.1～21.6 20.85	10～11 10.7
Q_4^{al+pl}	1	2-1	粉质黏土夹粉土	灰色	软塑～可塑	切面稍光滑,韧性中等,干强度中等,局部夹薄层粉土,该层为$①_2$粉砂混粉土的亚层	18.1～31.5 24.8	3.1～10 6.55
Q_4^{al+pl}	1	3	粉砂	灰色	稍密～中密	饱和、级配好,含少量贝壳碎屑,含少量黏粒	5.9～52 28.95	3.4～27 15.2
Q_4^{al+pl}	2		粉质黏土	灰黄色	软塑～可塑	局部夹粉土薄层,为南岸硬壳层,自上而下状态逐渐变软	2.5～4.8 3.65	2.5～3.9 3.2

续上表

时代成因	层号		地层名称	颜色	状态	特征描述	层底埋深(m)	厚度(m)
	层	亚层					最小值~最大值 平均值	最小值~最大值 平均值
Q_4^{al+pl}	3	1	淤泥质粉质黏土	灰色	流塑,局部软塑	该层夹少量粉砂、粉土,含少量腐殖质及碎贝壳,有腥臭味,局部含少量朽木,有机质含量约4.7%	1.7~10.6 6.15	1.7~6 3
Q_4^{al+pl}	3	2	粉砂	灰色	松散~稍密	饱和、局部夹少量粉质黏土、粉土薄层和碎贝壳	4.5~13.7 9.1	2.2~7.2 4.7
Q_4^{al+pl}	3	3	淤泥质粉质黏土	灰色	流塑	夹少量粉砂、粉土,含少量腐殖质及碎贝壳,有腥臭味	2~21.1 11.55	2~9 5.5
Q_4^{al+pl}	3	4	粉质黏土与粉土	灰色	软~可塑	粉质黏土与稍密~中密的粉土互层,含云母,局部夹薄层粉细砂	11.3~20.5 15.9	1.1~3 2.05
Q_4^{al+pl}	3	5	淤泥质粉质黏土	灰色	流塑	局部呈软塑状态,夹少量粉砂、粉土,含少量腐殖质及碎贝壳	15~26.5 20.75	2.2~7.5 4.85
Q_4^{al+pl}	3	6	粉质黏土	灰色	软塑	局部呈流塑状态,夹少量粉砂、粉土,含少量腐殖质及碎贝壳	7.6~29.8 18.7	2.4~5.6 4
Q_4^{al+pl}	4	1	粉质黏土混粉土	灰色	软塑~可塑	内夹薄层粉土,切面不光滑,偶含少量细砂,偶见朽木	1.8~55.1 28.45	1.8~22.6 12.2
Q_4^{al+pl}	4	1-1	粉细砂	灰色	中密~密实	饱和、局部夹薄层粉土,为④$_1$粉质黏土混粉土亚层,以透镜体形式在④$_1$粉质黏土混粉土中分布	10.6~54.7 32.65	0.5~11.3 5.9
Q_4^{al+pl}	4	2	粉土	灰色	密实	饱和、局部含粉砂,深槽以南段连续发育,深槽以北地段缺失	18.2~60.9 39.55	6.2~23.1 14.65
Q_3^{al+pl}	5	1	粉细砂	灰色	密实	饱和、以粉砂为主,少有粒径大于0.25mm的颗粒,级配好,局部夹薄层粉土或粉质黏土。主要矿物成分为石英、长石等,其中,石英含量约占全重的68%	6~72. 8 39.4	1.3~22.3 11.8
Q_3^{al+pl}	5	1-1	粉土	灰色	密实	饱和、上部混大量黏性土,为⑤$_1$粉细砂亚层,以透镜体形式局部分布于⑤$_1$粉细砂层中	45.5~61.5 53.5	3.5~6.2 4.85
Q_3^{al+pl}	5	1-2	中粗砂	灰色	密实	饱和、主要矿物成分为石英、长石等,在⑤$_1$粉细砂底部发育	39.6~56.3 47.95	2.2~6.8 4.5

续上表

时代成因	层号		地层名称	颜色	状态	特征描述	层底埋深(m)	厚度(m)
	层	亚层					最小值~最大值 平均值	最小值~最大值 平均值
Q_3^{al+pl}	5	2	细砂	灰色	密实	饱和、级配一般。主要颗粒粒径在0.075~0.25mm范围内。主要矿物成分为石英、长石等,其中,石英含量约占全重的73%	14.7~68.3 41.5	2.2~6.8 4.5
Q_3^{al+pl}	6	1	中粗砂	灰色	密实	饱和、颗粒磨圆好,级配好,普遍含有粒径为1~2cm的颗粒,颗粒最大粒径为8cm,局部可定名砾砂~卵石。主要矿物成分为石英、长石等,其中,石英含量约占全重的78%	24.5~94 59.25	2.4~16 9.2
Q_3^{al+pl}	6	1-1	粉砂	灰色	密实	饱和、级配一般,为⑥$_1$中粗砂的亚层,分布在⑥$_1$中粗砂中,分布不连续	34~76.7 55.3	1.7~4.9 3.3
Q_3^{al+pl}	7		粉细砂	灰色	密实	饱和、级配一般。粒径大于0.25mm的颗粒约占全重的25%,主要矿物成分为石英、长石等	44.2~103.8 74	4.4~20.8 12.6
Q_3^{al+pl}	7	1	粉质黏土	灰色	硬塑	含少量中、细砂,切面光滑。该层以透镜体形式局部分布于⑦粉细砂层顶部	45.8~50.1 47.95	0.7~4.1 2.4
Q_3^{al+pl}	7	2	中粗砂	灰色	密实	饱和,该层以透镜体形式局部分布于⑦粉细砂中部,主要矿物成分为石英、长石等	80.3~87.8 84.05	4.9~7 5.95
Q_3^{al+pl}	8	1	中粗砂	灰色	密实	饱和、分选好,级配较好,粒径大于2cm的颗粒约占全重的13%,局部夹厚度2~4cm的薄层粉质黏土,含少量粉土团块。主要矿物成分为石英、长石等	50.7~117.1 83.9	4~20.1 12.05

2)水文地质条件

工程建设站址区气候温暖湿润,降雨量充沛,地势平坦,有利于大气降水的入渗补给。且站址区濒临长江,地表水资源十分丰富,地下水与江水发生直接的水力联系。地下水水位主要受 大气降水和地表水体的影响,并与长江水形成密切的补排关系,呈季节性变化。工程场地地下水类型主要为潜水、微承压水和承压水，具体描述如下：

(1)潜水

工程场地浅部地下水类型属潜水，潜水含水层主要赋存于浅部地层中的填土、黏性土、砂性土和黏性土的粉土夹层中，其中③$_2$ 粉砂层和③$_4$ 粉质黏土与粉土互层属相对强透水层，透水性较好。②粉质黏土、③$_1$ 淤泥质粉质黏土、③$_3$ 淤泥质粉质黏土、③$_5$ 淤泥质粉质黏土、③$_6$ 粉质黏土和④$_1$ 粉质黏土混粉土属相对弱透水层，渗透性较差。潜水主要补给来源为大气降水、地表径流补给，以蒸发的方式排泄。勘测期间实测地下水位(混合水)埋深为0.90～1.40m。根据区域水文地质资料，潜水位埋深年变幅为0.50～1.50m。

(2)微承压水

④$_2$ 粉土为微承压含水层，渗透性相对较好，水平向渗透系数为$1.2\times10^{-4}\sim2.3\times10^{-4}$cm/s，垂直向渗透系数为$3.3\times10^{-5}\sim1.3\times10^{-4}$cm/s。与下部⑤$_1$ 粉细砂承压水层有连通性，其水量丰富。因微承压水含水层埋藏较浅，其承压水水头压力和水量对基坑工程的影响应引起足够的重视。

(3)承压水

⑤$_1$ 粉细砂～⑧$_1$ 中粗砂为承压水含水层，属良好含水层，富水性好，渗透性好，微承压含水层和承压含水层具有连通性。

1.2.3 工程设计

1)隧道平面

盾构法隧道自南端始发井向北敷设，在苏通大桥展览馆东侧(水平净距32.13m)避让展览馆，随后下穿南岸长江大堤进入长江河道，下穿常熟港专用航道后在江中下穿既有－40m深槽区向北走行(距－50m深槽约320m)，依次下穿长江主航道及营船港专用航道，再下穿北岸大堤抵达北岸工作井，盾构段总长度为5468.5m，隧道平面布置如图1.2-1所示。

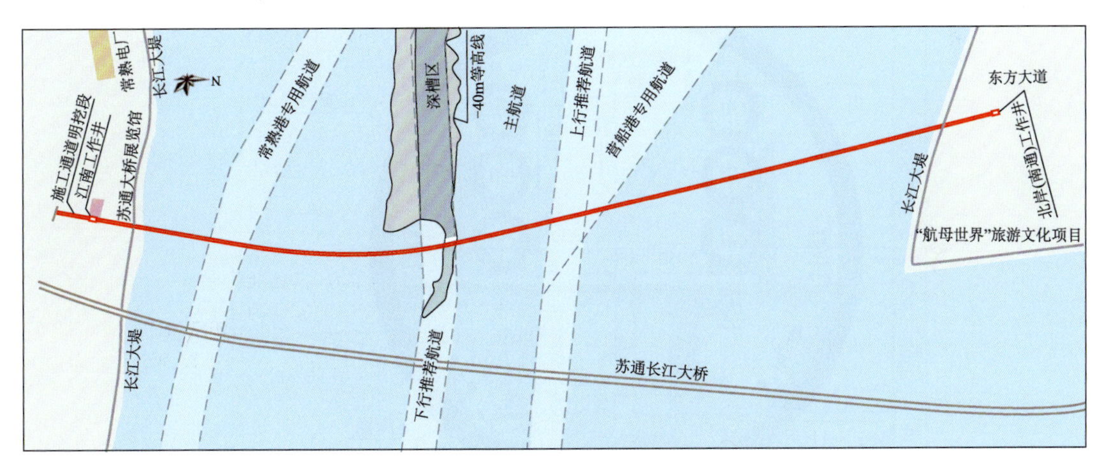

图1.2-1 隧道平面布置示意图

2)隧道纵断面

盾构法隧道自南端始发工作井向北走行，最小曲线半径2000m。线路出南端始发井以5.0%的大坡度下行，后接2.3457%的坡度继续下行，后继续以5.0%、0.5%的坡度下行至隧道最低点（最低点位置隧道结构顶面高程 -62.23m，底面高程 -74.83m），后以 0.5%、3.1% 的坡度连续上行接 0.5% 的坡度上坡，坡长 2119.804m，最后以 5% 的坡度上坡，坡长 549.309m，到达北岸接收井。线路最低点处水深约 79.8m，最大水压力 0.798MPa，江中最大覆土厚度约 46m，水土压力最大值接近 0.95MPa，隧道纵断面布置如图 1.2-2 所示。

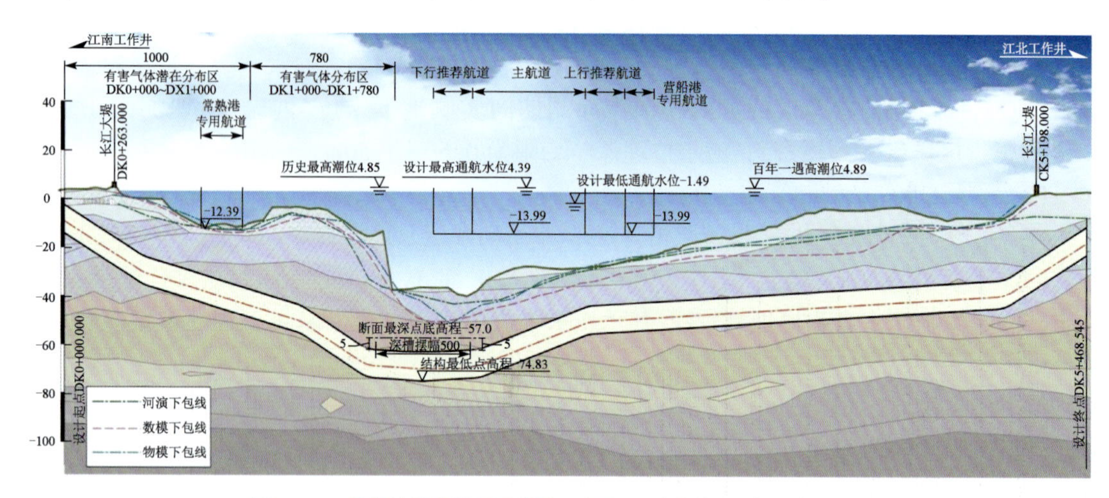

图 1.2-2　盾构法隧道纵断面布置示意图（尺寸单位：m；高程单位：m）

3）隧道横断面

隧道横断面布置如图 1.2-3 所示。管廊横断面采用圆形布置，分为上下两个部分，考虑到 GIL 运输、安装和检修维护，两回 GIL 管道分别垂直布置在管廊上层两侧，同时在管廊下层两侧预留两回 500kV 电缆廊道，下层中间箱涵设置人员巡视通道。

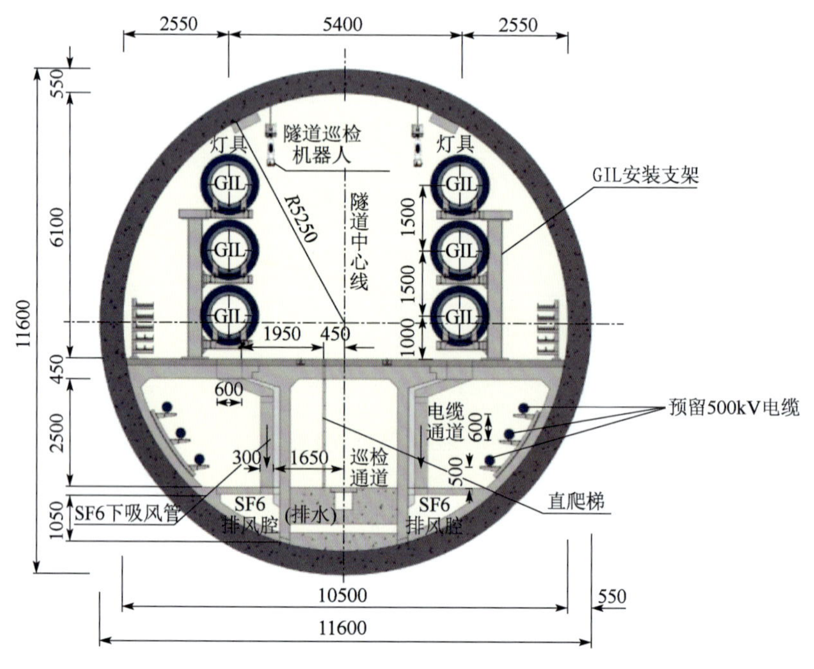

图 1.2-3　盾构法隧道横断面布置图（尺寸单位：mm）

盾构段采用单层衬砌、平板型管片,管片外径11.6m、内径10.5m、环宽2m;采用通用楔形环,双面楔形,楔形量为36mm;管片采用"7+1"的分块模式,错缝拼装,直螺栓连接。管片采用C60高性能耐腐蚀混凝土,混凝土抗渗等级为P12。

中间箱涵共分为MA型、MB型、MC型、MD型、ME型5种箱涵形式,共4112节,每节长度为1.33m。中间箱涵混凝土强度等级为C40、抗渗等级为P6,每块中间箱涵的混凝土体积为5.02m^3,质量约12.35t。中间箱涵拼装采用对正拼装,块与块之间用高强螺栓拼装连接。两节箱涵之间通过2根M27螺栓连接。中间箱涵内部为巡视通道,巡视通道净宽2.5m、净高2.5m。在巡视通道下利用富余空间通过C25素混凝土填充层设置排水沟,以便汇集管理渗漏水,并最终排至排水泵站的集水池中。

4)设计标准

(1)线路设计标准

①线路平面最小曲线半径3000m;线路有坡差处均设竖曲线连接,最小竖曲线半径2000m。

②线路纵坡不大于5%、不小于0.5%,坡长不小于200m。

③线路平面与既有建(构)筑物的桩基础净距一般控制在5.0m以上。

④线路穿越重要地下管线时,净距一般控制在5m以上。

⑤江中段隧道覆土按施工阶段不小于1.0D(D为隧道外径),且考虑抗浮稳定安全系数>1.1;使用阶段应满足应急抛锚贯穿深度及抗浮要求,运营期设计工况(100年一遇冲刷)隧道抗浮稳定安全系数>1.2,运营期校核工况(300年一遇冲刷)隧道抗浮稳定安全系数>1.1。

(2)结构设计标准

①设计使用年限:隧道主体结构100年,综合楼结构50年。

②设计洪水标准:按百年一遇设计,按三百年一遇校核。

③抗震设防标准:按100年基准期超越概率10%的地震动参数设防,按超越概率2%的地震动参数验算,并满足《市政公用设施抗震设防专项论证技术要点(地下工程篇)》的抗震设防目标要求。

④环境作用等级:管片与工作井井壁为I-C,内部结构为I-B。

⑤防火设计标准:当采用阻燃电缆时,电缆隧道的火灾危险性类别为戊类,最低耐火等级为二级。

⑥防水设计标准:防水等级二级。

⑦变形控制标准:圆形衬砌结构计算直径变形不大于0.3%D(D为隧道外径)。

⑧裂缝控制标准:隧道结构与工作井主体结构最大允许裂缝开展宽度0.2mm,内部结构最大允许裂缝开展宽度0.3mm。

1.3 工程面临的挑战

1)管廊隧道技术世界首创

苏通GIL综合管廊隧道工程是穿越长江的大直径、长距离隧道之一,隧道穿越密实砂层和有害气体地层，是国内埋深最深、水压最高（结构最低点高程为 -74.83m，最高水土压力为 0.95MPa）的电力管廊隧道。1100kV GIL 为世界首创，电压等级最高、输送容量最大、距离最长、技术水平最高（单相长度为 5.8km，6 相总长度 34.2km），国内外均没有成熟的经验和产品。

2）江中勘探在电力工程首次应用

苏通 GIL 综合管廊工程地质情况复杂，穿越地层具有高水压、长距离施工、分布有害气体等特点，勘察设计难度大，风险高，勘察过程中采用了工程钻探取土、标准贯入试验、双桥静力触探试验和孔压多桥静力触探试验等相结合的勘察方法，确保了勘察任务的高质量完成。勘察设计人员通过国内外大量调查研究和充分论证，最终确定采用浅地层剖面探测、旁侧声纳探测、海洋高精度磁法探测、水域地震反射波勘探、面波勘探、地质雷达探测以及全球定位系统实时动态差分技术（Global Positioning System Real-time Kinematic，GPSRTK）实时导航定位等多种先进技术进行综合物探。地球物探专题工作整合了世界一流的海洋探测设备，并克服了长江天险带来的气象条件差、地质条件复杂、通航密度高等挑战，采用全球定位系统（Global Positioning System，GPS）导航定位，采取走航式施工，提前上线，推迟下线，取得了有效的信号和数据，解决了水下障碍物调查及地层划分等技术难题。

3）隧道长距离穿越长江主航道，开挖断面大、独头掘进距离长

隧道岸边段长度不足 540m，其余超过 4926m 部分均位于长江航道范围内，在长江主航道下一次独头掘进距离长。盾构机开挖断面超过 12m，开挖断面大。

4）隧道穿越长江深槽段，水深大、断面水土压力为国内同类工程之最

盾构法隧道在江中靠南岸位置下穿一处深槽，深槽断面深点在 -40m 左右，深槽摆幅 500m。一方面受深槽段控制，掘进最大水压力可达 0.798MPa，隧底最大水土压力约为 0.95MPa，为国内同类工程之最，施工风险和难度极大。

5）隧道长距离穿越密实砂层，盾构法施工难度大

隧道穿越地层以淤泥质土、粉质黏土、粉土、粉细砂及中粗砂等地层为主，其中$⑤_{1-2}$中粗砂、$⑤_2$细砂、$⑥_1$中粗砂等地层标准贯入击数大于 50。隧道穿越标准贯入击数大于 50 的密实砂层长度约 3300m，砂层石英含量最高超过 70%。

6）内部结构施工内容多、工程量大，与盾构法施工干扰大

盾构法隧道管片拼装成环后需要进行主箱涵安装、边箱涵现浇、排风腔盖板安装、调平层浇筑、主箱涵填充、中心水沟及水泵房施工等内部结构施工任务。同时由于箱涵高度较高，盾构设备下部空间有限，需要设置独立台车完成箱涵安装，运输车辆需要采用车速较慢的特制车辆，运输压力较大。

7）穿越地层受有害气体沼气影响大

长 1020m 的施工段地层内存在生物成因浅地层天然气（沼气），属于有害气体区域作业。沼气主要成分甲烷（CH_4）占比（85% ~88%）、氮气（N_2）占比（8% ~10%）、氧气（O_2）占比（2% ~3%），该段地层拥有良好的沼气储、盖条件，储气层为砂、粉土层$④_1$、$④_2$、$⑤_1$、$⑦_2$，盖层为黏性土层③、$④_1$；试验测得关井气体压力 0.25 ~0.30MPa，估算沼气压力不大于其上覆水土压力之和，属正常压力系数，估计为 0.4 ~0.6 MPa，本段地层内沼气未大面积连片，成团块状、囊状局部集聚分布，静探测定单个储气量最大约为 5m^3，沼气有向上、向盖层底部集中的趋势。

第 2 章

盾构机装备选型与设计技术

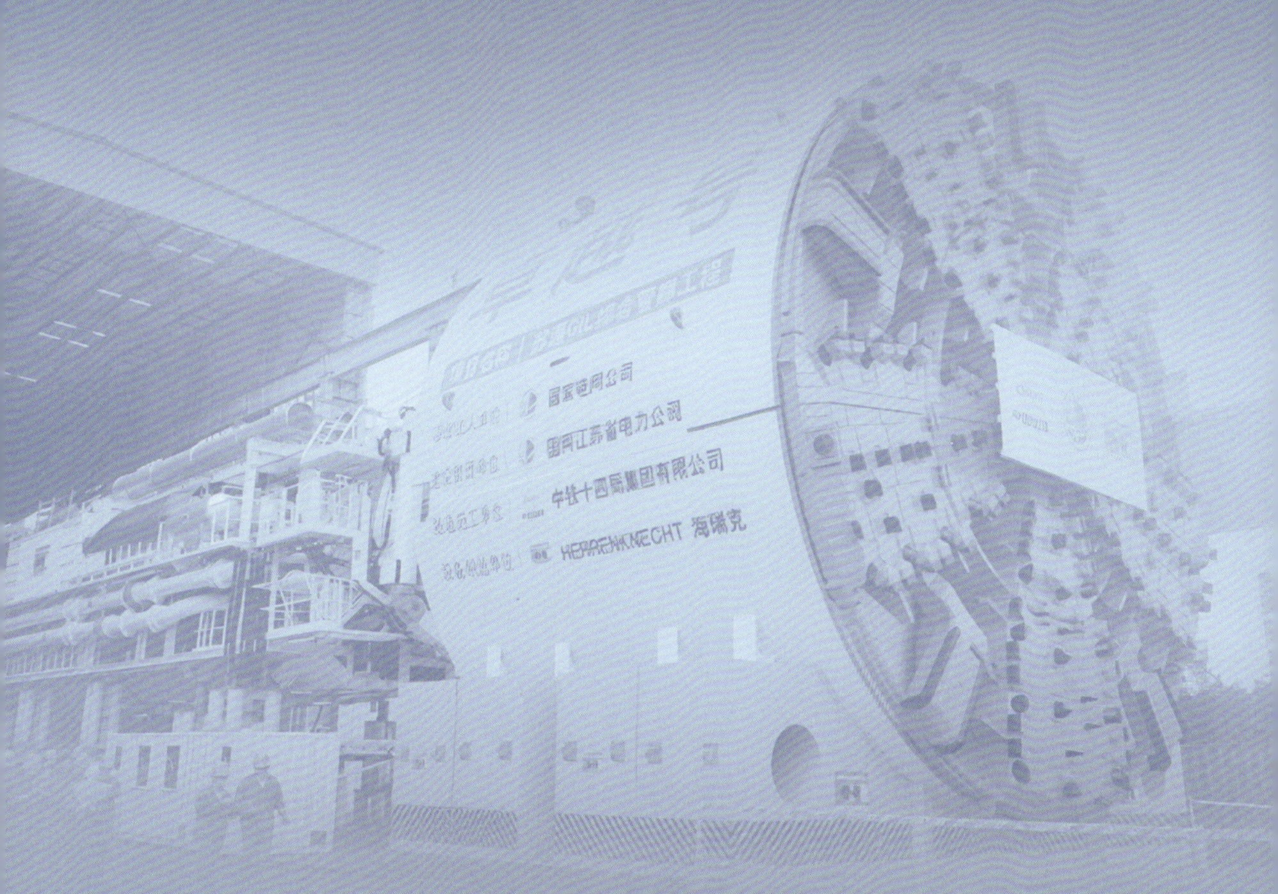

大时代

盾智行

构未来

盾构机的性能及其与地质条件的适应性是盾构法隧道施工的关键。本章综合分析了苏通GIL综合管廊工程地质情况,对该工程特殊地质进行针对性分析和研究,确定适用于苏通GIL综合管廊工程施工地质条件的盾构机型,并对关键部件和重要参数进行地质适应性选配与计算。

2.1 盾构机选型

2.1.1 盾构机选型原则及依据

盾构机选型是盾构法施工的关键环节,直接影响施工工艺及施工进度,为了保证工程的顺利完成,对盾构机的选型工作应非常慎重。

盾构机选型原则主要从安全性、可靠性、适用性、先进性、经济性等方面综合考虑,所选择的机型要能尽量减少辅助施工法并能确保开挖面稳定和适应苏通GIL综合管廊工程的地质条件。

盾构机选型主要依据招标文件、工程勘察报告、隧道设计、相关标准和规范,针对工程特点及难点、隧道设计参数、盾构法施工工艺、进度要求等因素进行分析,并对盾构机类型、功能要求、主要技术参数、辅助设备的配置等进行研究。

2.1.2 盾构机类型比选及开挖模式的确定

1)盾构机类型与地层类别的关系

不同类型的盾构机适应的地质范围不同。泥水平衡盾构机使用的地质范围较广,从软弱砂质土层到砂砾层均可以使用。从地质条件来看,苏通GIL综合管廊工程可使用土压平衡盾构机和泥水平衡盾构机。但使用土压平衡盾构机在粉细砂层和中粗砂层施工时需要向开挖仓内注添加剂,以改善渣土的性能,使其具有良好流塑性、低摩擦系数及止水性,当水压力高于0.3MPa时,在含水砂层中,渣土很难在螺旋机内形成土塞效应,会产生涌水涌砂的喷涌现象。泥水平衡盾构机能适应粉质土壤、粉细砂层和卵石、圆砾和砂砾层等各种地质。

2)盾构机类型与水压、土体渗透性的关系

地层渗透系数对于盾构机选型是一个很重要的因素。根据欧美国家和日本的施工经验,当地层的渗透系数小于1×10^{-7}cm/s时,可以选用土压平衡盾构机;当地层的渗透系数在$1\times10^{-7}\sim1\times10^{-4}$cm/s之间时,既可以选择土压平衡盾构机也可以选择泥水平衡盾构机;当地层渗透系数大于1×10^{-4}cm/s时,已超出了土压平衡盾构机的适应范围,因此应采用泥水平衡盾构机。盾构机类型与水压力、土体渗透性的适应性对比见表2.1-1。

盾构机类型与水压力、土体渗透性的适应性对比　　表2.1-1

项目要求	土压平衡盾构机	泥水平衡盾构机
渗透性强,过江隧道段穿越饱和含水砂层,其渗透系数为$k=1\times10^{-3}\sim1\times10^{-2}$cm/s	由于$k>1\times10^{-4}$cm/s,开挖仓内添加剂被稀释,水、砂、砂砾相互混合后,渣土不易形成具有良好流塑性及止水性渣土,在螺旋机出渣口易发生喷涌,施工困难	在掘进时需要对盾构掘进参数进行管理,特别是对泥水质量、压力机送排泥流量进行管理

续上表

项目要求	土压平衡盾构机	泥水平衡盾构机
高水压(0.798MPa)	由于采用螺旋机排土,在富水、透水性大的砂层中,需要向开挖面及土仓内添加泡沫或泥浆材料,才能使开挖土形成良好流塑性及止水性的土体。对于土仓压力大于0.3MPa的地层,螺旋输送机难以形成有效的土塞效应,从而有可能在螺旋机排土闸门处发生水、土砂喷涌现象,引起土仓内土压力下降,导致开挖面坍塌	通过对泥水压力及流量的正确管理,完全能保持开挖面的稳定。对于透水性大的砂性土,泥浆能渗入土层表面形成泥膜,有助于改善地层的自承能力,并使泥浆压力在全开挖面上发挥有效的支护作用
结论	止水性差	止水性好

由于土压平衡盾构机需要在土仓内堆积渣土维持切口压力,造成刀盘摩阻力大,盾构机所需扭矩大,目前,直径超过11m的土压平衡盾构机在国内应用还比较少。尽管泥水平衡盾构机需设置泥水管理系统、泥水处理系统,工序、设备相对复杂,但在国内施工经验丰富,具有以下明显优势:

(1)对地层的扰动小、沉降小,有利于保证隧道沿线地面建筑、地下构筑物的安全。由于泥水平衡盾构机利用泥水压力对抗掘削地层的地下水压力、土压力,同时泥水渗入地层形成不透水的泥膜,所以掘削土体对地层的扰动小,地表沉降小。另外,需要化学注浆加固的部位注入量小,故有利于降低成本及减少环境污染。

(2)适用于大直径隧道。泥水平衡盾构机掘进时靠充满泥浆维持掌子面的压力,泥浆可对刀具切削产生润滑作用,使得刀盘的扭矩较小。同等直径的盾构机相比,泥水平衡盾构机所需扭矩可以减小到土压平衡盾构机的1/3,故其更适用于大直径隧道。

(3)施工速度快。除拼装管片期间停止掘进外,其他工序均可连续施工。

(4)掘进中盾构机体的摆动小。由于泥水的浸泡作用,地层对刀盘的掘削阻力减小,故盾构机体的水平、竖直摆动小。

苏通GIL综合管廊工程盾构法隧道施工段分布地层以粉土、粉细砂及中粗砂为主,隧道开挖直径12.07m,开挖面大,开挖仓压力波动较大,掘进面自稳性较差;水层渗透系数最大为1.08×10^{-2}m/s,高于1×10^{-2}m/s,同时需要承受高水压和长距离施工,最大水土压力达0.95MPa,一次独头掘进超5400m。综合上述盾构机选型的各项影响因素,国内大直径高水压类似工程盾构法隧道施工的实例以及该工程地质条件和盾构机设计要求,可知泥水平衡盾构机相比土压平衡盾构机更适用该工程,因此,该工程采用泥水平衡盾构机独头掘进施工。

2.2 泥水平衡盾构机关键部件针对性设计

大直径泥水平衡盾构机主要由刀盘、刀具、盾体、主驱动、推进系统、管片拼装机、后配套系统等重要部分组成,根据盾构机掘进地层及工程难点,需要对主要关键部件进行重点选型及针对性设计,其他部件可通过相似工程进行常规配置。

2.2.1 刀盘

刀盘是盾构机关键部分之一，具有开挖土体、稳定掌子面以及对开挖后的渣土进行搅拌等功能。苏通 GIL 综合管廊工程中粗砂、细砂地层标准贯入击数大于 50，隧道穿越该地层的长度约为 3300m，砂层中石英含量超过 70%，部分中粗砂中夹有卵砾石，盾构机刀盘及刀具预计产生较大磨损，换刀作业难以避免。如何选择合适的刀盘刀具，尽量减少换刀频次，并实现安全高效的换刀作业，是越江施工能否成功的关键，也是工期控制的难点。

苏通 GIL 综合管廊工程盾构机独头掘进距离长，且穿越长度 3300m 的密实砂层，需要进行多次换刀作业方可完成隧道掘进任务，因此刀盘要求具有常压换刀功能。南京地铁 10 号线工程与苏通 GIL 综合管廊工程地质相似，同时开挖直径也基本相同，因此苏通 GIL 综合管廊工程参考南京地铁 10 号线盾构机刀盘进行刀盘结构设计。相似工程案例刀盘结构比较见表 2.2-1，从表 2.2-1 中可以看出大直径泥水平衡盾构机刀盘一般采用 5 或 6 幅臂形式。

相似工程案例刀盘结构比较 表 2.2-1

项目	武汉地铁 8 号线	南京长江隧道	南京地铁 10 号线
刀盘直径(m)	12.5	14.96	11.6
幅臂数量(幅)	6	6	6
开口率(%)	28.5	30	35

苏通 GIL 综合管廊工程将刀盘整体结构设计为一个中心块、5 个主幅臂以及 5 个辅助幅臂。5 个主幅臂可常压进入，并有足够的空间进行常压换刀作业；同时 5 个主幅臂上各设置一个搅拌棒，搅拌棒可加大渣土的流动性，有效防止因渣土沉积而造成的堵塞及黏结。由于地层介于黏土及淤泥质土，极易出现结泥饼的情况，刀盘开口率选择 35%，开口率较大，便于渣土的流动，同时降低扭矩，可在一定程度上防止黏土黏结。苏通 GIL 综合管廊工程可常压换刀刀盘如图 2.2-1 所示。同时利用有限元软件 Ansys Workbench 对刀盘钢结构进行力学性能分析（图 2.2-2、图 2.2-3），分析结果：刀盘正常掘进工况的最大应力为 88.6MPa，最大变形量为 1.862mm，满足刚度强度要求。

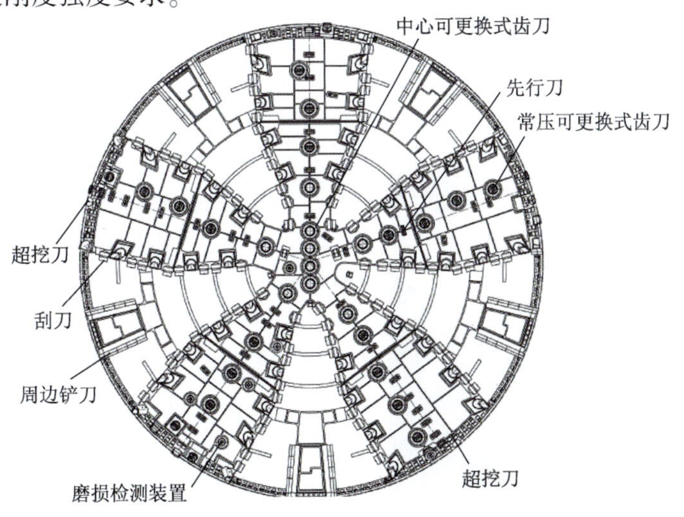

图 2.2-1 苏通 GIL 综合管廊工程可常压换刀刀盘示意图

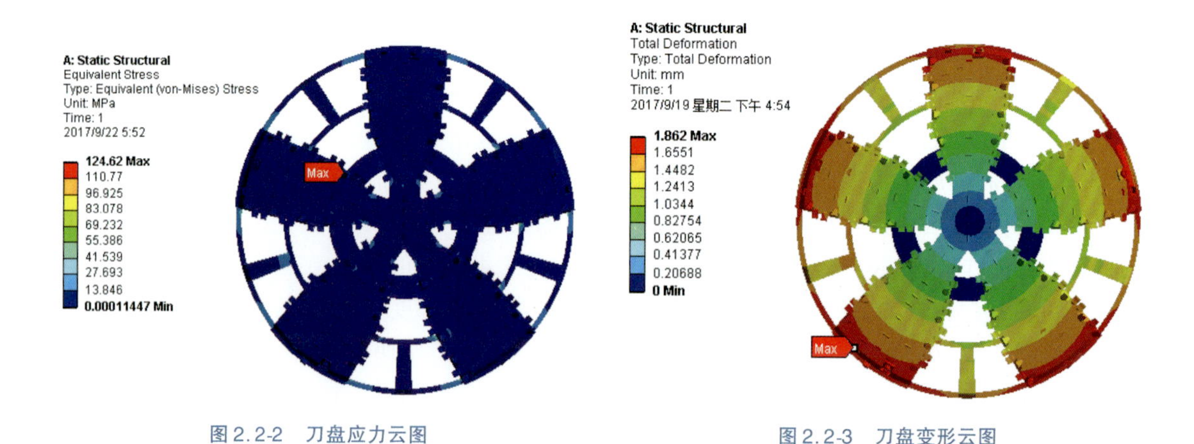

图 2.2-2　刀盘应力云图　　　　图 2.2-3　刀盘变形云图

1)刀盘耐磨设计

刀盘磨损主要发生在刀盘的外缘部分,因此对刀盘的外缘进行耐磨处理,通过喷涂高度耐磨硬质堆焊层,同时焊接耐磨条,在重载格条上嵌入碳化物等方法进行耐磨防护,如图 2.2-4 所示。

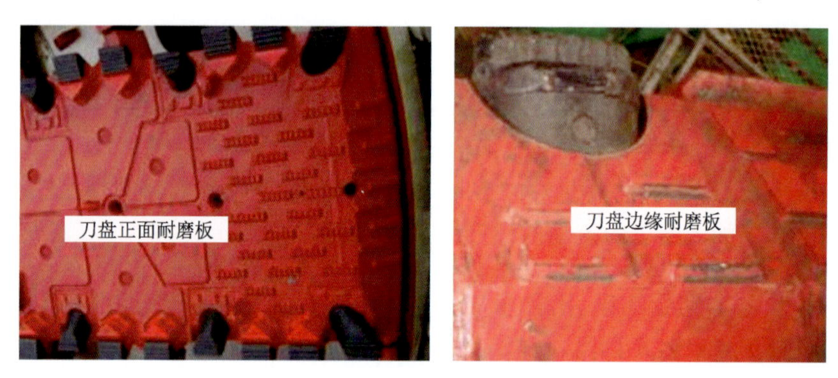

图 2.2-4　刀盘外缘保护措施

刀盘的出渣口同样为磨损主要发生位置,因此在刀盘的每个进渣口的周围进行硬化处理并堆焊耐磨材料,在刀具的刀座处加入耐磨的材料进行保护。

2)中心冲刷

盾构机掘进一段时间后物料会在刀盘中心结块,堵塞刀盘中心开口,损坏刀具,降低开挖效率。为了有效减少结泥饼情况的发生,需在刀盘中心配备大流量冲刷喷头,如图 2.2-5 所示。该喷头同时还可与其他冲刷点一起加强物料流动,利于形成均匀的混合泥浆,减少堵管。此外,冲刷头旋转冲刷产生高强度的扰动,可以防止渣土在刀盘中心区域堆积。中心冲刷由一条来自主循环的独立管道执行,根据相关工程经验,中心冲刷功能在黏土地层效果非常明显。

图 2.2-5　中心冲刷喷头结构

为了减少和防止结泥饼现象,对中心冲刷不

同喷头个数、喷射速度等因素进行研究，利用 Fluent 软件进行模拟仿真，如图 2.2-6 所示。由仿真结果可知，平行刀盘方向需布置 4 个喷头，冲刷速度达到 4 ~ 5m/s 时冲刷效果良好，具体分析流程及结果见第 3 章。

3）常压换刀功能

高压环境下施工人员作业环境较差，并且出现地层泄压时掌子面容易失稳带来安全隐患，在大量换刀的情况下，常压换刀可降低盾构机施工中带压换刀的施工风险。常压换刀有两种方式：一种是对刀盘前方的地层进行加固，改变换刀的外部作业环境；另外一种是采用滚刀背装技术，刀具更换时不需在土仓或泥水仓内作业。相对而言，第二种方式可减少土建作业，避免前期换刀区设置的盲目性。

由于该工程路段地层复杂，刀具损耗问题严重，在冲槽过程中覆土变少、冲刷速度变快，水土压力变化较大，极易产生塌方，因此，采用常压换刀技术，如图 2.2-7 所示。

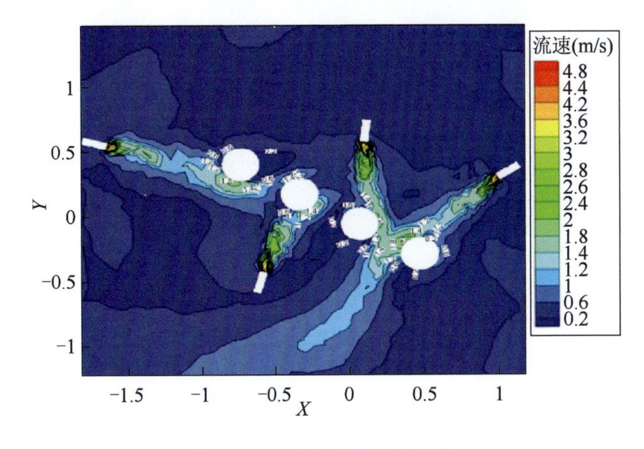

图 2.2-6　中心冲刷喷头结构

图 2.2-7　常压换刀

2.2.2　刀具

1）刀具选择

苏通 GIL 综合管廊工程与南京地铁 10 号线工程地质条件相似，强中风化泥岩、砂质泥岩最高抗压强度仅为 13.12MPa，遇水极易软化。结合南京地铁 10 号线所选刀具，该工程刀盘刀具配置如下：配置 6 种不同类型刀具，分别为常压更换先行刀、焊接式先行刀、常压更换刮刀、带压更换刮刀、边缘铲刀、软土式超挖刀。刀盘开口率 36%，刀具共计 212 把，采用背装式换刀方式，其中常压更换先行刀 32 把，常压更换刮刀 42 把，带压更换刮刀 86 把，焊接式先行刀 40 把，辅臂边缘刮刀 10 套，超挖刀（3 号臂、5 号臂）2 把，最大行程 50mm。

2）刀具耐磨设计

在砂土地层中存在大量的石英，部分中粗砂中夹有卵砾石，易对刀具产生较大磨损，需增加刀具耐磨设计以提高刀具的使用寿命。

（1）先行刀可采用贝壳形设计，贝壳形先行刀冲击性能好，不易崩齿，可以克服二次磨损的问题，可在贝壳刀的两侧肩部焊接耐磨板。

（2）先行刀、刮刀、边缘铲刀刀刃均可采用高质量的硬质合金。刮刀合金刀刃倒角半径增大为 10mm,可有效防止合金头部过尖而产生崩裂。

(3)刮刀在后部表面和支撑顶部堆焊耐磨材料,可经受渣土的清洗,铲刀表面可堆焊耐磨材料,以提高刀身耐磨性。

(4)刀盘外缘需配备边缘铲刀,如图 2.2-8 所示。在粉质土壤、黏土及砂土开挖时,周边铲刀可以清除边缘部分的开挖渣土,防止沉积、确保刀盘的开挖直径以及防止刀盘外缘的间接磨损。为了保证长距离掘进后盾构机的开挖洞径,刀盘上装有一把可以通过液压装置伸缩的超挖刀,如图 2.2-9 所示。

图 2.2-8　边缘铲刀

图 2.2-9　软土式超挖刀

3)刀具优化布置

(1)常压更换先行刀布置方案

中心区域只布置常压更换先行刀,先行刀起主切削作用;正面区域常压更换先行刀的主要作用是在常压更换刮刀切削之前先行切削砂土,起辅助切削作用,常压更换刮刀起主切削作用;边缘区域,常压更换先行刀起松土作用,主切削刀仍是常压更换刮刀。常压更换先行刀布置方案如图 2.2-10 所示。

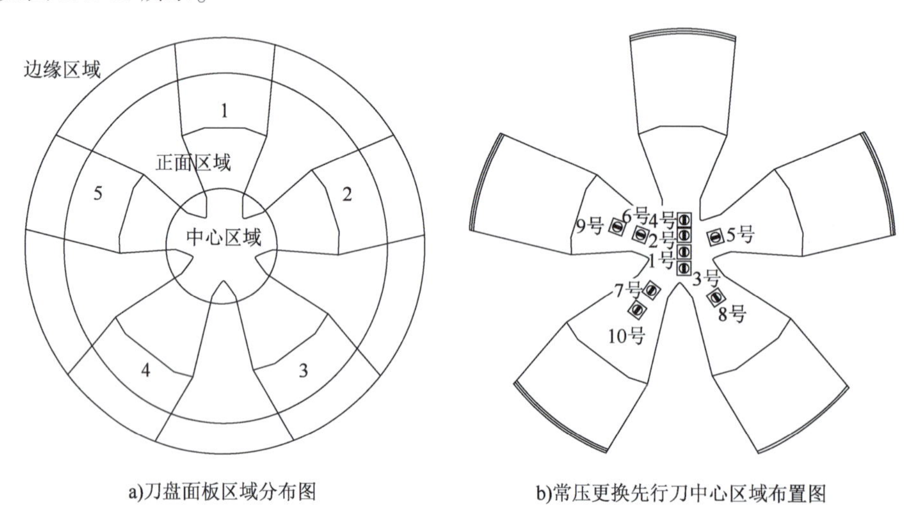

图　2.2-10

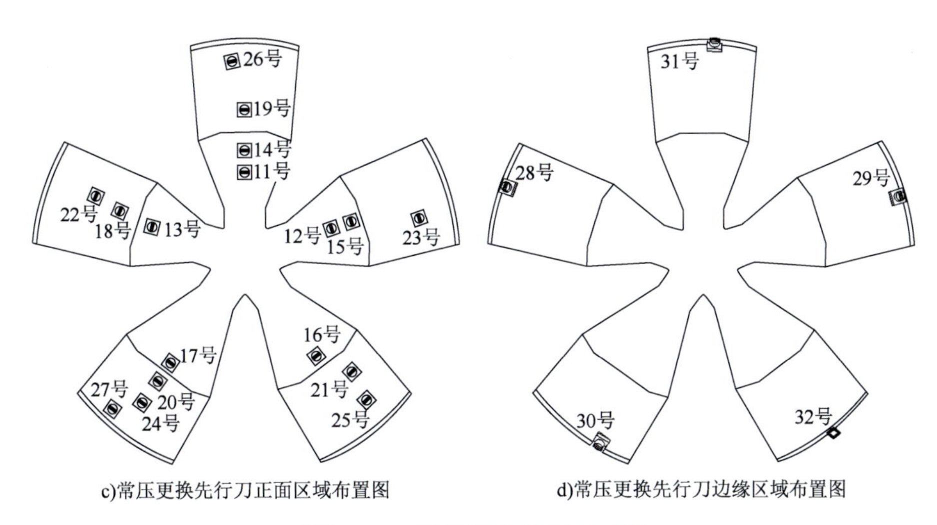

c)常压更换先行刀正面区域布置图　　d)常压更换先行刀边缘区域布置图

图 2.2-10　常压更换先行刀布置方案

(2)焊接式先行刀布置方案

焊接式先行刀的安装半径与常压更换先行刀相同。为了保证刀盘的受力均匀,焊接式先行刀布置在相同安装半径常压更换先行刀的对面主幅臂上。安装半径越大的刀具磨损越大,从 17 号刀具开始,在相同安装半径上布置两把焊接式贝壳刀,并且越往外刀具的刀间距越小,以保证刀具寿命。

(3)常压更换刮刀布置方案

阿基米德螺旋线用极坐标描述为:

$$\rho = \rho_0 + \alpha(\theta + \theta_0) \tag{2.2-1}$$

式中:ρ——极径;

ρ_0——极径初始值;

θ——极角;

θ_0——极角初始值;

α——常数。

$$\rho_0 = d_3/2 \pm c + b_1/2 \tag{2.2-2}$$

式中:d_3——中心刀的最大切削外径;

b_1——刮刀的刀宽;

c——刮刀与中心刀的重合量。

$$\alpha = \frac{N_f \cdot b_1}{2\pi} \tag{2.2-3}$$

式中:N_f——刀盘辐条数目。

带入数值计算得到常压更换刮刀按顺时针螺旋线布置,曲线方程为:

$$\rho = 2275 - \frac{975}{2\pi}\left(\theta + \frac{3}{10}\pi\right) \quad \left(\frac{-75}{10}\pi \leqslant \theta \leqslant \frac{-3}{10}\pi\right)$$

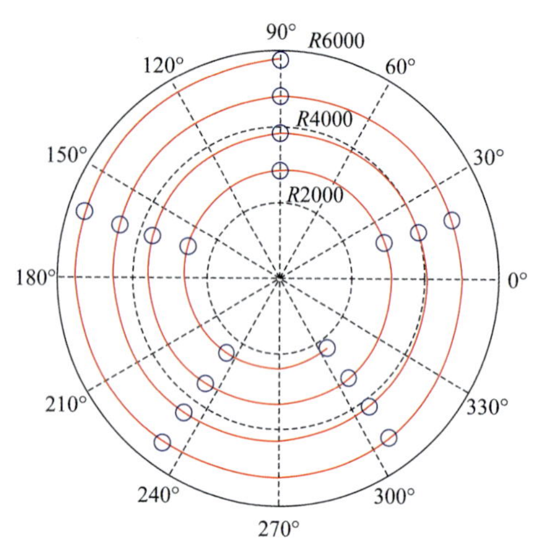

图 2.2-11　常压更换刮刀螺旋线示意图（单位：mm）

由于该工程盾构机刀盘要求具有正反转功能，因此将同等数量常压更换刮刀对称布置在主幅臂两侧，布置结果如图 2.2-11 所示。

（4）带压更换刮刀布置方案

根据平面对称布局原则，带压更换刮刀对称分布在刀盘主幅臂的两侧，刀宽为 220mm，与幅臂的夹角各不相同。刀具在半径方向上的布置基本上按照保证全断面原则，为了减少刀具的磨损，盾构机刀盘相邻刮刀之间有一定重合度，为 25mm。带压更换刮刀布置如图 2.2-12 所示。

（5）刀高差布置

苏通 GIL 综合管廊工程处于长江下游，富含地下水，主要由细粉砂、粉土和中粗砂组成。针对该地层，在刀具配置方面采用四层刀具复合设计：

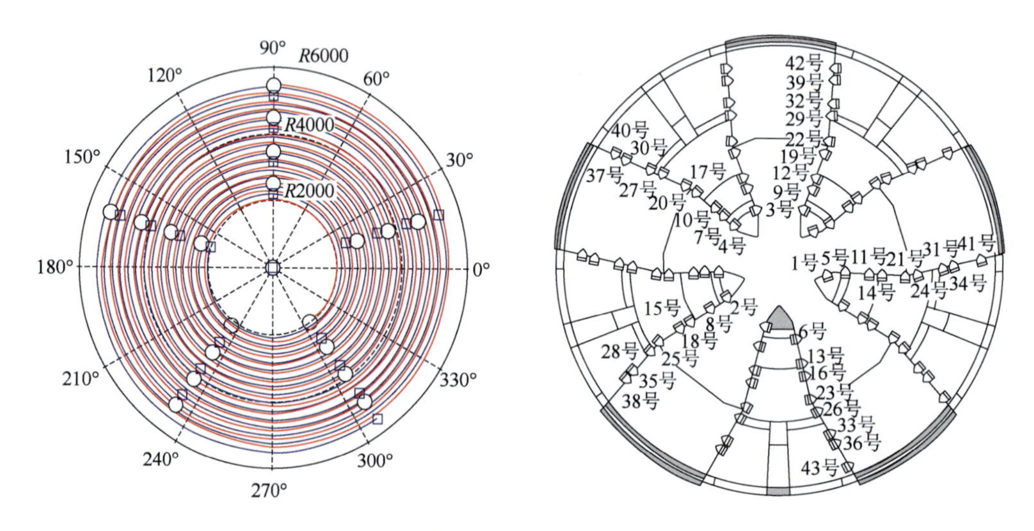

图 2.2-12　带压更换刮刀布置示意图（单位：mm）

第一阶梯采用常压更换先行刀，中心区域 1 号、2 号先行刀刀高为 370mm，3 号、4 号先行刀刀高为 300mm，其余先行刀刀高为 225mm。中心区域 1 ~ 10 号先行刀采用宽面切削，与土体的接触面积大；外围区域的 10 ~ 31 号先行刀采用窄面切削，与土体的接触面积较小。

第二阶梯则配置焊接式先行刀。焊接式先行刀刀高为 205mm，40 把焊接式先行刀分布在刀盘上，呈现中间少外围多的趋势。焊接式先行刀和常压更换先行刀配合使用，进一步破碎松动后的砂土地层；当常压更换先行刀磨损失效后，焊接式先行刀可以代替其完成工作，实现一次性长距离掘进，减少换刀次数。

第三阶梯是带压更换刮刀及常压更换刮刀，常压更换刮刀刀高为 185mm，用来对大块土体进行切削清理，随后是带压更换刮刀，带压更换刮刀刀高为 165mm，用来对开挖面进行最终切削清理,直至掘进结束。

实际工程刀高差设计如图 2.2-13 所示。

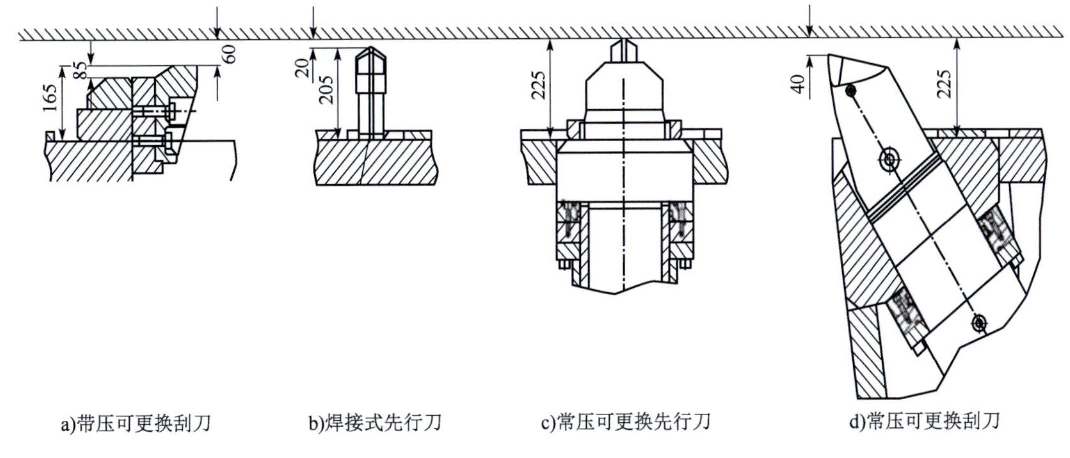

图 2.2-13 实际工程刀高差设计示意图(尺寸单位:mm)

2.2.3 盾尾密封

盾尾空间是管片衬砌的作业区域,其尾部设有盾尾密封装置,用以阻止外部的渣土、水、砂浆等进入盾构机主机。对于泥水平衡盾构机而言,盾尾密封装置尤为重要,盾构机外壁充满带压泥水,一旦密封装置损坏或密封不良,带压泥水便会从盾尾内与衬砌环之间涌入盾构机内,使盾构机无法操作。盾构机不断推进,盾尾内壁与管片外壁间摩擦较大,容易损坏盾尾密封。目前盾构机密封基本采用多道(一般 3 ~4 道,具体需根据隧道埋深、水位高低确定)弹性钢丝刷形成密封腔,并不断在密封腔内加注密封油脂。

该工程地段为过江隧道,最大水压力可达 0.798MPa,隧底最大水土压力约为 0.95MPa,为国内同类工程之最。为适应苏通 GIL 综合管廊工程高水压的施工要求,应保证盾尾的密封性,不同工程盾尾密封形式比较见表 2.2-2。

盾尾密封形式比较　　表 2.2-2

项目	武汉地铁 8 号线	南京长江隧道	南京地铁 10 号线	土耳其伊斯坦布尔海峡隧道工程
水土压力(MPa)	0.67	0.66	0.65	1.3
密封形式	4 道盾尾密封刷 +1 道钢板束	3 道盾尾密封刷 +1 道钢板束	4 道盾尾密封刷 +1 道钢板束	4 道盾尾密封刷 +1 道钢板束

武汉地铁 8 号线、南京长江隧道和南京地铁 10 号线的盾尾密封系统均由 3 ~4 道钢盾尾密封刷和 1 道钢板束组成;土耳其伊斯坦布尔海峡隧道工程的最大水压力为 1.3MPa,同样采用 4 道盾尾密封刷 +1 道钢板束的盾尾密封系统。根据苏通 GIL 综合管廊工程水土压力特点,参考上述工程案例密封系统,可选择 5 道密封,分为 4 道钢丝刷密封和 1 道钢板束密封。此外,为了保险起见,可安装一道紧急密封,如图 2.2-14 所示。

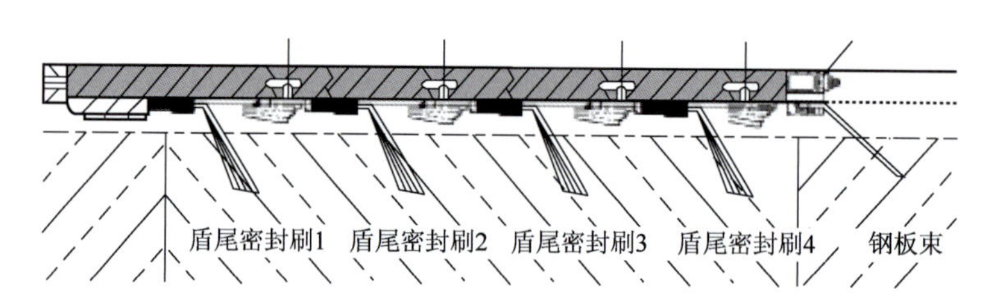

图 2.2-14 盾尾密封

2.2.4 主驱动

1)刀盘驱动方式

刀盘驱动系统是盾构机的重要组成部分,其承担驱动刀盘旋转切削开挖面土体、搅拌密封仓内土体的任务,是盾构机内务系统中消耗功率较大的设备之一。盾构机刀盘驱动方式分为液压驱动与变频电机驱动,表 2.2-3 为两种驱动方式的比较。通过比较,变频电机驱动具有以下突出优点:①价格适中,性能可靠;②结构简单,连接方便,维护保养容易;③系统效率高,为 90% ~95%;④发热小,噪声低;⑤调速方便;⑥启动电流和起动冲击小。结合相似工程刀盘驱动方式类比(表 2.2-4),设计刀盘的驱动方式为变频电机驱动方式。

盾构机驱动方式比较 表 2.2-3

项目	变频方式	液压方式
驱动部外形尺寸	大	小
后续设备	少	多
效率(%)	95	65
启动电源	小	大
启动冲击	小	较小
转速控制、微调	好	好
噪声	小	大
隧道内温度	低	高
维护保养	容易	困难

相似工程案例刀盘驱动方式比较表 表 2.2-4

项目	武汉地铁 8 号线	南京长江隧道	南京地铁 10 号线
驱动方式	变频方式	变频方式	变频方式

2)主轴承及密封

隧道开挖直径 12m,刀盘承受较大的力及力矩,主驱动轴承需具备承载能力强的特点。表 2.2-5 为相似工程选用轴承类型,可看出三个工程均采用三排滚柱式轴承,分别设置径向滚柱和主推力滚柱,具有受力明确、承载能力大的特点,故也可选择三排滚柱式轴承。

主轴承比较 表 2.2-5

项目	武汉地铁 8 号线	南京长江隧道	南京地铁 10 号线
水土压力(MPa)	0.67	0.66	0.65
主轴承类型	三排滚柱式轴承	三排滚柱式轴承	三排滚柱式轴承
密封形式	外四层、内两层	外四层、内两层	外四层、内两层

盾构机主轴承的密封设计必须满足高水压环境,因此将主轴承密封分为外层密封和内层密封。外层密封主要作用是把主轴承与外面承压的开挖仓隔开,常见类型为大直径轴密封,通过唇形密封分隔成不同区域,外层密封可设计成四层唇形密封和一个前导的迷宫,并采用自动增加被压的设计,确保能够承受不低于 1MPa 的水土压力。

内层密封主要作用是防止隧道内(大气压力)的脏物进入主轴承,并防止齿轮油外泄后接触泥水。采用双唇形密封以及硬化处理便可保证内层密封支撑面在现有苏通大埋深地层下具有足够的密封性,图 2.2-15 为主轴承密封。

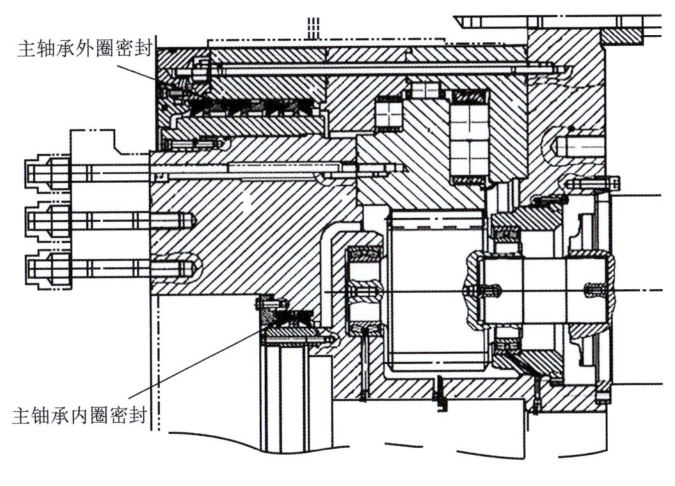

图 2.2-15 主轴承密封

2.2.5 推进系统

推进液压缸的选型和配置应该根据盾构机的操作性、管片组装施工方便性等进行确定,可根据盾构机各管片分布方位和受力点确定液压缸的最佳位置。推进液压缸选型配置时,必须满足下列要求:

(1)推进系统不仅要满足盾构机设备在前进中推力的需要,同时还要根据管片拼装的要求布置。

(2)推进液压缸的推力和数量应根据盾构机外径、总推力、管片结构和隧道路线等因素确定。

(3)推进液压缸应选用质量轻、耐久性好的液压缸,这样易于维修、保养和更换。

(4)推进液压缸一般情况下等间距配置在盾构机壳板内侧附近,确定推进液压缸位置时要兼顾管片的强度,使管片受力均匀。

(5)推进液压缸配置时,应使推进液压缸轴线平行于盾构机轴线。

以最大推力 160000kN 进行计算,每只液压缸的推力为 2000 ~ 4000kN,得出所需推进液压缸的数量为 40 ~ 80 个。

根据管片"7 + 1"封顶块的布置方式,盾构机外径为 11600mm,为满足盾构机掘进推力的需求并确保管片受力的均匀性,选取推进液压缸 44 个,分为 22 组,每组 2 个,液压缸行程为 3000mm,最大推进速度为 60mm/min,最大缩回速度为 1600mm/min,具体布置如图 2.2-16 所示。

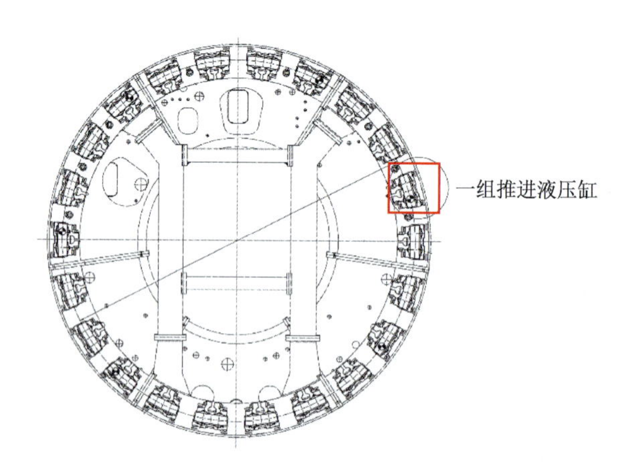

图 2.2-16 推进液压缸布置示意图

2.2.6 泥浆环流系统

泥水平衡盾构机中，泥浆环流系统是利用管道输送渣浆的系统，主要利用泥浆的流动带走盾构机切削下来的渣土，达到盾构机出渣的目的。泥浆环流系统主要包括制浆系统、泥水循环管路系统、冲刷系统、搅拌器系统、泥水分离和处理系统等。泥浆环流系统的设计性能是衡量泥水平衡盾构机性能的重要指标。

进泥口隔栅和搅拌器属于搅拌器系统，通过两个搅拌器的旋转，将泥浆和渣土搅拌均匀，防止渣土因自重而导致二次堆积。当遇到体积较大的土块时，搅拌器也可通过叶轮旋转与土块进行碰撞，粉碎体积较大的土块，防止排浆管的堵塞。

根据地质勘察报告，苏通 GIL 综合管廊工程是以淤泥质粉质黏土为主的黏土地层，地层黏度大，细颗粒多，容易在盾构机泥水仓底造成二次堆积，导致出渣困难；地层中不含有大粒径卵砾石，最大颗粒粒径仅为 20mm，因此，可不安装碎石机，在盾构排泥吸口左右两侧各安装一个搅拌器即可，如图 2.2-17 所示。为防止搅拌器大量磨损，在搅拌器的表面堆焊耐磨材料。

为防止一些大粒径物料进入泥浆环流系统，需在搅拌器的后面、泥浆管入口前配备进泥口隔栅。图 2.2-18 为南京地铁 10 号线过江隧道隔栅，隔栅开口约为 180mm × 180mm，并在前部焊有耐磨材料。根据工程使用经验，该隔栅能有效防止大粒径物料进入环流系统，并且使用寿命满足施工需求，鉴于此，苏通 GIL 综合管廊工程采用相似的隔栅开口，并在前端堆焊耐磨材料。

图 2.2-17 搅拌器

图 2.2-18 进泥口隔栅

工程选用搅拌器型号为DN1900,最大转速38r/min,工作压力1MPa,功率160kW。

2.2.7 其他系统简介

1)磨损检测装置

(1)刀盘磨损检测装置

由工程地质可知,刀盘磨损是一个严重的问题,因此刀盘面板上需配备磨损检测装置,便于对刀具磨损情况进行检测和修复。如图2.2-19所示,在刀盘上设置液压保压油路,与刀盘面相连,在液压保压油路上设置压力表和压力传感器等检测部件,对液压保压油路的压力进行监测。当刀盘磨损严重后,液压保压油路的液压油泄漏而失压,压力传感器反馈报警,进而达到盾构机刀盘磨损检测的目的。

(2)刀具磨损检测装置

可在刮刀和边缘铲刀上安装磨损检测装置,如图2.2-20所示。刀具磨损检测装置的原理基本与刀盘磨损检测装置相似,可以及时掌握刀具的磨损情况,为工程的高效掘进提供保障。

图2.2-19 刀盘磨损检测装置

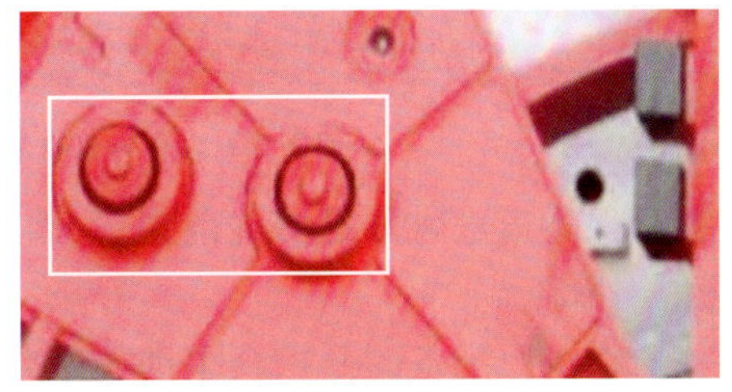

图2.2-20 刀具磨损装置

2)沼气地层防爆针对性设计

(1)对盾构机增加6台气动风机,如图2.2-21所示,稀释局部死角部位的有害气体浓度,使其降到安全范围。

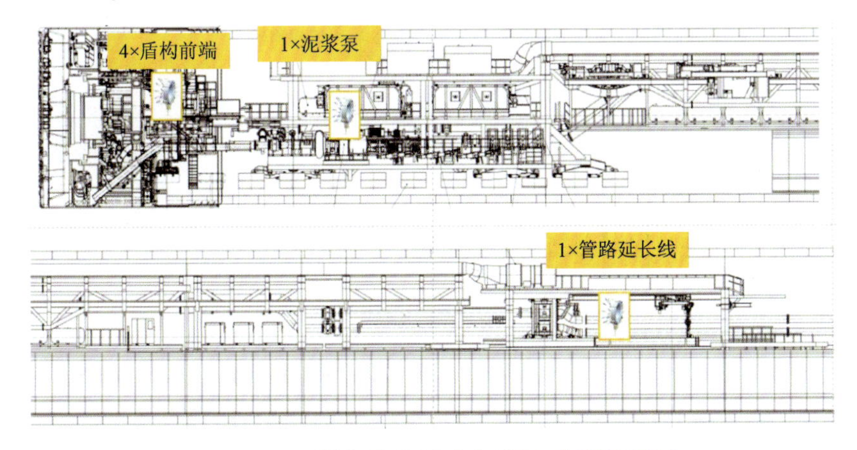

图2.2-21 盾构机及后配套台车新增气动鼓风机区域

(2)在盾构机各处总计增加12个甲烷(CH_4)探测器,如图2.2-22所示。探测器须满足现行《煤矿安全规程》要求,即当有害气体浓度≥1.0% CH_4时进行报警,浓度≥1.5% CH_4时进行断电,浓度<1.0% CH_4时进行复电。实际施工过程中,甲烷的浓度一旦达到0.5%,盾构机控制面板报警,从地面增加1次通风的风量;遇断电时,如甲烷浓度低于3%可以使用应急发电机电源,甲烷浓度高于3%则不得启动应急发电机;当甲烷浓度达到4%时,从盾构机到地面的额外独立的控制电缆能将地面高压电源切断,从地面将盾构机断电,人员撤离盾构机。

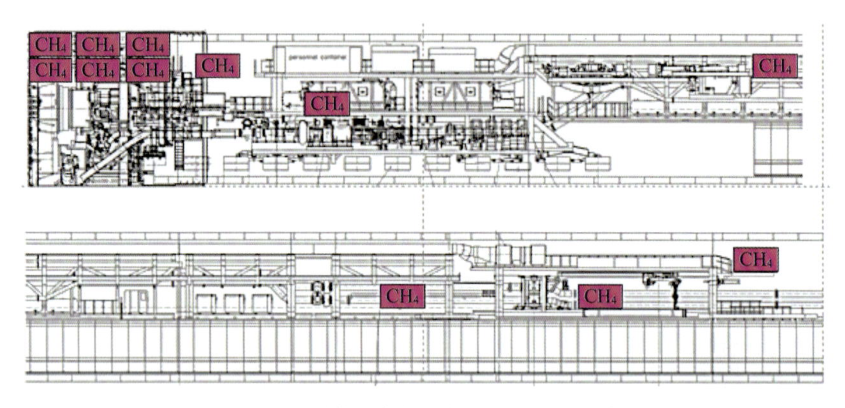

图2.2-22 盾构机内增甲烷(CH_4)探测器示意图

(3)在确保隧道送风量足够的前提下,将Samson系统排气管延伸至台车后部,确保有害气体及时得到稀释。

(4)将盾构机原配备的开挖仓手动放气管接入一直延伸至隧道外部的抽排管道(与盾构机供水管道同一规格,同步铺设),并在其上安装甲烷探测器。当检测到有害气体时,通过负压真空泵排放至地面,抽排管道如图2.2-23所示。

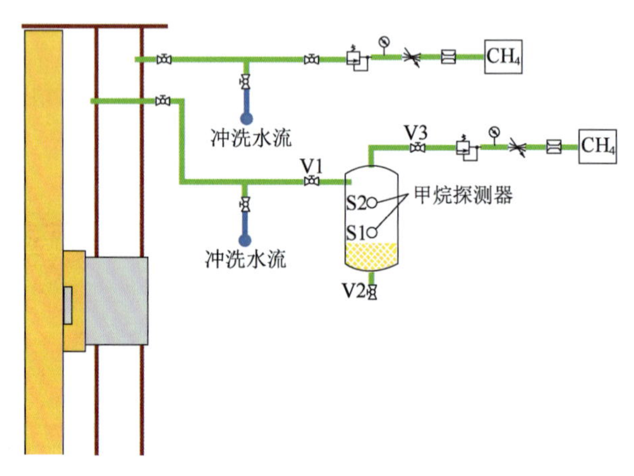

图2.2-23 有害气体抽排管道布置图

(5)所有的远程遥控装置替换成防爆形式(图2.2-24)。紧急照明替换成防爆形式,备用发电机更换防爆电池和防爆配电箱;VMT隧道掘进导向系统的不间断电柜更换为防爆型。

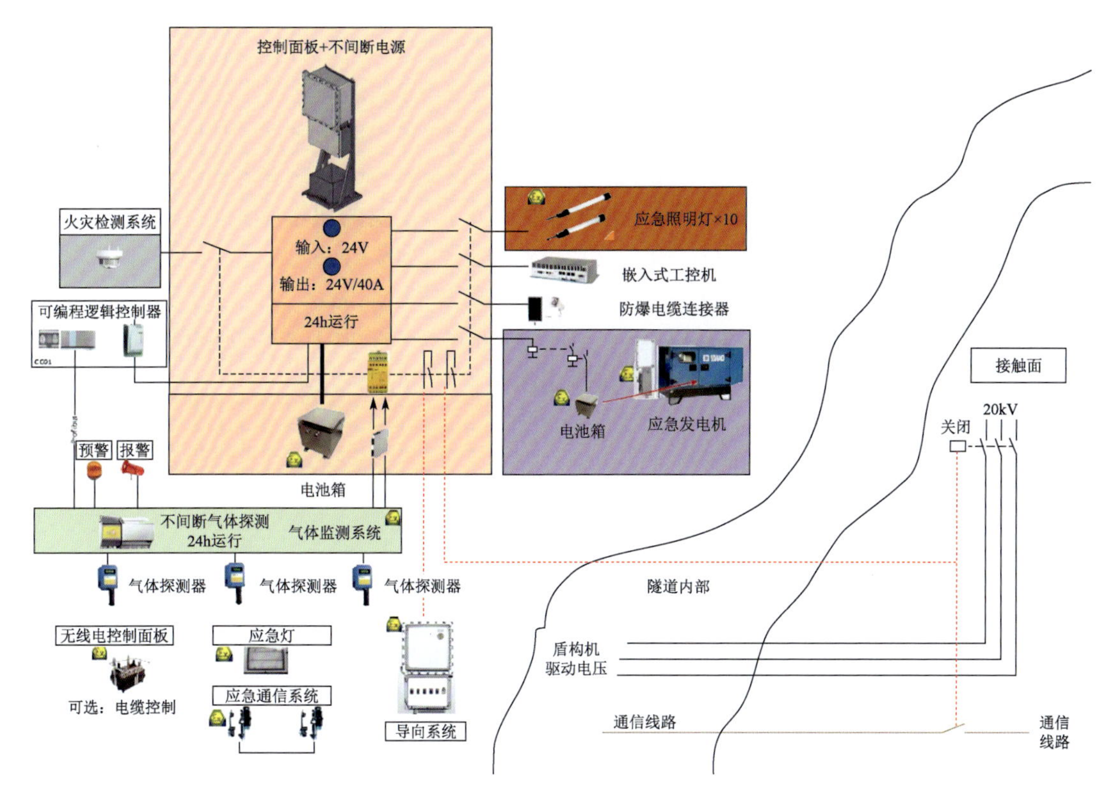

图 2.2-24　防爆型改造布置图

2.3　盾构机参数配置

2.3.1　关键参数计算

1)刀盘扭矩计算

切削刀盘装备扭矩由围岩条件、盾构机形式、盾构机构造和盾构机直径等因素确定,总扭矩为:

$$T_0 = T_1 + T_2 + T_3 \tag{2.3-1}$$

式中:T_1——开挖阻力矩;

T_2——切削刀盘正面、外围面及后面围岩间的摩擦阻力矩;

T_3——机械及驱动阻力矩。

刀盘转矩与盾构机直径大小有很大的关系,为便于计算,可按照以下经验公式进行计算:

$$T_0 = a_1 a_2 a_0 D \tag{2.3-2}$$

式中:a_1——刀盘支撑系数,对中间支撑方式取1.0;

a_2——土质系数,对于黏土地层取0.7,砂层取0.9;

a_0——扭矩系数,取 1.45;

D——盾构刀盘直径。

将 $a_1=1.0$,$a_2=0.7$、0.9,$a_0=1.45$,$D=12$ 代入式(2.3-2)得:

$$T_0=a_1a_2a_0D=1.0\times0.7\times1.45\times12=12.18\text{MN}\cdot\text{m}$$

$$T_0=a_1a_2a_0D=1.0\times0.9\times1.45\times12=15.66\text{MN}\cdot\text{m}$$

考虑到参数选择以及其他未知因素,扭矩增加 30%,故刀盘的扭矩应为:

$$T=1.3T_0=1.3\times12.18=15.834\text{MN}\cdot\text{m}$$

$$T=1.3T_0=1.3\times15.66=20.358\text{MN}\cdot\text{m}$$

通过计算得出,盾构机刀盘额定扭矩为 12180 ~ 15660kN · m,取 1.3 的安全系数为 15834 ~ 20358kN · m。根据计算结果,最终实际刀盘额定扭矩设计为 20512kN · m。

2)主驱动功率计算

刀盘驱动的实际所需功率计算公式为:

$$P=\frac{T\cdot\omega}{\eta_{\text{d}}} \tag{2.3-3}$$

$$\eta_{\text{d}}=\eta_{\text{mc}}\eta_{\text{mm}}\eta_{\text{mr}} \tag{2.3-4}$$

式中:T——刀盘扭矩;

ω——刀盘额定扭矩时刀盘转速;

η_{d}——主驱动总效率;

η_{mc}——联轴器机械效率,取 0.97;

η_{mm}——电机的机械效率,取 0.98;

η_{mr}——减速器的机械效率,取 0.98。

取刀盘扭矩为 15834kN · m 和 20358kN · m,刀盘额定扭矩时的刀盘转速取 1.2r/min,代入式(2.3-3),求得 P 为 2138 ~ 2749kW。根据计算结果,刀盘主驱动功率设定为 3000kW。

3)推力的计算

盾构机千斤顶应有足够的推力,以克服盾构机推进时所遇到的阻力,这些推进阻力主要有:

(1)盾构机四周与地层间的摩擦阻力或黏结力。

(2)盾构机切口环刃口切入土层产生的贯入阻力。

(3)开挖面正面作用在切削刀盘上的推力阻力。

(4)在盾尾处盾尾板与衬砌间的摩阻力。

(5)盾构机后面拖车的牵引阻力。

以上各种推进阻力的总和,并考虑各种机械的具体情况,留出一定的富余量,即为盾构机千斤顶的总推力。

盾构机总推力计算的经验公式为:

$$F_{\text{j}}=\frac{1}{4}\pi P_{\text{j}}D^2 \tag{2.3-5}$$

式中:F_{j}——总推力;

P_{j}——刀盘单位掘削面上的经验推理值,一般取为 1000 ~ 1400kN。

当 $P_j = 1000kN$ 时,通过计算得出 $F_j = 113040kN$。

当 $P_j = 1400kN$ 时,通过计算得出 $F_j = 158256kN$。

根据经验公式计算,总推力为 113040 ~ 158256kN。

4)推进系统功率计算

推进功率计算公式为:

$$P_0 = A_w F v \tag{2.3-6}$$

式中:P_0——推进功率;

A_w——功率储备系数,取 1.2;

F——推力;

v——最大推进速度。

推进系统应配备的功率为:

$$P_f = \frac{P_0}{\eta_{pm} \cdot \eta_{pv} \cdot \eta_c} \tag{2.3-7}$$

式中:η_{pm}——泵的机械效率,取 0.95;

η_{pv}——泵的容积效率,取 0.90;

η_c——联轴器的效率,取 0.95。

根据前文计算结果,将最大推力 113040 ~ 158256kN、最大推进速度 60mm/min 代入公式,得出需要配备的功率为 167 ~ 234kW。

5)环流系统参数计算

通过现场实地测量,得到工程泥水输送系统参数的主要计算条件,见表 2.3-1。

泥水系统参数的计算条件　表 2.3-1

序号	名称	参数
1	进浆密度 ρ_B	$1.1t/m^3$
2	排浆密度 ρ_S	$1.35t/m^3$
3	干渣密度 ρ_{SM}	$2.3t/m^3$
4	进浆管直径 D_1	450mm
5	排浆管直径 D_2	450mm
6	最大推进速度 v_{max}	3.6m/h
7	隧道截面积 S_e	$113.4m^2$
8	管道总长度	5669m
9	进泥浆管路垂直高差	22m
10	排泥浆管路垂直高差	37m
11	气泡仓保压压力	6MPa

(1)送排浆流量计算

最大出渣量:

$$Q_{SM} = S_e v_{max} \tag{2.3-8}$$

将相关参数代入式(2.3-8)得最大出渣量为 $412m^3/h$。

最大出渣重量：

$$M_{SM} = S_e v_{max} \rho_{SM} \tag{2.3-9}$$

将相关参数代入式(2.3-9)得最大出渣量为947.2t/h。

单台盾构机环流循环泥浆计算如下：

流量富余系数$\gamma = 1.1$，则

最大排浆流量

$$Q'_S = Q_{SM} \times (\rho_{SM} - \rho_B)/(\rho_S - \rho_B)$$
$$= 412 \times 1.2/0.25 = 1977.6\text{m}^3/\text{h}$$
$$Q_S = Q'_S \times \gamma = 2175\text{m}^3/\text{h}$$

最大进浆流量

$$Q'_B = (Q'_S \times \rho_S - Q_{SM} \times \rho_{SM})/\rho_B$$
$$= (1977.6 \times 1.35 - 412 \times 2.3)/1.1 = 1564.9\text{m}^3/\text{h}$$
$$Q_B = Q'_B \times \gamma = 1721.4\text{m}^3/\text{h}$$

以上为泥浆环流系统基础参数的计算，将为环流系统管路尺寸和设备选型提供计算依据。流量选定设计值Q_B为2000m^3/h，Q_S为2200m^3/h。

(2)临界流速计算

为保证泥浆所携带的渣土在管道内不至于沉淀，管道内的泥浆流速必须大于沉淀临界流速，通常使用杜拉德公式计算临界沉降速度，公式如下：

$$v_C = F_C \times \sqrt{2gD\frac{\rho_{SM} - \rho}{\rho}} \tag{2.3-10}$$

式中：v_C——临界沉淀流速；

g——重力加速度；

D——管道直径；

ρ_{SM}——干渣密度；

ρ——泥浆密度，在进浆管道中为1.1t/m^3，在排浆管道中为1.35t/m^3；

F_C——常数，进浆管道取0.7，排浆管道取1.35。

进浆管内临界流速

$$v_C = 0.7 \times \sqrt{2 \times 9.8 \times 0.45 \times 1.2/1.1} = 2.17\text{m/s}$$

排浆管内临界流速

$$v_C = 1.35 \times \sqrt{2 \times 9.8 \times 0.45 \times 0.95/1.35} = 3.36\text{m/s}$$

实际施工中，将进浆管道流速v_B设置为3.5m/s，排浆管道流速v_S设置为3.8m/s，经计算管路临界流速小于管道流速，管径满足设计要求。

(3)进排浆泵扬程计算

结合工程相关数据，其计算所需基本参数为：扬程富裕系数α为1.1，排浆管路垂直高差为37m，进浆管垂直高差为22m，掌子面压力为6MPa，根据经验，泥水平衡盾构机进排浆管路总当量长度约为泥水管路总长度的1.05倍，得管路当量长度为5952.4m。

进浆泵扬程系数：

$$\lambda_1 = \frac{98.5}{C^{1.85}} \cdot \frac{1}{D^{1/6} \times v^{0.15}} \cdot \rho \tag{2.3-11}$$

进浆管的阻力损失扬程 H_B^*：

$$H_B^* = \lambda_1 \cdot \frac{L}{D} \cdot \frac{v^2}{2g} \tag{2.3-12}$$

进浆泵扬程 H'_B：

$$H'_B = H_B^* + P_气 - \Delta H\rho \tag{2.3-13}$$

$$H_B = \alpha H'_B \tag{2.3-14}$$

上述式中：g——重力加速度，取 $9.8m/s^2$；

C——由管路种类而定的系数，取120；

ρ——泥浆密度，取 $\rho = 1.1t/m^3$；

L——管路当量长度；

D——管路直径；

$P_气$——气泡仓保压压力。

代入数据得到系数：

$$\lambda_1 = \frac{98.5}{120^{1.85}} \times \frac{1}{0.45^{1/6} \times 3.5^{0.15}} \times 1.1 = 0.0146$$

进浆管的阻力损失扬程计算：

$$H_B^* = 0.0146 \times \frac{5942.45}{0.45} \times \frac{3.5^2}{2 \times 9.8} = 120.5m$$

进浆泵扬程计算：

$$H'_B = 120.5 + 60 - 22 \times 1.1 = 156.3m$$

$$H_B = 1.1 \times 156.3 = 171.9m$$

（4）排浆泵扬程计算

排浆管的阻力损失扬程：

$$H_S^* = \lambda_1 \cdot \frac{L}{D} \cdot \frac{v^2}{2g} \tag{2.3-15}$$

排浆泵扬程：

$$H'_S = H_S^* + P_气 + \Delta H\rho \tag{2.3-16}$$

$$H_S = \alpha H'_S \tag{2.3-17}$$

式中：g——重力加速度，取 $9.8m/s^2$；

ρ——泥浆密度，取 $1.35t/m^3$；

L——管路当量长度；

D——管路直径；

$P_气$——气泡仓保压压力。

代入数据得到系数：

$$\lambda_1 = \frac{98.5}{120^{1.85}} \times \frac{1}{0.45^{1/6} \times 3.5^{0.15}} \times 1.35 = 0.0177$$

排浆管的阻力损失扬程：

$$H_S^* = 0.0177 \times \frac{5942.45}{0.45} \times \frac{3.8^2}{2 \times 9.8} = 172.2\text{m}$$

排浆泵扬程：

$$H'_S = 172.2 + 60 + 37 \times 1.35 = 282.2\text{m}$$

$$H_S = 1.1 \times 282.2 = 310\text{m}$$

(5)电机功率和泵功率计算

根据管道流量以及扬程选择泵的类型。

电机功率：

$$P_{DB} = \frac{\rho g Q H}{n_1 n_2} \tag{2.3-18}$$

泵功率：

$$P_B = \frac{\rho g Q H}{n_1} \tag{2.3-19}$$

式中：ρ——泥浆密度；

Q——流量；

H——扬程；

n_1——泥浆泵效率；

n_2——电机效率。

进浆泵 Q_B为 2000m^3/h；总扬程 H_B为 171.9m；泵效率 n_1为 69%，n_2为 90%。

泵的功率：

$$P_B = \frac{1.1 \times 9.8 \times 2000 \times 102}{3600 \times 0.69} = 885.3\text{kW}$$

选定电机功率：

$$P_{DB} = \frac{1.1 \times 9.8 \times 2000 \times 102}{3600 \times 0.69 \times 0.9} = 983.7\text{kW}$$

排浆泵 Q_S为 2200m^3/h；总扬程 H_S为 310m；泵效率 n_1为 76%，n_2为 90%。

泵的功率：

$$P_S = \frac{1.35 \times 9.8 \times 2200 \times 88}{3600 \times 0.76} = 936\text{kW}$$

选定电机功率：

$$P_{DS} = \frac{1.35 \times 9.8 \times 2200 \times 88}{3600 \times 0.76 \times 0.9} = 1040\text{kW}$$

2.3.2 盾构机主要参数

盾构机主要参数表

2.4 本章小结

本章综合分析国内外同类工程盾构机设备配置关键技术参数,根据水文地质和工程地质条件选出适用于苏通 GIL 综合管廊工程施工的盾构机型,然后对关键部件和重要参数进行地质适应性选配与计算,形成了盾构机初步配置方案。针对苏通 GIL 综合管廊工程高磨蚀性密实砂层对刀盘刀具进行针对性耐磨设计,优化了常压/带压更换刮刀、先行刀的结构形式,形成了刀盘、刀具整体化优化布置方案。

第3章

泥水输送管道耐磨及刀盘防结泥饼冲刷设计

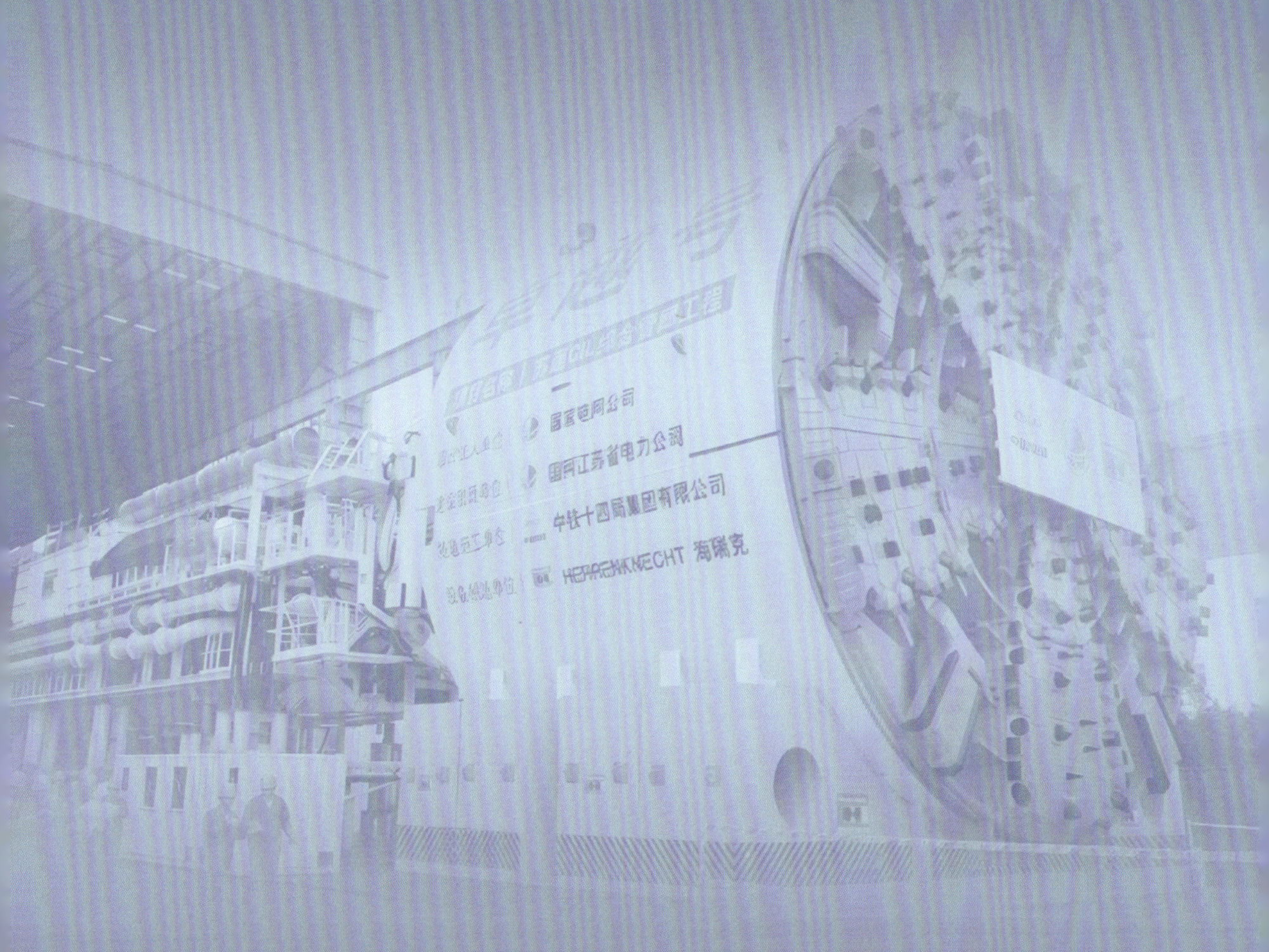

大时代

盾智行

构未来

环流系统浆液在输送过程中浆液本身与管壁间的摩擦,渣土等固相颗粒对浆液的阻碍运动,环流系统设计参数的选择,必须精确匹配地质条件和施工要求,以保证浆液的流动性,减少管道磨损,防止堵塞。苏通 GIL 综合管廊工程隧道段穿越地层以淤泥质土、粉质黏土、粉土、粉细砂及中粗砂等地层为主,在实际工程中,会造成泥浆管路磨损、滞排、刀盘结泥饼。因此对环流系统管路进行耐磨设计、渣浆泵设计参数的选取以及冲刷系统结构布置方案的合理性对相应工程施工具有重要的意义。

3.1 泥水环流系统简介

3.1.1 泥水环流系统组成

泥水平衡盾构机环流系统主要用于输送泥水平衡盾构机刀盘掌子面剥离的渣土等固相杂质,同时在泥水平衡盾构机掘进过程中起到维稳、降温、润滑等作用。按照功能和位置划分环流系统管路可以分为三大部分,分别为井下管路段、管路延伸段、地面管路段,如图 3.1-1 所示。其中盾构机环流系统井下管路段主要指盾构机机体上安装的进、排浆管路,固定在盾构机机体上;盾构机环流系统管路延伸段位于开挖隧道中,用于衔接盾构机地面管路段,该段区间管路布置形式受限于盾构机开挖隧道结构,管路结构形式较为简单;盾构机环流系统的地面管路段主要用于连通地面泥水处理站,管路的结构和布置形式受限于地面施工空间和泥水站分布位置。由图 3.1-2可以大致看出环流系统三部分管路分布大致特征。

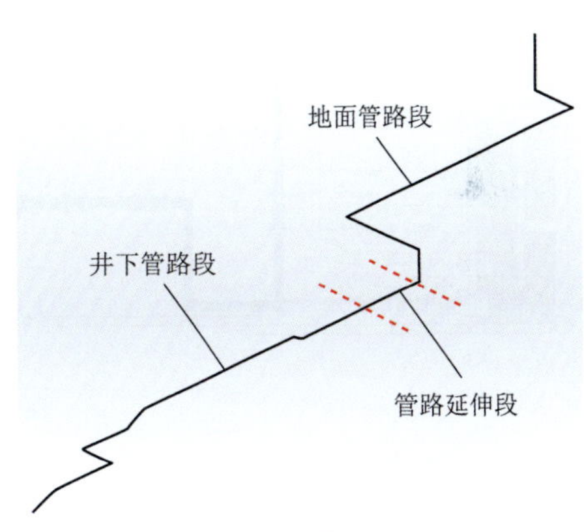

图 3.1-1　泥水平衡盾构机环流系统管路模型图

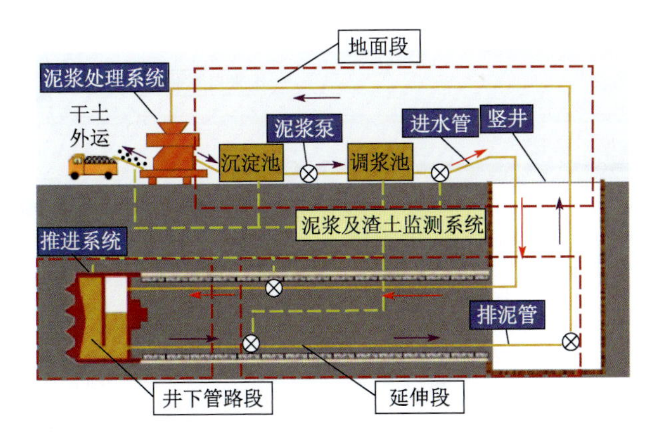

图 3.1-2　泥水平衡盾构机环流系统工作原理

3.1.2 泥浆循环模式

1)旁通模式

泥水平衡盾构机在掘进时,受地层影响可能会出现切削下的土体堵塞泥浆管道的情况。如果此时泥水处理站送入的浆液过多,会导致泥浆管路因压力过大爆裂、泥水仓压力不平衡导致掌子面坍塌和周围地层沉降的情况。为防止危险发生,盾构机设置了泥浆不进入前仓的旁通模式,如图3.1-3所示。

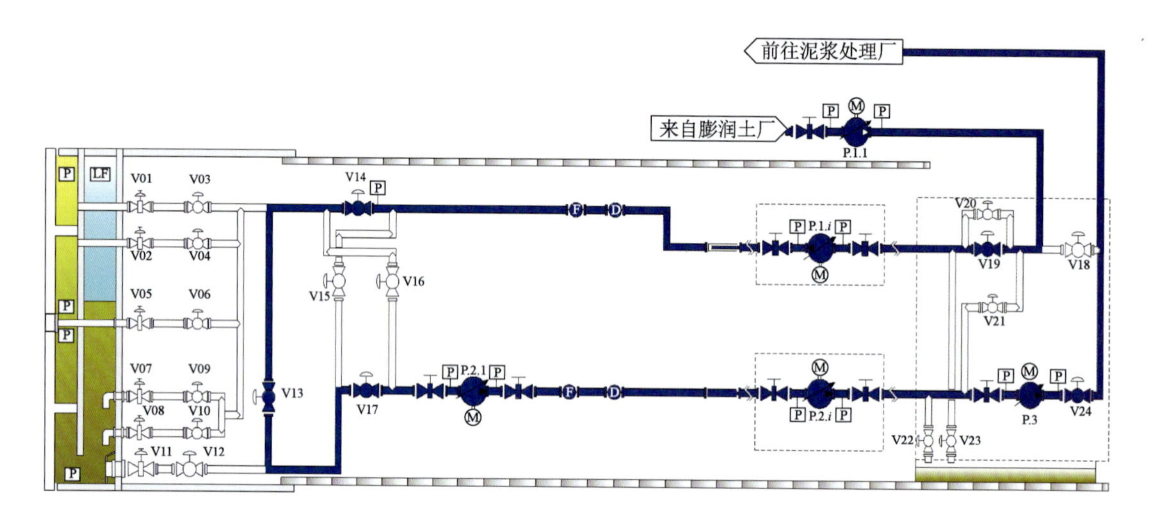

图3.1-3 泥水环流旁通模式

2)开挖模式

盾构机开挖时,开启进浆管路及排浆管路上的阀门及泵,调整进排浆泵的转速,使盾构机进排浆构成一个相对平衡的状态。此时泥浆环流系统处于开挖状态,如图3.1-4所示。

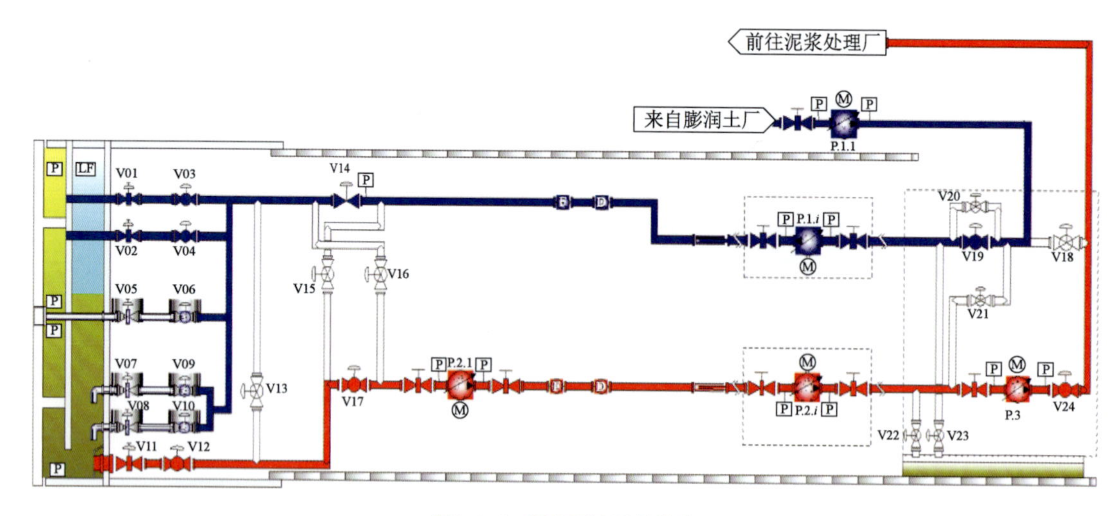

图3.1-4 泥水环流开挖模式

3）反循环模式

反循环模式指开挖仓泥浆逆向流动的工作模式，用于开挖仓堵塞或排渣管道清理，如图3.1-5所示。

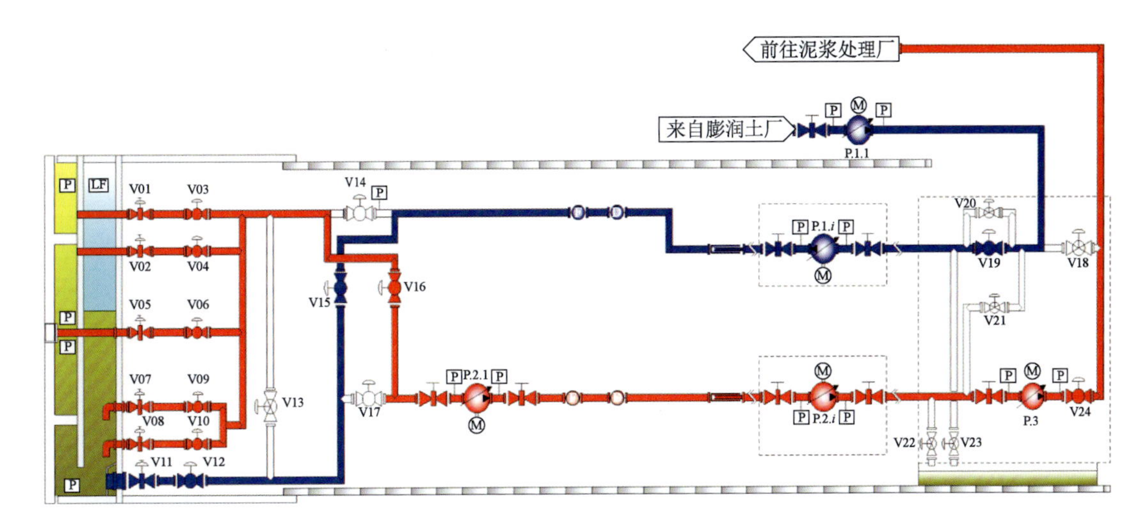

图3.1-5　泥水环流反循环模式

4）隔离模式

盾构机掘进过程中，当泥浆管路需要延伸时，一般采用地面泵和始发井中旁通阀运行的隔离模式，保持管路延伸段和地面管路段之间的循环，如图3.1-6所示。

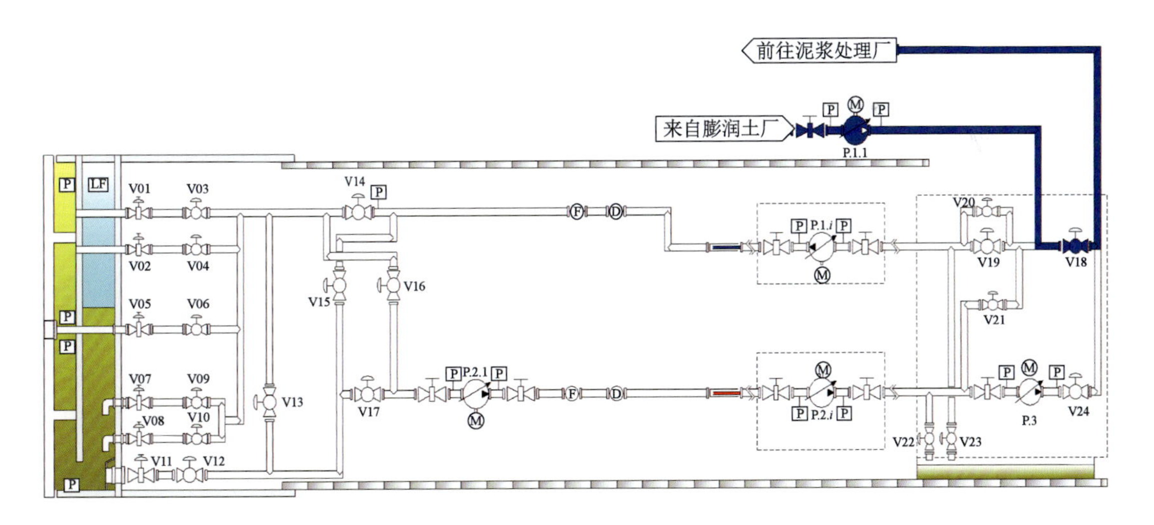

图3.1-6　泥浆环流隔离模式

5）停机模式

盾构机所有泵都停止运行，前仓压力由压缩空气回路控制，如图3.1-7所示。

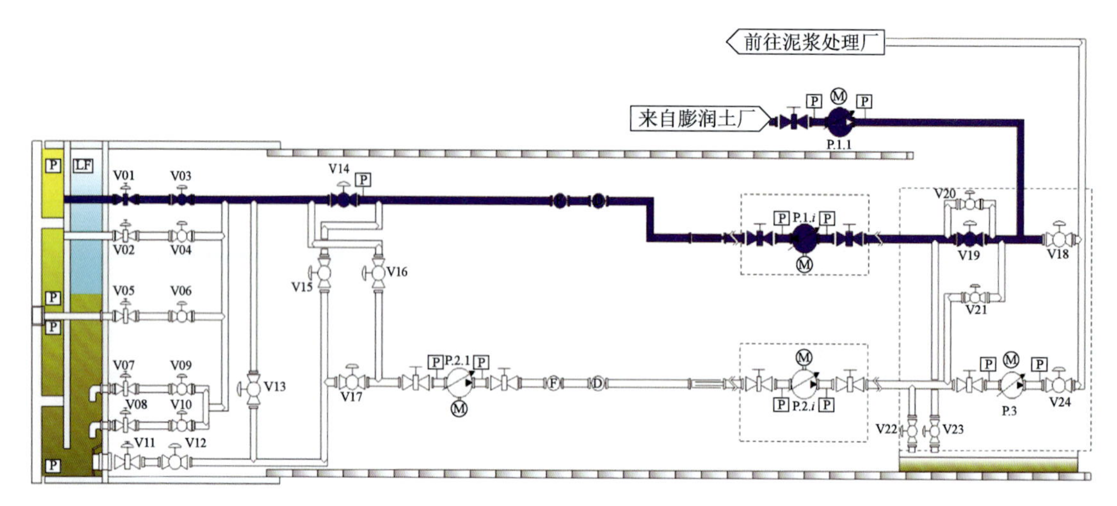

图 3.1-7　泥浆环流停机模式

3.2　泥水环流系统管路输送阻力特性

环流系统浆液在输送过程中浆液本身与管壁间的摩擦、渣土等固相颗粒对浆液的阻碍运动以及与管道壁间的相对运动都会产生相应的能量损失，渣浆泵作为泥水平衡盾构机环流系统的输送动力源，在实际工程中其设计参数的选取以及结构布置方案的合理性对相应工程施工具有重要的意义，因此需要结合苏通 GIL 综合管廊工程施工地层特性，针对盾构机环流系统管路输送阻力特性展开相关研究，根据环流系统管路压力损失特性对现场泵的安装位置进行预测评估，指导现场工程实践。

3.2.1　泥水平衡盾构机环流系统管路三维建模

针对苏通 GIL 综合管廊工程泥水平衡盾构机环流系统管路，其安装尺寸接近 6km，若以整体模型研究，其管路上安装的泵、阀设备会大大增加研究难度，耗时太长且工作效率不高，因此对回浆管路段的压力损失特性进行研究。为了保证分析结果的准确性，分析过程中对管路进行分段处理，根据上述管路划分方式，研究过程中分别针对盾构机环流系统井下管路段、隧洞延伸管路段、地面管路段建立相应的三维模型以及网格模型，并提出模拟对象相应的仿真边界条件。

1）环流系统井下管路段

现有大直径泥水平衡盾构机井下管路段从盾构机前端盾体处延伸至末端台车处，排浆管主要由倾斜管、直角弯管、球阀、闸阀等组成，如图 3.2-1 所示。建模过程中忽略管路上安装的泵、阀，该段管路直线距离约为 115m。

2）环流系统管路延伸段

盾构机环流系统管路延伸段从台车末端处延伸至洞门始发处，主要由直管和闸阀等组成，管道结构单一,如图3.2-2所示。管道直线距离由隧道开挖长度决定(现有隧洞开挖长度为5.6km),管线上串接多个排浆渣浆泵。

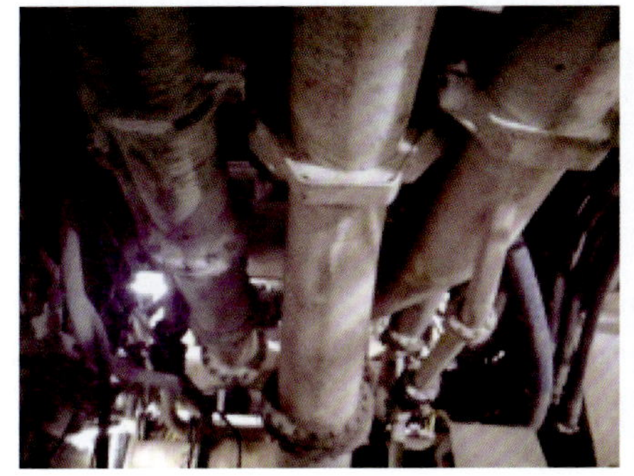

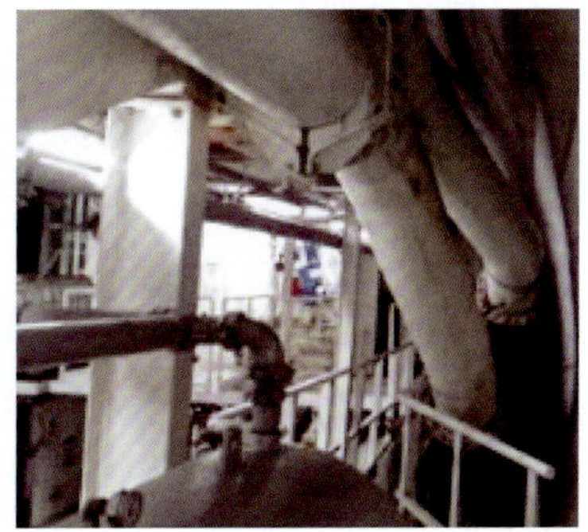

图3.2-1　井下管路段

图3.2-2　管路延伸段

3)环流系统地面管路段

盾构机环流系统地面管路段从洞门始发处延伸至地面泥水处理厂,主要由竖直段抬升管路和地面水平段管路组成,如图3.2-3所示,竖直管路段水力提升总高度为30m,水平管路段直线延伸长度为170m。

图3.2-3　地面管路段

3.2.2 泥水平衡盾构机环流系统输送阻力管路数值模拟

为研究苏通 GIL 综合管廊工程大直径泥水平衡盾构机环流系统管路水力输送水头损失规律,采用流体动力学分析软件 Fluent 进行分析,针对浆液非牛顿流动特性,构建 Herschel-Bulkley 流动模型。

1)网格模型

(1)环流系统井下管路段

针对井下管路段构建了口径分别为 400mm、450mm、500mm 管道的六面体结构网格模型,管道截面网格划分尺寸分别为 40mm、50mm、60mm,沿管道轴向划分尺寸均为 1000mm,网格划分数量分别为 283745、317794、392338,网格划分质量分别达到 0.67,网格结构示意图如图 3.2-4所示。

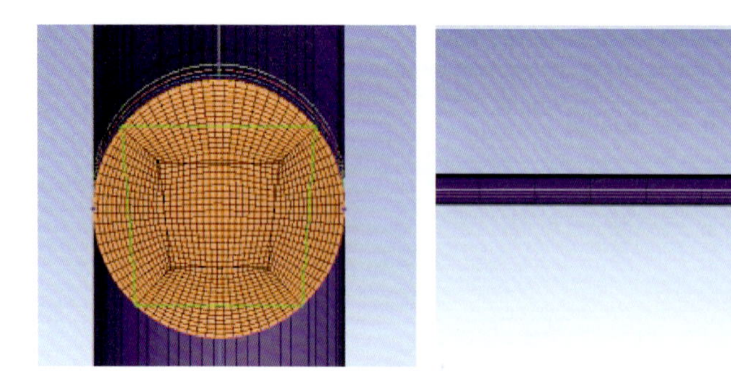
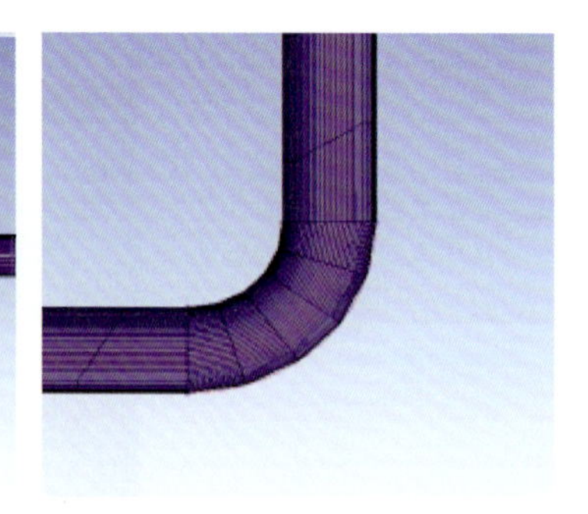

图 3.2-4　井下管路段管道网格模型

(2)环流系统管路延伸段

针对井下管路段构建六面体结构模型,管道截面网格划分尺寸为 45mm,沿管道轴向划分尺寸为 1000mm,分别对 100m、200m、300m 长管道进行网格划分,数量分别为 82436(100m)、188226(200m)、280728(300m),网格划分质量达到 0.67 以上,网格结构示意图如图 3.2-5 所示。

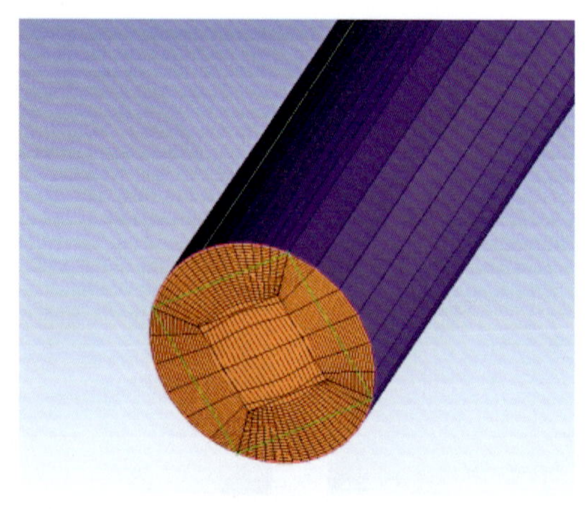

图 3.2-5　井下管路段管道网格模型

(3)环流系统地面管路段

针对井下管路段构建六面体结构模型,管道截面网格划分尺寸为45mm,沿管道轴向划分尺寸为1000mm,网格划分数量为341621,网格划分质量达到0.66以上,网格结构示意图如图3.2-6所示。

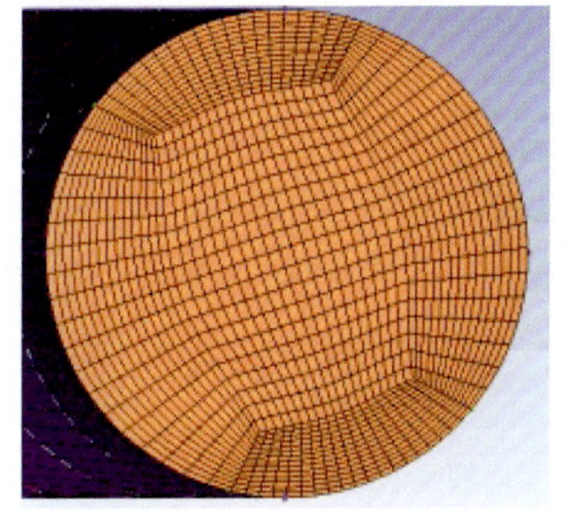
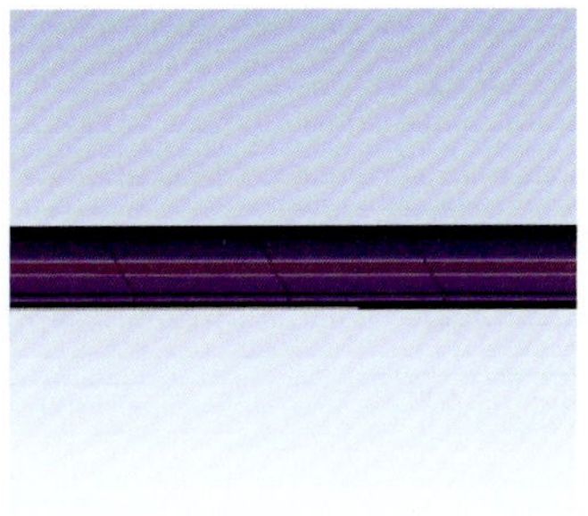
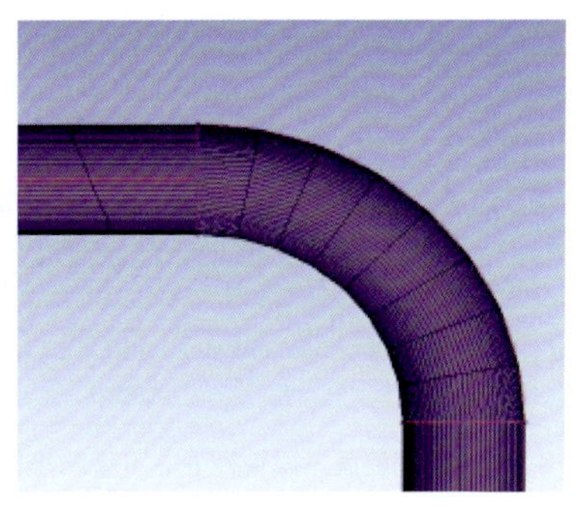

图3.2-6　井下管路段管道网格模型

2)模型边界条件

模型边界条件见表3.2-1。

模型边界条件　　表3.2-1

进口边界条件	井下管路段	定义进口边界条件为速度入口,速度为浆体输送速度,速度方向垂直于入口斜管端面
	管路延伸段	定义进口边界条件为压力入口,对应压力为井下管路段末端输出压力
	地面管路段	定义进口边界条件为速度入口,对应速度为管路延伸段末端输出流量
出口边界条件	定义为自由流压力出口,与大气相通	
采用无滑移固壁边界条件	加以压强、重力加速度等因素	

3.2.3　泥水平衡盾构机环流系统输送阻力特性

1)环流系统井下管路段输送阻力研究

以井下管路段为研究对象,研究不同管径和浆液流速下井下管路段沿程压力损失(通过监测管道出入口平均压力差获得)分布规律曲线图,可得结果如图3.2-7所示。上述所有研究案例中浆液密度为$1.2g/cm^3$,浆液黏度为15s,只考虑泥浆浆液流动条件下的压力损失分布规律,管径选取范围根据国标制定。根据图3.2-7可以明显看出井下管路段沿程压力损失随着管径的增大总体呈现下降趋势,在管径$d=400mm$时井下管路段沿程压力损失出现突变现象,随着管道直径进一步增加,管路段沿程压力损失会出现较大程度降低现象,当管径增大到450mm后进一步增大管道会出现压力损失变化不大的现象。上述现象在不同排浆量(对应平均流速$v=3m/s$、$4m/s$、$5m/s$)条件下都呈现相同的变化趋势,且根据图3.2-8还可以看到随着管径的增大,排浆管的浆液单位时间流量呈几何倍增长因此增大管径虽难以降低管道沿程压力损失,但是随着管径的增加会显著增大排浆泵的功率需求。

根据现有研究得到当排浆管$d=450mm$,浆液平均流速为4m/s时(对应的环流系统管路排浆量为$2290m^3/h$),井下管路段沿程压力损失为141468Pa,折换成水头压力损失为13.14m。

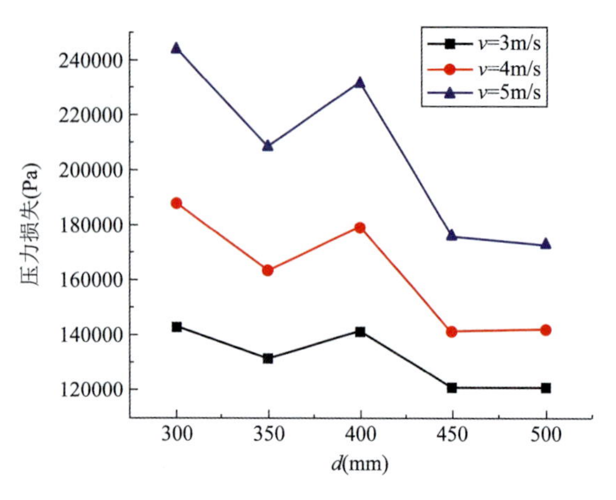

图 3.2-7　不同流速不同管径下井下管路段压力损失分布图

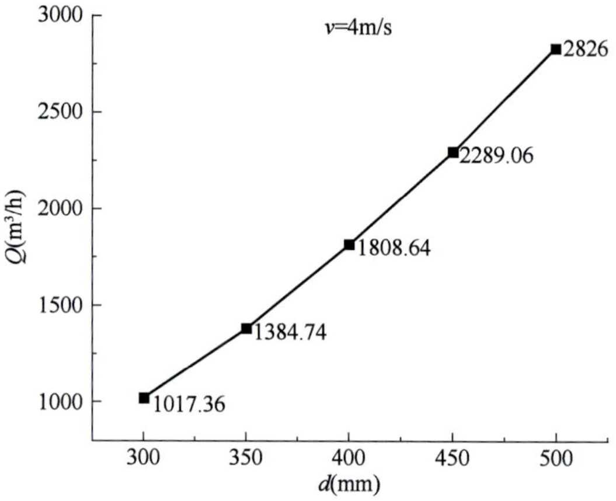

图 3.2-8　不同管径下排浆管流量分布图

2)环流系统管路延伸段输送阻力研究

如图 3.2-9 所示,管路延伸段压力结构较为单一,现有分析过程中暂时不考虑隧道斜度对延伸段管道的影响,分别构建 100m、200m、300m 长水平直管进行分析,工况与井下管路段相同,得到管路压力分布如图 3.2-9 所示,求得对应管道压力损失折换成单位长度管道水头压力损失分别为 0.042m/m、0.036m/m、0.037m/m。由图 3.2-9 可知,随管道长度的增加,沿程压力损失呈现近似线性增长趋势,求得单位长度上延伸段水平直管的平均水头损失为 0.038m/m。在后续计算过程中对延伸段管路的沿程压力损失视为线性叠加计算。

通过进一步开展不同排浆量和浆液密度条件下管路延伸段压力损失变化规律研究,得到排浆管浆液输送速度的增大会较大幅度地增加输送过程中的浆液能量损耗,故在实际输送过程中需要控制浆液输送速度在 5m/s 以下。改变浆液的密度,浆液密度的加大会增大管道输送的沿程压力损失,但增长幅度不如输送速度的影响。

3)环流系统地面管路段输送阻力研究

地面管路段主要由水平管道和竖直管道构成,在环流系统排浆过程中竖直段管路中渣土的水力提升会对系统造成过大的管路压力损失。根据图 3.2-10 的压力分布云图可以得到现有工况下地面段管路的沿程压力损失为 401306Pa,折换成对应水头压力损失为 40m。

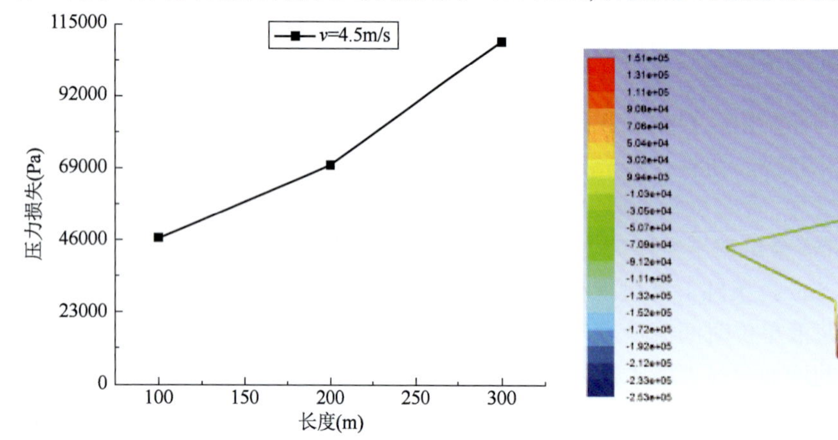

图 3.2-9　不同管路延伸长度下压力损失变化曲线图

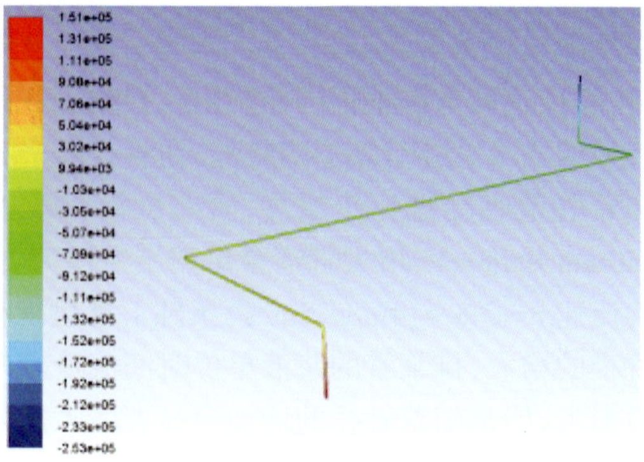

图 3.2-10　地面管路段压力分布图

3.2.4 泥浆管路管径及渣浆泵安放位置优化

1)基于仿真的泥浆管路管径优化

由前文图3.2-4、图3.2-7可知,管径减小时会给环流系统带来较大的压力损失,容易引发管道堵塞等问题;当管径增大到一定程度时沿程压力损失基本维持不变,但会对环流系统泥水站制浆能力提出较高需求,大大增加施工成本。因此,结合需求提出现有大直径泥水平衡盾构机环流系统中管道直径控制在450mm较优。

2)基于仿真的盾构机渣浆泵布置位置确定

苏通GIL综合管廊工程隧道掘进总里程为5.6km,在隧道掘进过程中在排浆管段需要增添多台渣浆泵实现环流系统稳定排浆。现有选型设计中的渣浆泵型号为沃曼300SHG,渣浆泵外形如图3.2-11所示,泵的最大扬程为88m。基于环流系统管路沿程压力损失分布规律,通过线性叠加原理对渣浆泵的安装位置进行了预估。根据现有研究成果,结合现有渣浆泵扬程88m,第一台中继泵安装位置预估为距洞门始发位置454环处。考虑到实际工程中第一台渣浆泵和第二台渣浆泵之间存在27m的水位落差,第三台渣浆泵和第一台渣浆泵间存在15m的水位落差,根据相应的水位落差推算出第二台渣浆泵安装在距洞门始发位置1138环左右,第三台渣浆泵安装在1840环左右。

图3.2-11 排浆管渣浆泵

3)盾构机渣浆泵实际安放位置及应用效果

施工过程中,综合考虑工程实际情况、施工效率和性能以及经济性,在参考仿真结果基础上最终确定在420环、1050环、1760环分别增设P.2.4泵、P.2.3泵以及P.2.2泵。通过工程收集数据分析可得到图3.2-12中P.2.1渣浆泵工作效率随管片环数增加的变化关系曲线,由图可知盾构机在增设P.2.4泵、P.2.3泵以及P.2.2泵之前P.2.1泵的工作效率分别达到了85%、88%以及87%,此时泵接近于满载状态,对后续泵增设提出了需求,因此在420环、1050环、1760环增设渣浆泵合理有效。仿真结果给定的渣浆泵安放掘进环数与实际安放位置分别相差7.1%、8.4%和4.5%。

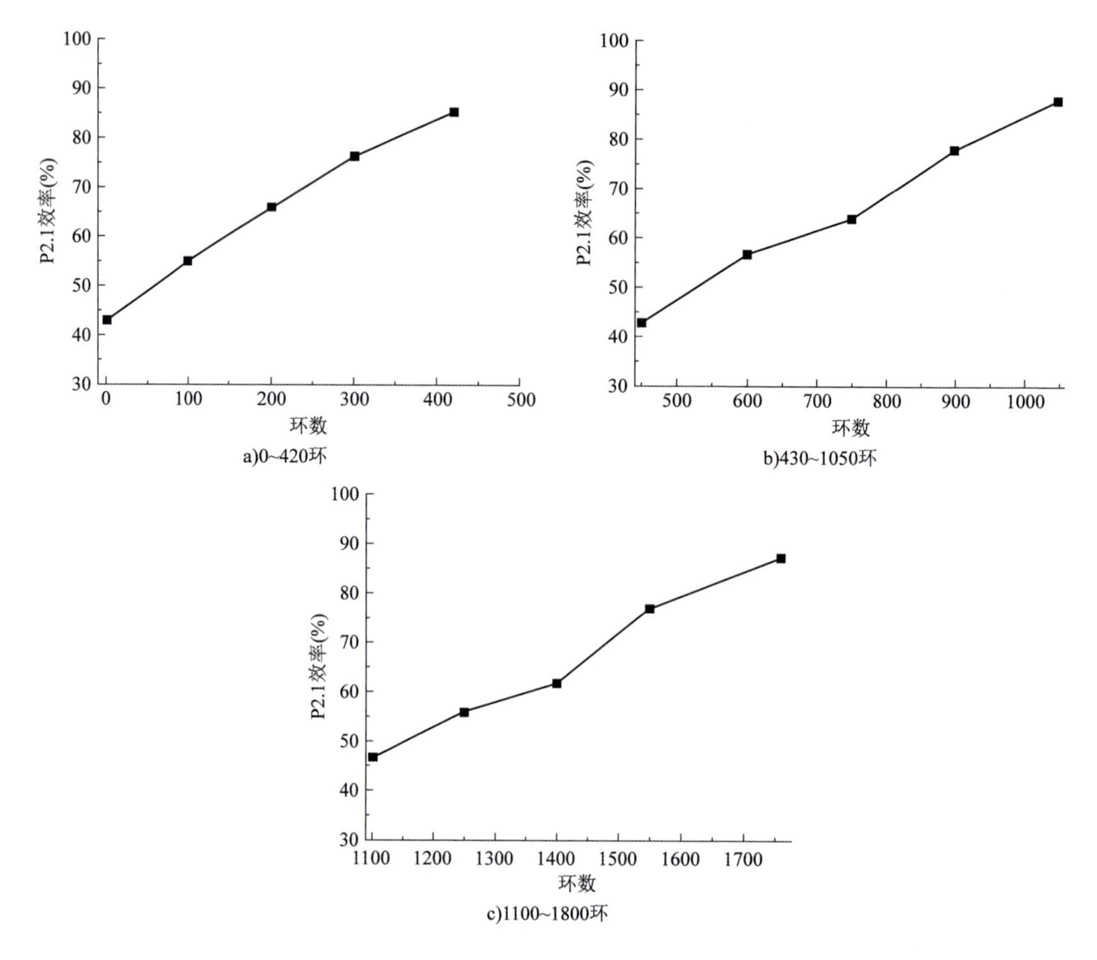

图 3.2-12　P.2.1 泵工作效率和掘进环关系

3.3　环流系统管路冲蚀性能研究

苏通 GIL 综合管廊工程施工段地层主要以密实铁板砂层为主，在环流系统排渣过程中，存留在排浆管内的砂石含量较高，长期运行容易对环流系统中各类弯管造成一定的磨损，需要借助现有仿真技术对环流中管路冲蚀特性进行研究，分析现有弯管中的磨损区域分布规律，并对弯管的磨损程度（磨损量）进行预测分析，提升环流系统使用寿命。

3.3.1　泥水平衡盾构机环流系统输送模型分析

1）环流系统冲蚀管路三维建模

根据现有管道结构特性，针对苏通 GIL 综合管廊工程盾构机环流系统，将环流系统管路中弯管分为以下几类：

(1)直管

现有盾构机环流系统主要由直管构成,占总长的90%以上,分别布置地面段管路衔接泥水站处、掘进隧道管路延伸段、盾构机台车车体上,管路的具体布置形式如图3.3-1所示。

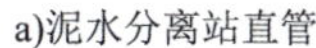

a)泥水分离站直管

b)盾构机台车上直管

图3.3-1　环流系统直管现场实物图

直管的三维模型中,管道内径为450mm,管道长度为5m。

(2)直角弯管

盾构机环流系统中使用直角弯管的地方较多,分别以不同布置角度安装在进浆渣浆泵、管涵处回浆管、泥水分离设备、风机配电房、旁通站、P.2.4渣浆泵上,管路的具体布置形式如图3.3-2所示。

a)P1.1出口处弯头

b)管涵处回浆管弯头

c)回浆管弯头

d)进、出浆管弯头

e)旁通站后侧弯头1

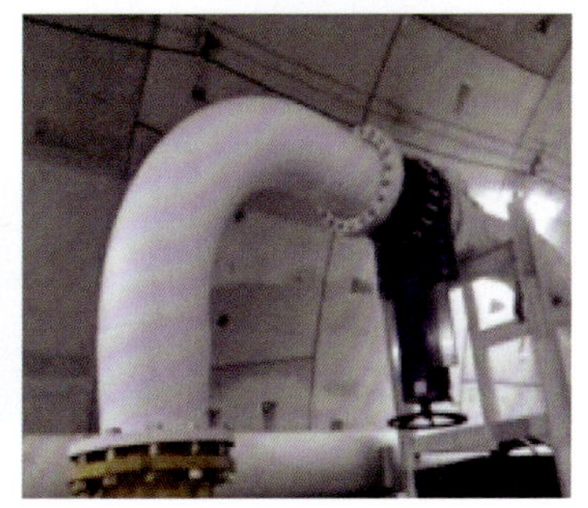

f)P.2.4出口处弯头1

图3.3-2　环流系统直角弯管现场实物图

直角弯管三维建模模型如图3.3-3所示，管道内径为450mm，管道沿直角拐弯处半径为550mm，上端处短管长度为500mm，底端处长管长度为1000mm。

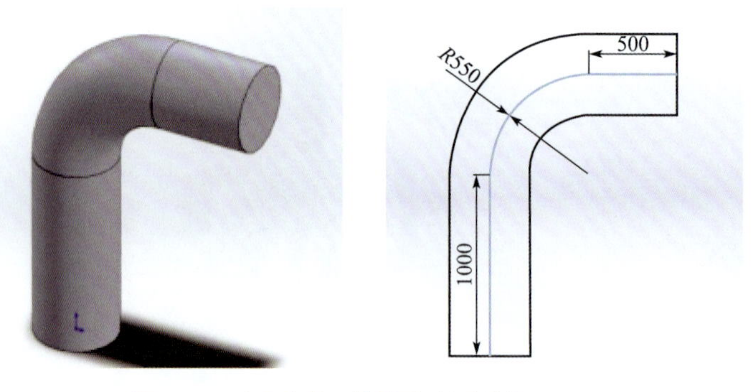

图3.3-3 直角弯管三维模型（尺寸单位：mm）

（3）倾斜弯管

现有倾斜管路主要布置在盾构机盾体旁通管路、P.2.4渣浆泵浆液入口处、排浆管始端与P2.1渣浆泵相连段，管路具体布置形式如图3.3-4所示。

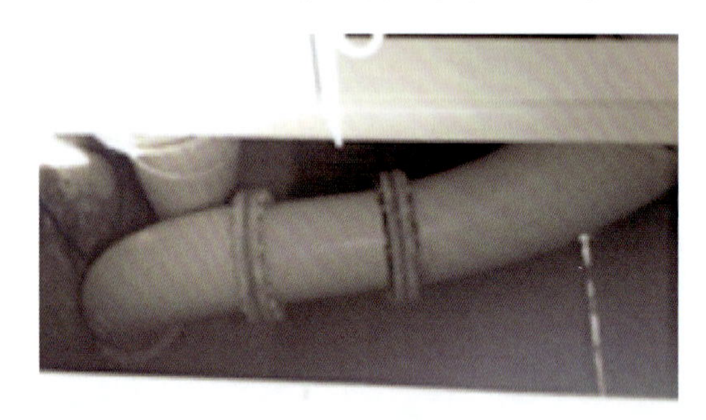

a)旁通站内弯管1

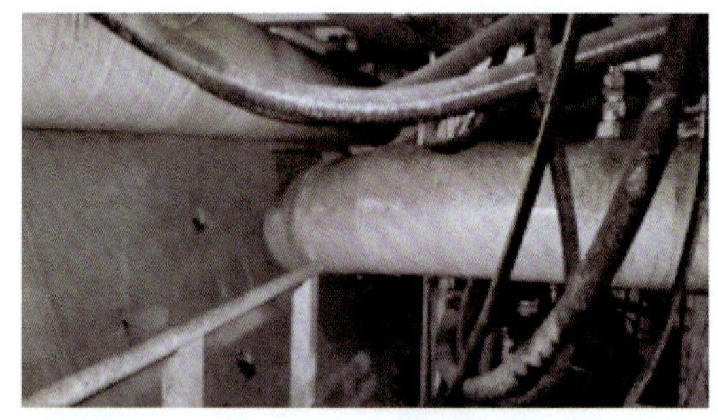

b)P.2.1泵进口处斜管

图3.3-4 倾斜弯管现场实物图

倾斜弯管三维模型如图3.3-5所示，管道倾斜角度分别为120°，管道内径为450mm，管道右侧长管长度为1045mm，管道左侧短管长度为410mm。

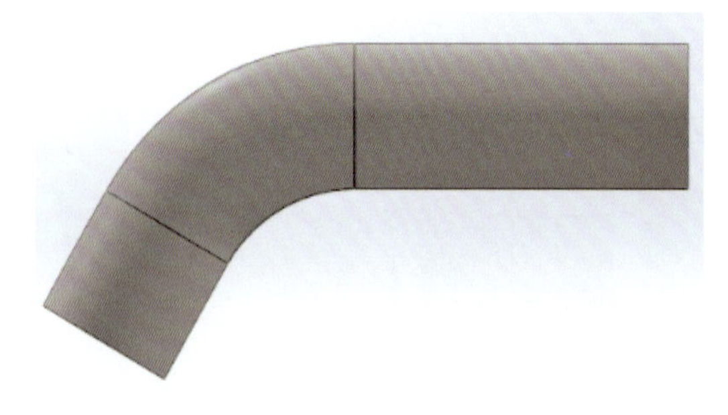

图3.3-5 倾斜弯管三维模型

（4）S形弯管

大直径盾构机环流系统中使用直角弯管的地方较多，分别安装在进浆渣浆泵、管涵处回浆管、泥水分离设备、风机配电房、旁通站、P. 2. 4 渣浆泵上，管路的具体布置形式如图 3. 3-6 所示。

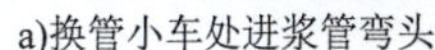

a)换管小车处进浆管弯头

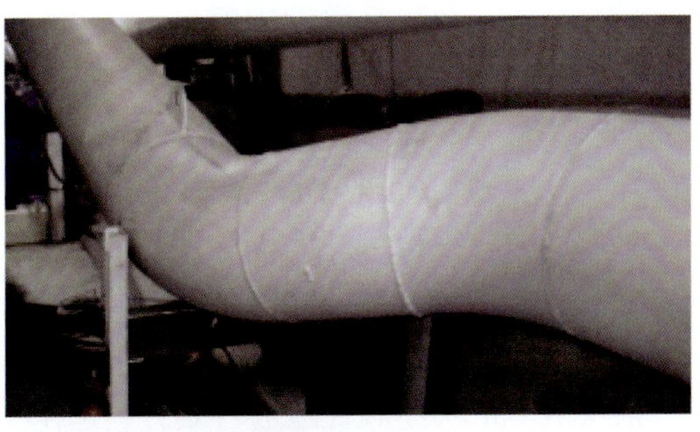

b)P.2.4出口处弯头2

c)P.2.4进浆处弯头

图 3. 3-6　S 形弯管现场实物图

S 形管路三维建模模型如图 3. 3-7 所示，管道 S 形弯折处拐弯半径是 685mm，管道内径为 450mm，左侧短管长度为 480mm，右侧长管长度为 1440mm，中间衔接管段长度为 920mm。

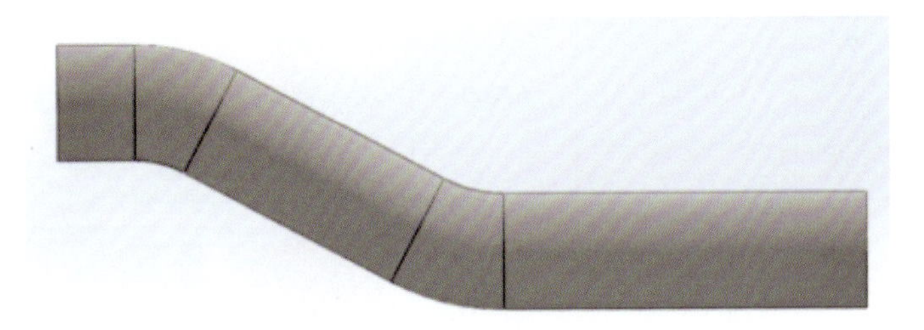

图 3. 3-7　S 形管路模型

2）环流系统冲蚀数值模型

（1）磨损理论模型

在苏通 GIL 综合管廊工程中泥水平衡盾构机长距离掘进过程中，环流系统进、排浆管路中砂石等渣土颗粒会对管路造成相应的磨损，使用流体动力学分析软件 Fluent 自带的冲蚀理论模型对环流系统管道壁厚磨损程度以及磨损量进行研究，模型简介如下。

冲蚀速率模型表达式为：

$$R_{\text{erosion}} = \sum_{p=1}^{N_{\text{p}}} \frac{m_{\text{p}} C(d_{\text{p}}) f(\alpha) v^{b(v)}}{A_{\text{face}}} \tag{3. 3-1}$$

式中：$R_{erosion}$——管道的磨损率；

m_p——颗粒的质量流量；

$C(d_p)$——颗粒直径的函数；

α——颗粒对壁面的冲击角；

$f(\alpha)$——冲击角函数，取$f(\alpha)=1$；

v——颗粒相对于壁面的速度；

$b(v)$——颗粒速度的函数，取$b(v)=2.4$；

A_{face}——颗粒冲蚀的管道表面积。

(2)管道网格划分

采用ICEM软件对管道进行划分，使用六面体结构化网格进行划分。各管道网格划分见表3.3-1。

管道网格划分　　表3.3-1

管道类型	网格划分体面尺寸(mm)	划分网格质量	划分网格数	示意图
直管	45	0.8以上	171114	
直角弯管	50	0.8以上	45386	
倾斜弯管	35	0.67以上	62200	
S形弯管	35	0.8以上	176639	

3)环流系统管路冲蚀分布规律

(1)直管冲蚀特性分析

针对苏通管廊工程大直径泥水直角弯管，从直角弯管本身、浆液流量、安装方位三方面研究直角弯管冲蚀特性，具体研究成果如下。

①现有工况下直管冲蚀特性分析

从图3.3-8中可以看出直管磨损主要分布在管道底部区域，其次从管道浆液入口到出口过程中管道底部磨损程度呈现逐渐降低趋势，最大磨损位置发生在管道浆液入口处，管道磨损沿底部中轴线向管道左右两侧递减。

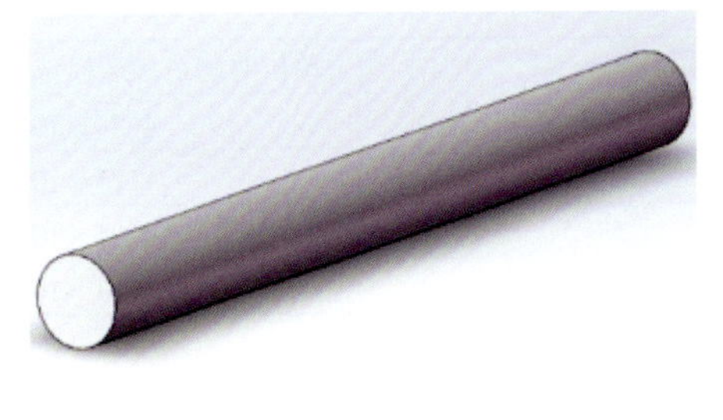

a)直管三维模型

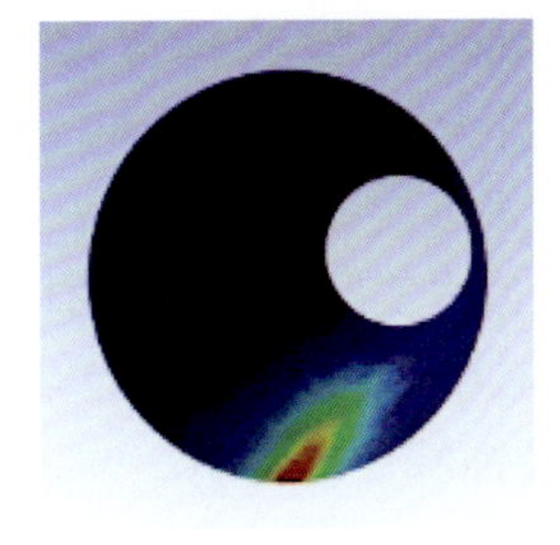

b)直管磨损面

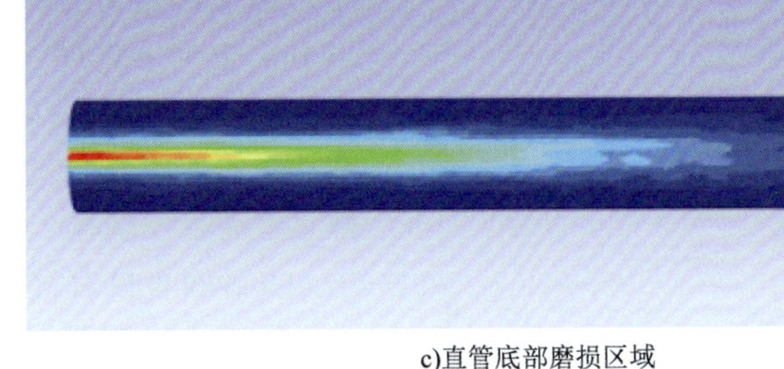

c)直管底部磨损区域

图 3.3-8　直管冲蚀特性

②管道流量对直管冲蚀特性的影响

以磨损量最小值作为参考，由图 3.3-9 可以明显看出随着管道浆液流速的增大，直管底部磨损程度大大降低，随着管道浆液流速增大直管的磨损区域会从底部区域往管道中上部进行扩散，但由于磨损量的减少导致这种趋势并不明显。提取不同流速下直管的磨损峰值，见表 3.3-2。

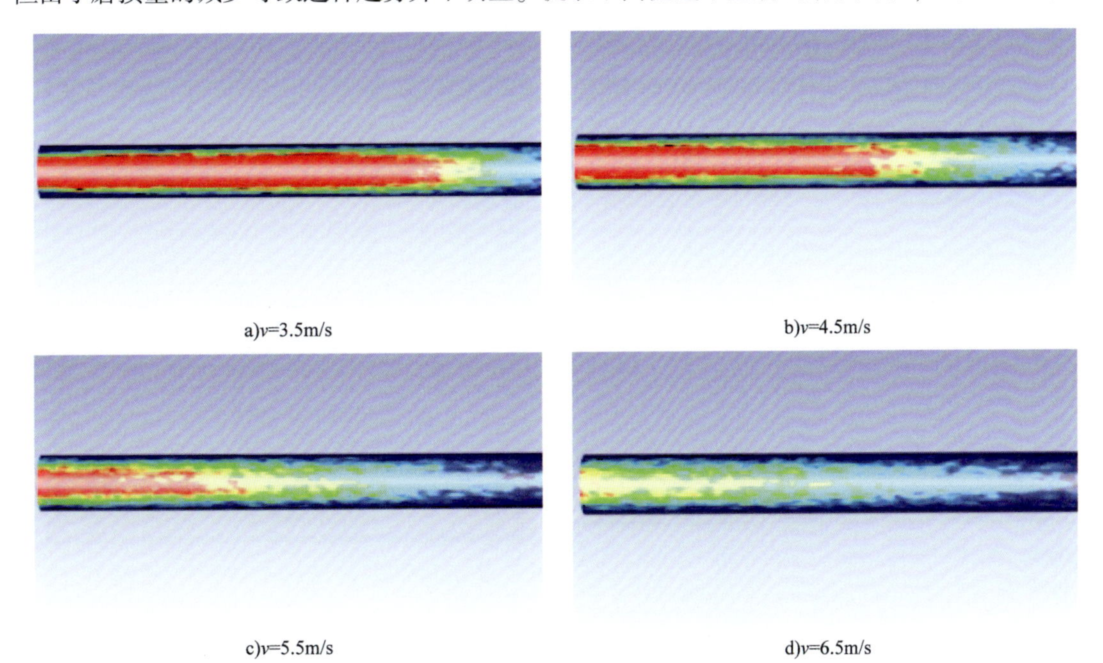

a)v=3.5m/s　　b)v=4.5m/s

c)v=5.5m/s　　d)v=6.5m/s

图 3.3-9　冲刷流量对直管冲蚀特性的影响

不同流速下直管磨损峰值 表 3.3-2

浆液流速(m/s)	单位时间最大磨损量[kg/(m² · s)]	相比 3.5m/s 磨损量变化
3.5	4.24×10^{-8}	—
4.5	1.25×10^{-8}	降低 70.52%
5.5	7.05×10^{-9}	降低 83.37%
6.5	2.33×10^{-9}	降低 94.50%

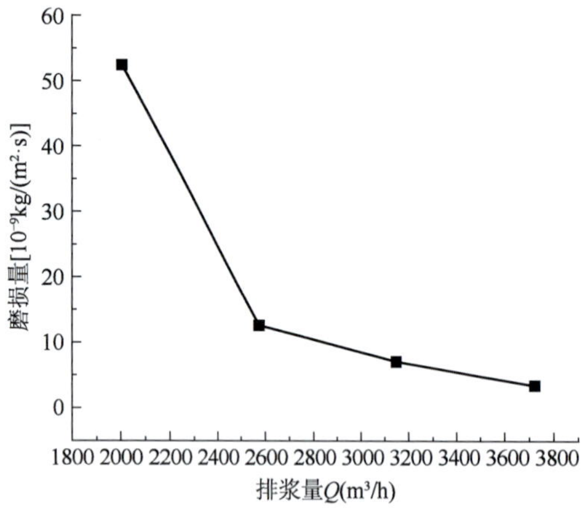

图 3.3-10 直管磨损量与排浆管排量的关系

图 3.3-10 可以看出直管磨损量与排浆量的关系，随着排浆量 Q 的增大直管磨损程度减小，最大磨损厚度不超过 2mm，排浆管排浆量在 2600m³/h 时会出现一个较大的磨损速率衰减拐点，因此增大排浆管的排浆量能够有效地延长水平直管的使用寿命，建议工程实际中排浆管中的排浆量需要控制在 2200m³/h 以上。

③砂石含量对直管冲蚀特性的影响

设定排浆管平均流速为 4.5m/s（对应排浆管流量为 2575m³/h）。从图 3.3-11 和表 3.3-3 可以明显看出，随着砂石含量的增加，直管磨损程度会增大，管道底部磨损区域也会沿着管道长度方向增加，且管道左右两侧磨损区域对应的高度也会随之增加。

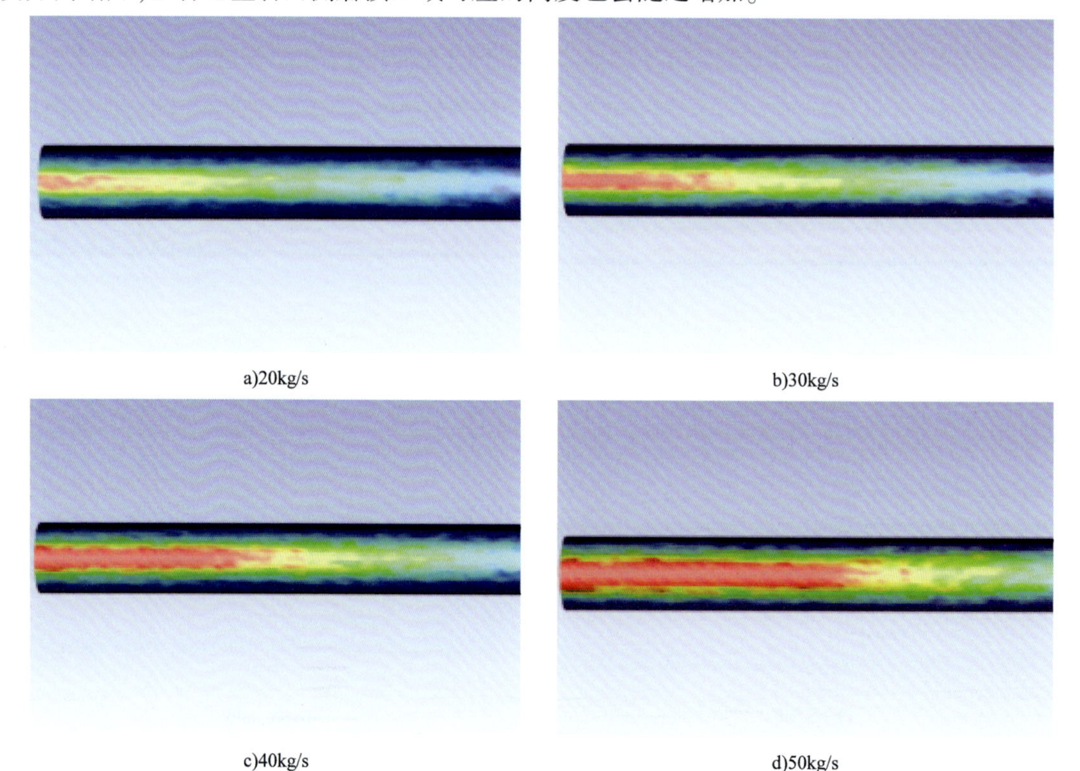

图 3.3-11 砂石含量对直管冲蚀特性的影响

不同砂石含量下直管磨损峰值　　表 3.3-3

砂石含量(kg/s)	单位时间最大磨损量[kg/(m^2·s)]
20	1.25×10^{-8}
30	2.05×10^{-8}
40	3.03×10^{-8}
50	3.47×10^{-8}

当直管中砂石含量为20kg/s、30kg/s、40kg/s、50kg/s时，转换成对应的砂土体积分数 C_v 得到其值分别为1.6%、2.4%、2.2%、4.0%。由图3.3-12可以看出随着砂土体积分数 C_v 的增大，直管磨损量呈近似线性增长趋势，相比于排浆量 Q，其对磨损量的影响较小，砂石含量的增加会促使管道磨损程度和磨损面积的增大，因此在掘进过程中需要控制浆液中的含砂量。

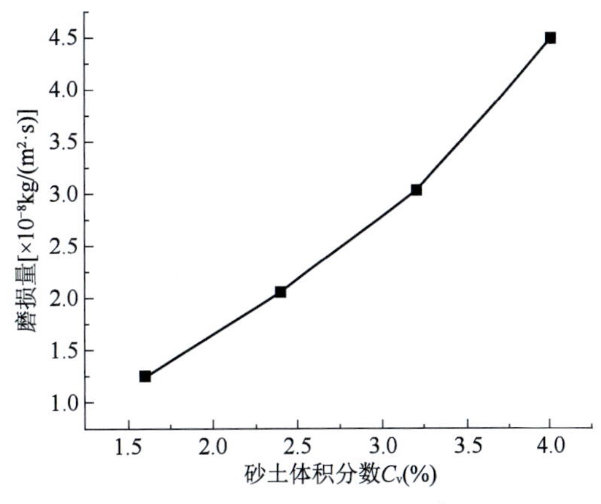

图3.3-12　直管磨损量与砂石体积分数的关系

④浆液密度对直管冲蚀特性的影响

当排浆管流量为2575m^3/h时，以最小磨损量峰值为参考值，从图3.3-13和表3.3-4可以看出随着浆液密度的增加直管磨损程度会降低，管道底部磨损区域也会沿着管道长度方向缩减，且管道左右两侧磨损区域对应的高度出现下降趋势。

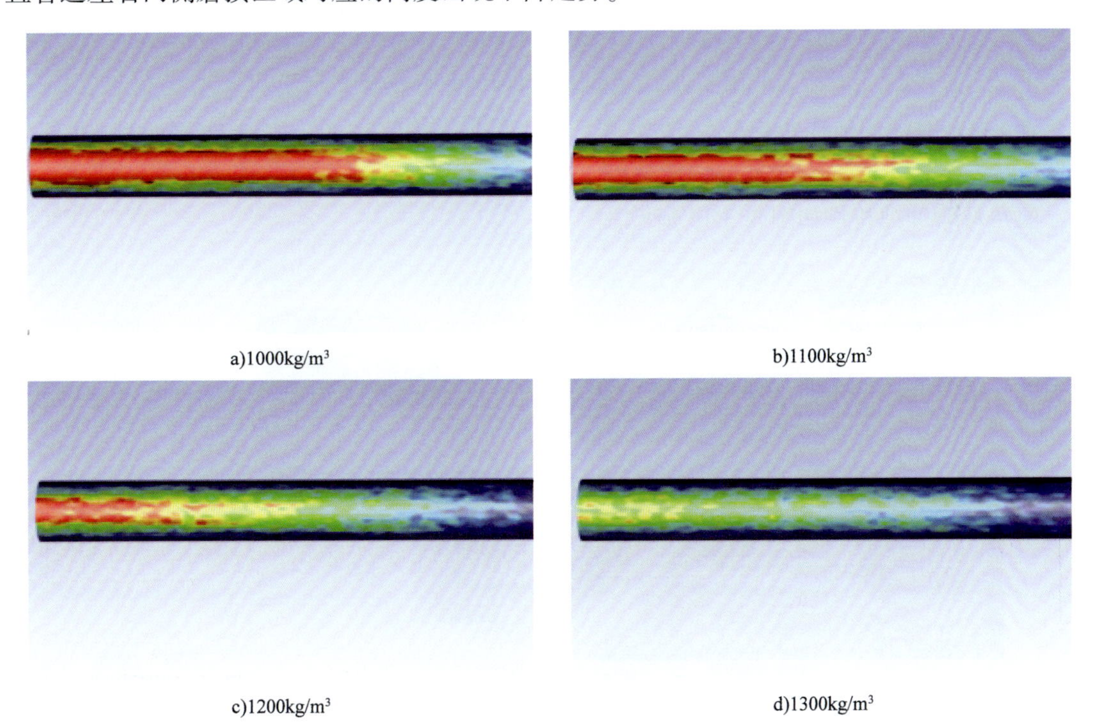

图3.3-13　浆液密度对直管冲蚀特性的影响

不同浆液密度下直管磨损峰值　　表 3.3-4

浆液密度(kg/m^3)	单位时间最大磨损量[$kg/(m^2 \cdot s)$]	相比 1000kg/m^3 磨损量变化
1000	1.25×10^{-8}	—
1100	9.8×10^{-9}	降低 22%
1200	5.8×10^{-9}	降低 54%
1300	3.7×10^{-9}	降低 70%

从图 3.3-14 可以看出随着浆液密度的增大,直管磨损量呈近似线性下降趋势,增大浆液密度能够一定程度上降低直管磨损量,但与排浆量相比其影响效果较小。

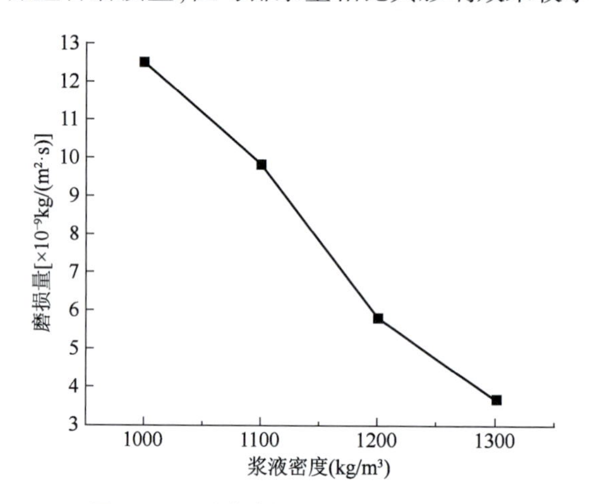

图 3.3-14　直管磨损量与浆液密度的关系

(2)直角弯管冲蚀特性分析

①现有工况下直角弯管冲蚀特性分析

直角弯管冲蚀特性如图 3.3-15 所示。

a)P.1.1出口处弯头

b)直角弯头浆液流向

图　3.3-15

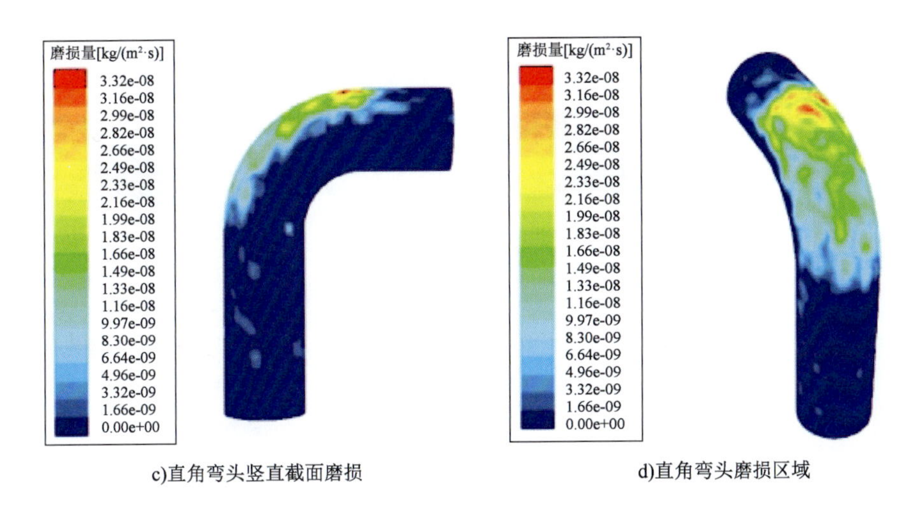

c)直角弯头竖直截面磨损　　d)直角弯头磨损区域

图 3.3-15　直角弯管冲蚀特性

从图 3.3-15 可以看出 P.1.1 出口直角弯头磨损区域主要集中在管道的外圆弧面上，最大磨损位置发生在顶部直管与直角弯管衔接处，管道磨损沿中轴线向管道左右两侧递减。

②管道流量对直角弯管冲蚀特性的影响

直管弯管磨损量与浆液流速的关系如图 3.3-16 所示。

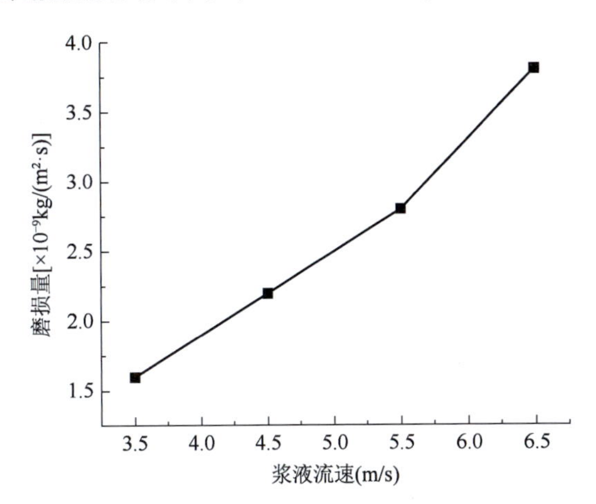

图 3.3-16　直管弯管磨损量与浆液流速的关系

由图 3.3-16 可以看出，随着流速的增大，直角弯管的磨损量呈现增长趋势。

根据图 3.3-17 可以看出随着浆液流速的提升弯管的磨损区域会集中在管道外圆弧面靠近出口一侧，最大磨损区域分布在弯管段与上部直管段衔接处，运行过程中应控制管路流量在 2600m^3/h 以下，对直角弯管易磨损区域壁厚进行加大处理。

③安装方位对直角弯管冲蚀特性的影响

将直角弯管布置位置分为四个象限，从浆液流向如图 3.3-18 中标示箭头所示，浆液流向为逆时针方向。通过分析获得各安装位置管路磨损情况如图 3.3-19 所示。

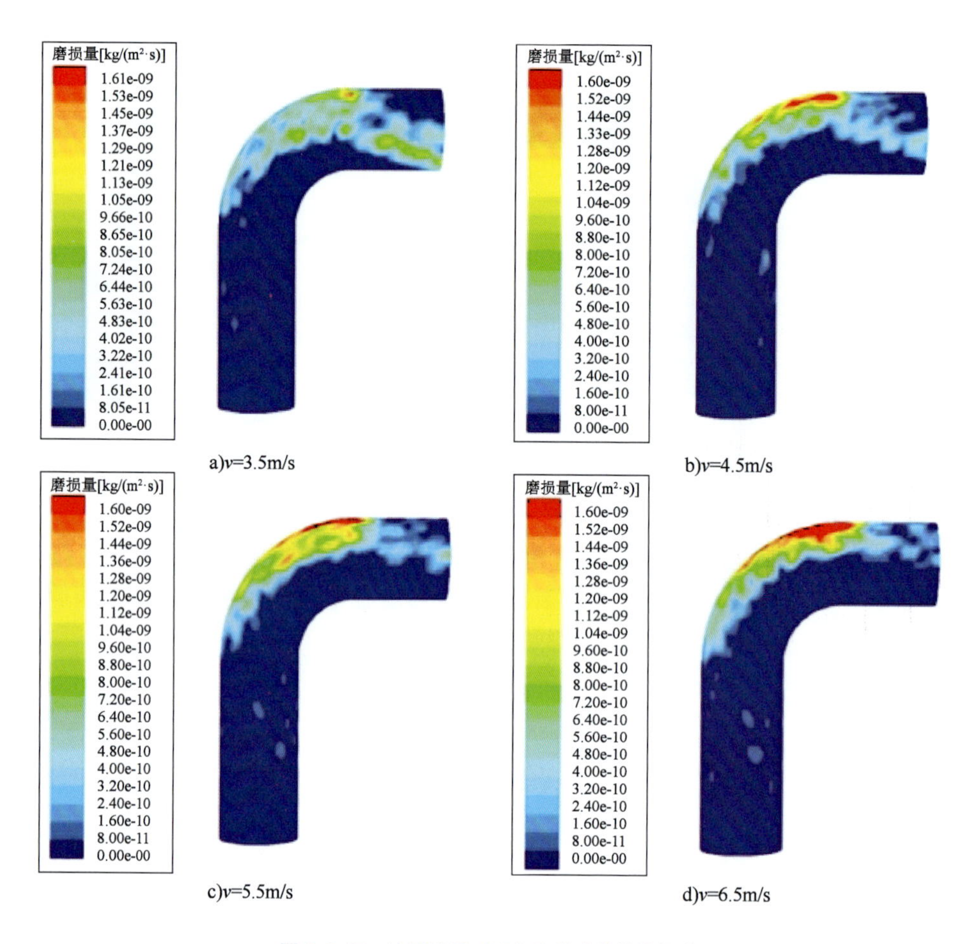

a)v=3.5m/s　b)v=4.5m/s

c)v=5.5m/s　d)v=6.5m/s

图3.3-17　冲刷流量对直角弯管冲蚀特性影响

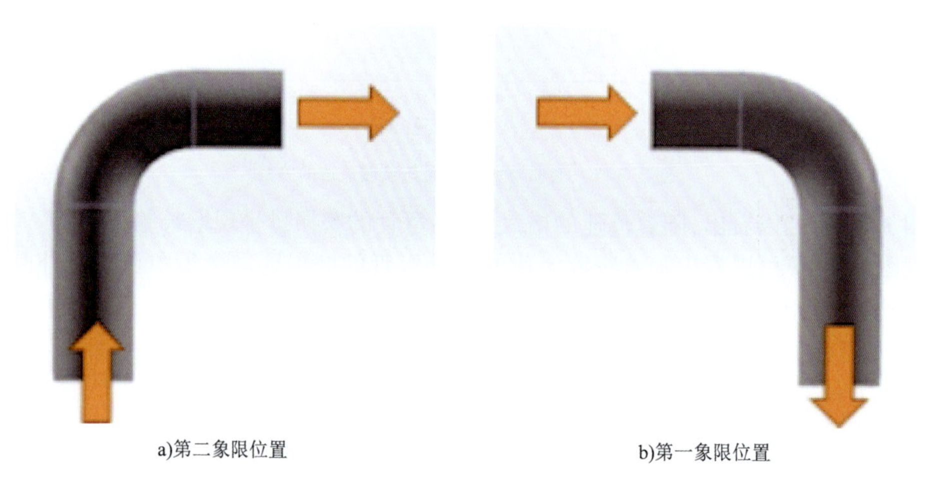

a)第二象限位置　b)第一象限位置

图　3.3-18

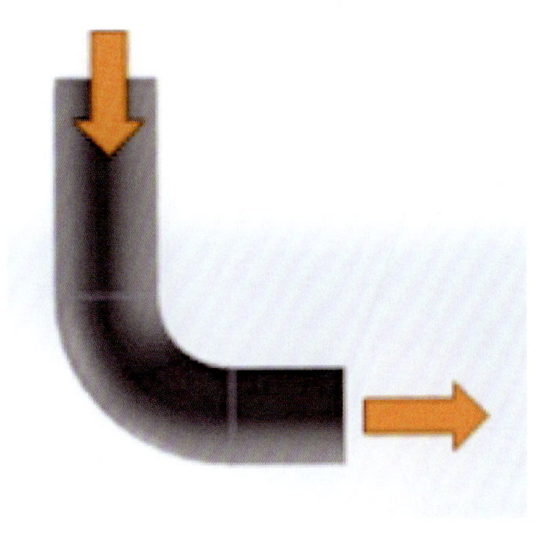

c)第三象限位置

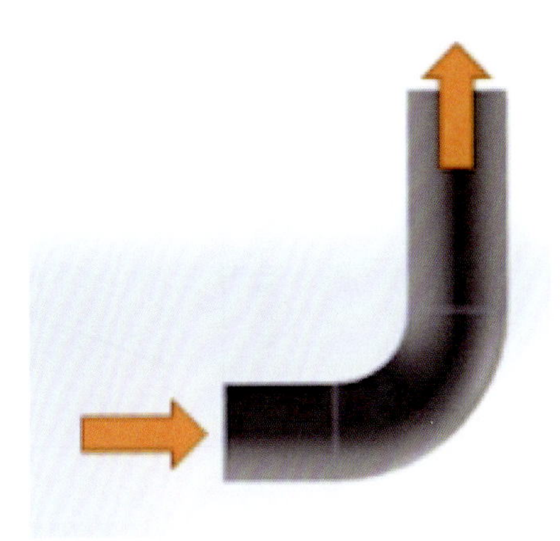

d)第四象限位置

图 3.3-18　直角弯管安装方位

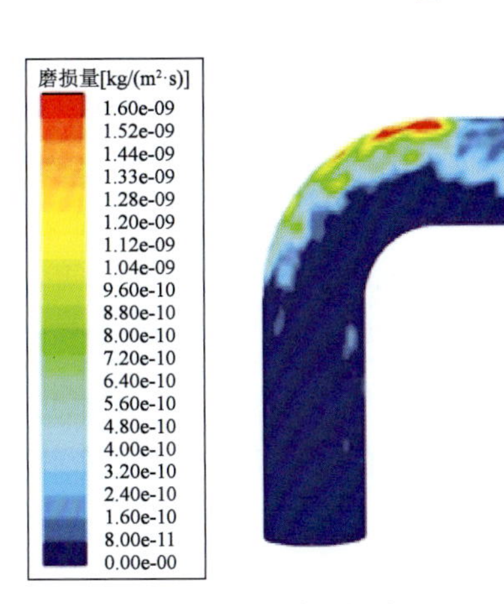

a)第二象限位置

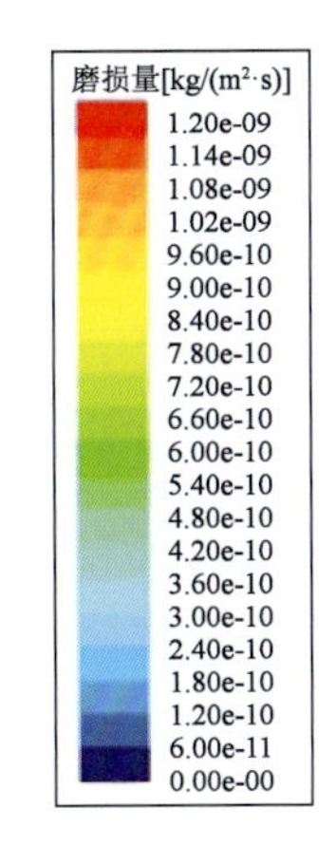

b)第一象限位置

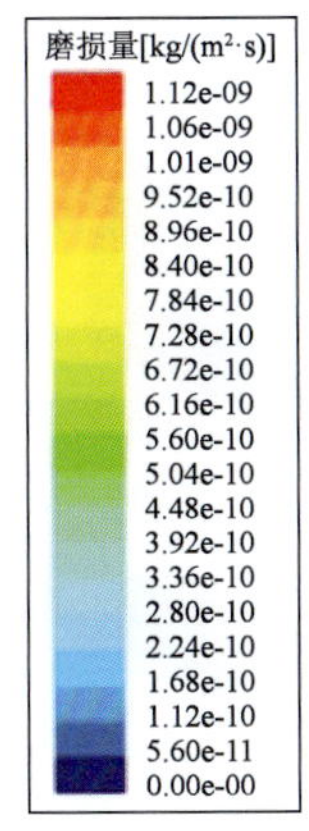

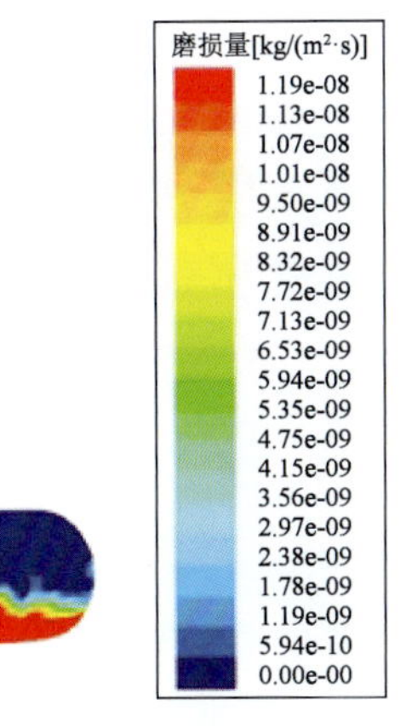

c)第三象限位置

d)第四象限位置

图　3.3-19

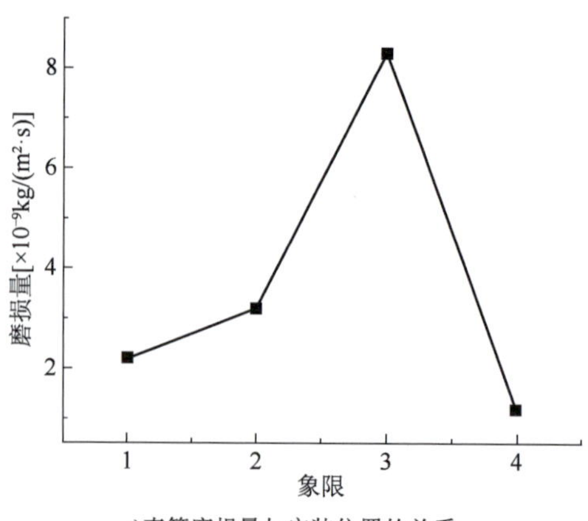

e)直管磨损量与安装位置的关系

图 3.3-19　安装方位对管道冲蚀特性的影响

在输送参数不变的情况下，各方位直角弯管磨损情况如表 3.3-5 所示。

不同安装方位直角弯管磨损情况　　表 3.3-5

直角弯管安装方位	最大磨损量[kg/(m^2·s)]	磨损区域	最大磨损位置
第一象限	2.2×10^{-9}	直角弯头外圆弧面上	直角弯管与下端直管衔接处
第二象限	2.2×10^{-9}	直角弯头外圆弧面上	直角弯管与顶部直管衔接处
第三象限	7.3×10^{-9}	外圆弧面以及下端直管底部	下端直管出口处
第四象限	1.2×10^{-9}	管道外圆弧面以及下端直管底部	在直角弯管外圆弧面上

由图 3.3-19e) 可以看出第三象限安装位置磨损程度大于其他的象限，但从年平均磨损量来看管道安放位置的改变对直角弯管磨损区域以及磨损程度的影响不大，直角弯管主要的磨损位置位于拐弯处外圆弧面，需要增强此处的管道耐磨性。

(3) 倾斜弯管冲蚀特性分析

①现有工况下倾斜弯管冲蚀特性分析

现有工况下倾斜弯管冲蚀特性分析如图 3.3-20 所示。

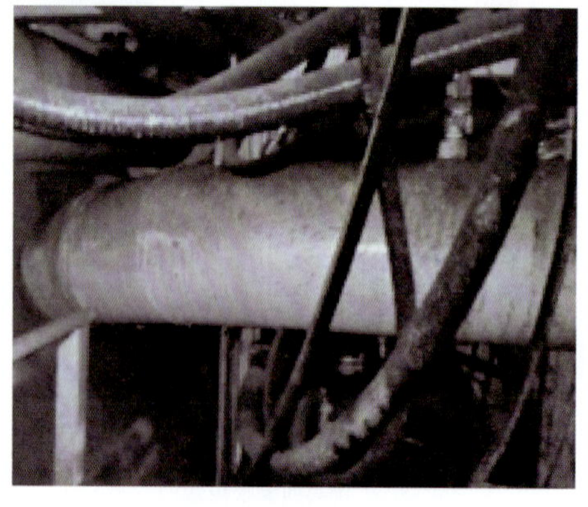

a)P.2.1处倾斜弯管

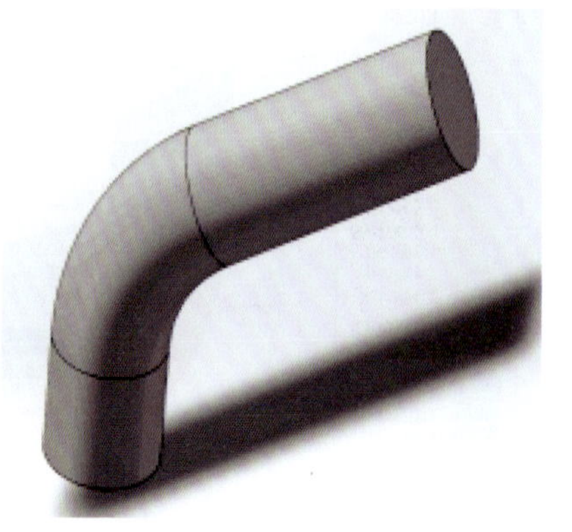

b)直角弯头浆液流向

图　3.3-20

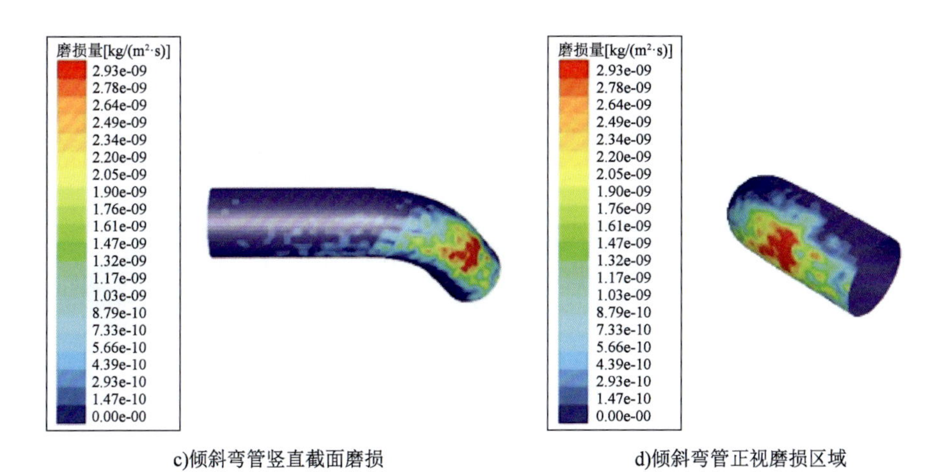

c)倾斜弯管竖直截面磨损　　d)倾斜弯管正视磨损区域

图 3.3-20　倾斜弯管冲蚀特性

以排浆渣浆泵 P.2.1 处倾斜弯管为分析对象，现有弯管与水平面呈近 30°夹角布置，处从图 3.3-20 中可以看出与直角弯管相似，近水平面的倾斜弯管主要磨损区域集中在管道拐弯外圆弧面一侧，但磨损区域并非沿管道中轴线对称分布，管道最大磨损处出现在出口直管与拐弯弯管相接处。

②安装角度对直角弯管冲蚀特性的影响

安装角度对直角弯管冲蚀特性的影响如图 3.3-21 所示。

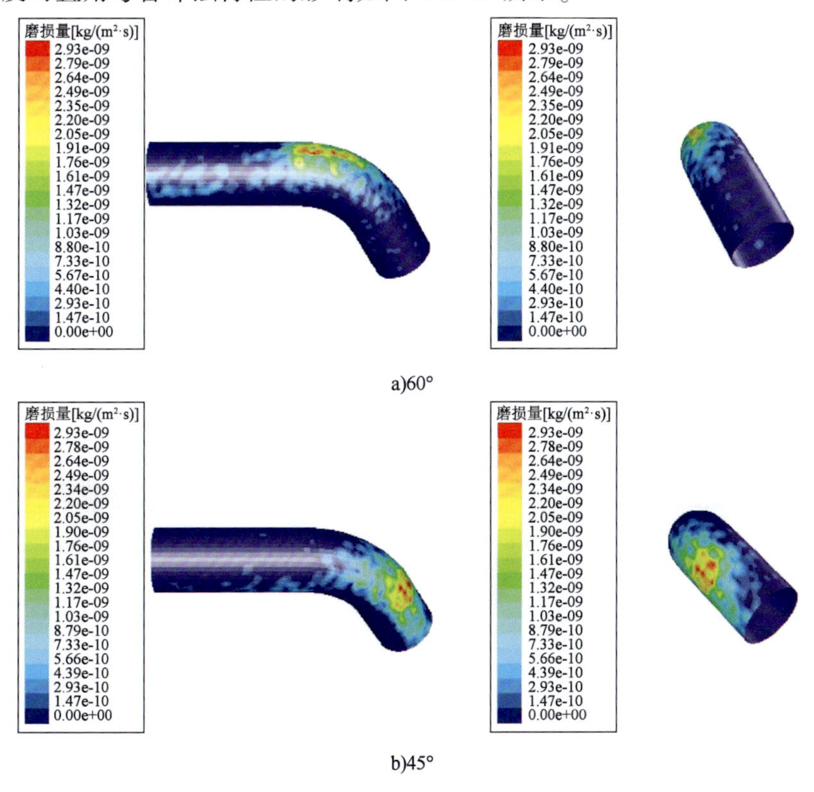

a)60°

b)45°

图　3.3-21

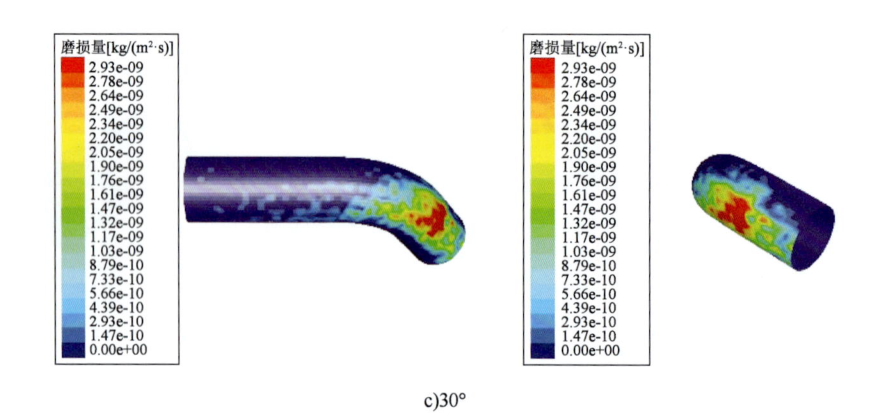

c)30°

图 3.3-21　安放角度对管道冲蚀特性的影响

以重力方向为参考，分别分析倾角为 120°的弯管与重力方向呈 30°、45°、60°角放置时的冲蚀特性，由图 3.3-21 可以看出随着弯管安放角度的增大，倾斜弯管的磨损区域没有出现太大偏离，主要集中在浆液流动靠近离心力一侧。根据图 3.3-22 可知管壁磨损程度随着安放角度的增大呈现减小趋势，因此在环流系统设计过程中可以适度增大倾斜弯管放置角度，加强倾斜弯管沿浆液偏载的管道壁厚，以此延长倾斜弯管的使用寿命。

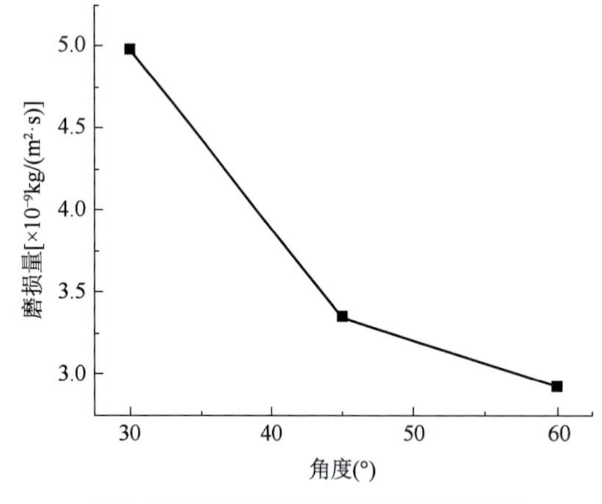

图 3.3-22　管道磨损量与安放角度的关系

③管道倾角对倾斜弯管冲蚀特性的影响

管道倾角对倾斜弯管冲蚀特性的影响如图 3.3-23所示。

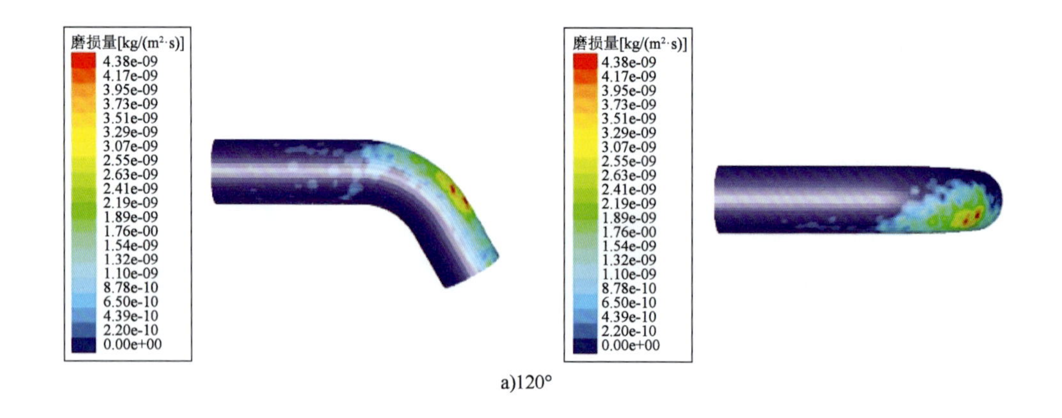

a)120°

图　3.3-23

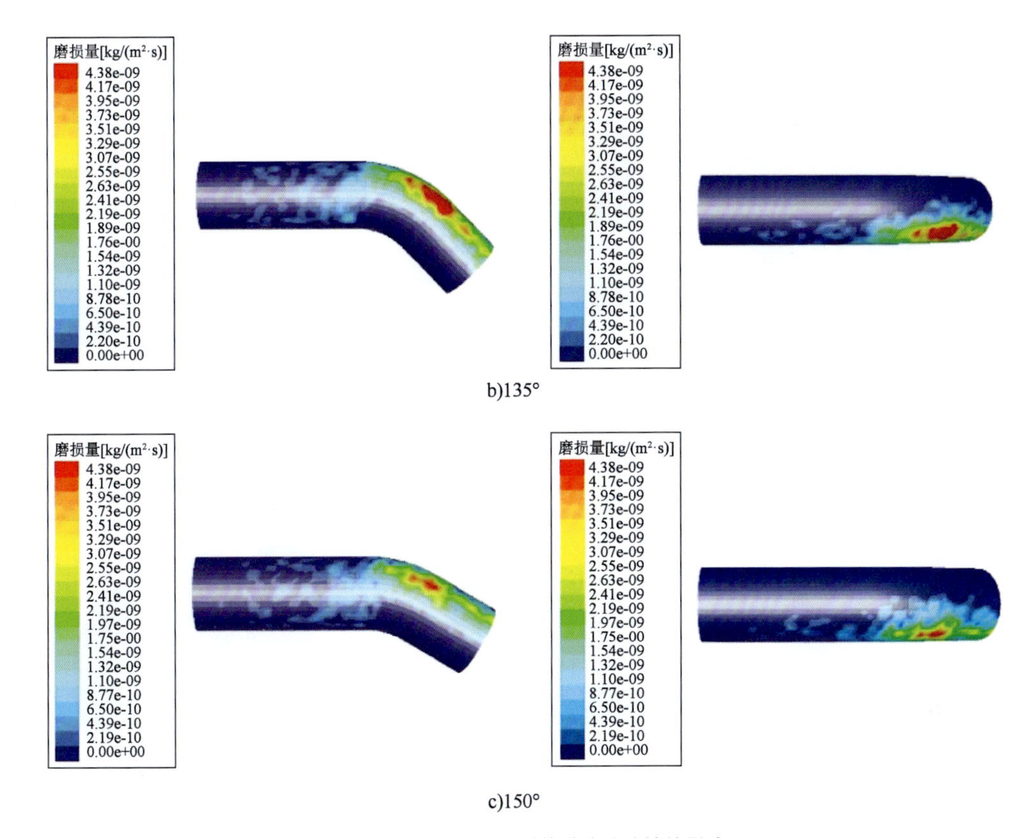

图 3.3-23　倾斜角度对管道冲蚀特性的影响

将倾斜弯管水平放置后，分别研究弯管倾斜角为 120°、135°、150°时倾斜弯管对应的磨损规律，根据图 3.3-23 分别从管道底部和管道正面角度得到倾斜弯管磨损区域分布规律，从图中可以看出对于水平放置倾斜管道，当浆液从左右向右流动时，管道主要产生磨损的区域集中位于管道拐处靠外一侧；从管道截面上看，磨损区域主要分布在右下方位置，且随着倾斜角的增大管道壁面磨损程度会趋于减少。通过与图 3.3-24进行对比分析可知，弯管倾斜角的增大有助于降低浆液中携带的砂砾对管道壁面的冲刷，同时针对倾斜弯管在运行过程中需要对浆液离心力一侧管道内壁面进行加厚处理从而延长弯管使用寿命。

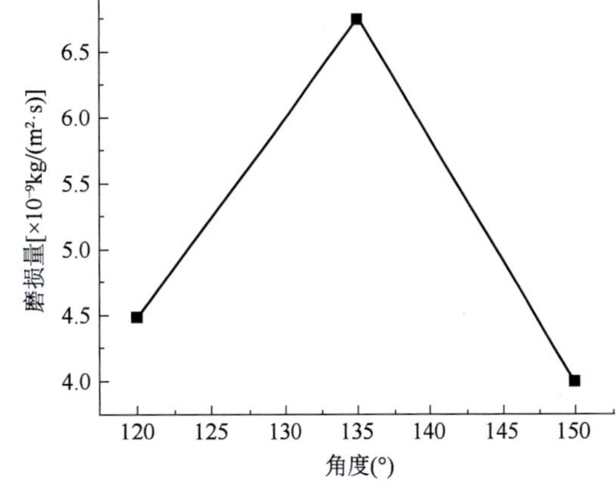

图 3.3-24　管道磨损量与倾斜角度的关系

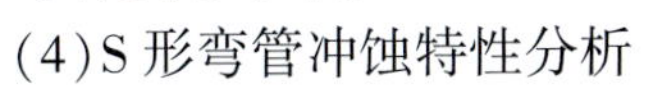

(4)S 形弯管冲蚀特性分析

①现有工况下 S 形弯管冲蚀特性分析

以排浆渣浆泵 P.2.1 处倾斜弯管为分析对象，从图 3.3-25 中可以看出 S 形弯管以左偏 45°角布置时，当浆液从管道短口进入 S 形弯管，弯管的主要磨损区域集中在连接斜管靠外一侧以及出口直管段底部区域，其中连接斜管磨损区域位于左下侧，出口直管段磨损区域大致居中分布，位置稍偏左侧，最大磨损位置发生在出口直管段上，最大磨损量为 2.2×10^{-9} kg/(m^2·s)。

a)换管小车处S形弯管

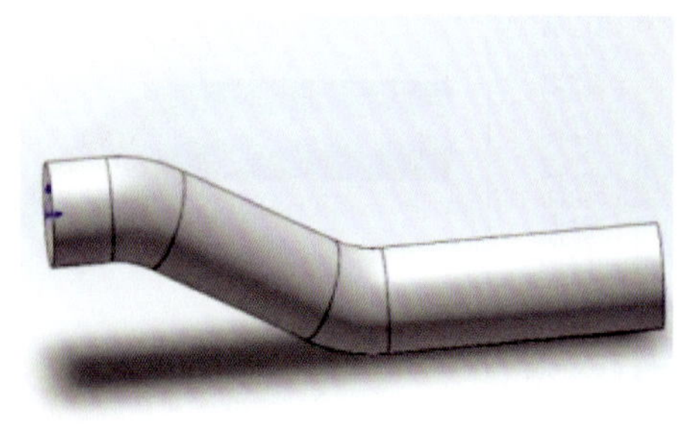

b)换管小车处S形弯管

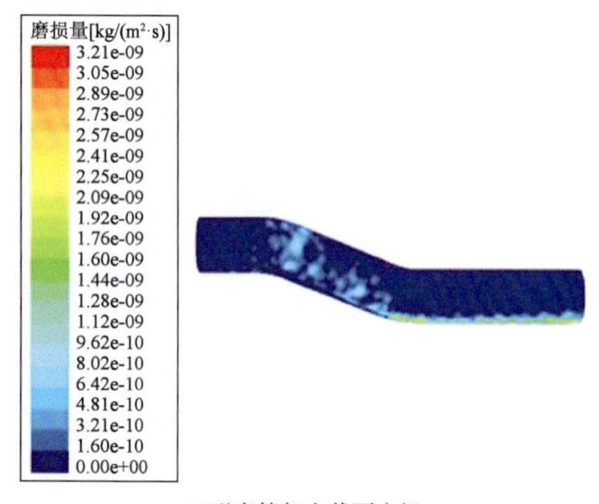

c)S形弯管竖直截面磨损

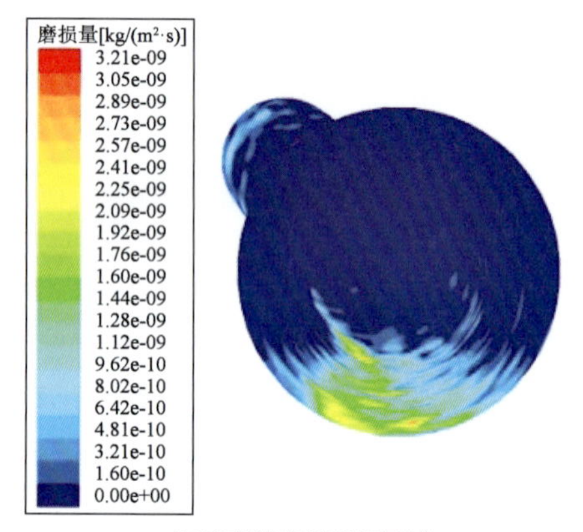

d)S形弯管底部磨损区域

图 3.3-25　换管小车处 S 形弯管冲蚀特性

②安装角度对 S 形弯管冲蚀特性的影响

由管道磨损云图（图 3.3-26）得到管道角度的偏置会使得管道磨损区域产生相应的偏离，偏离的位置向重力方向靠齐。

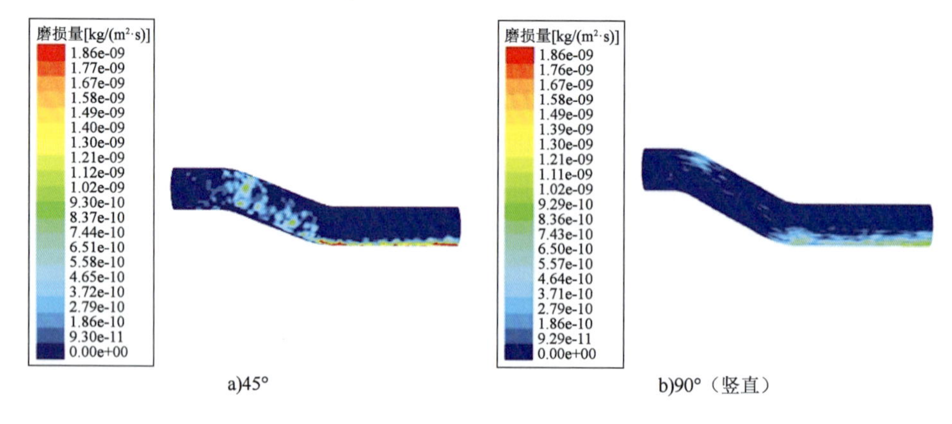

a)45°　　b)90°（竖直）

图　3.3-26

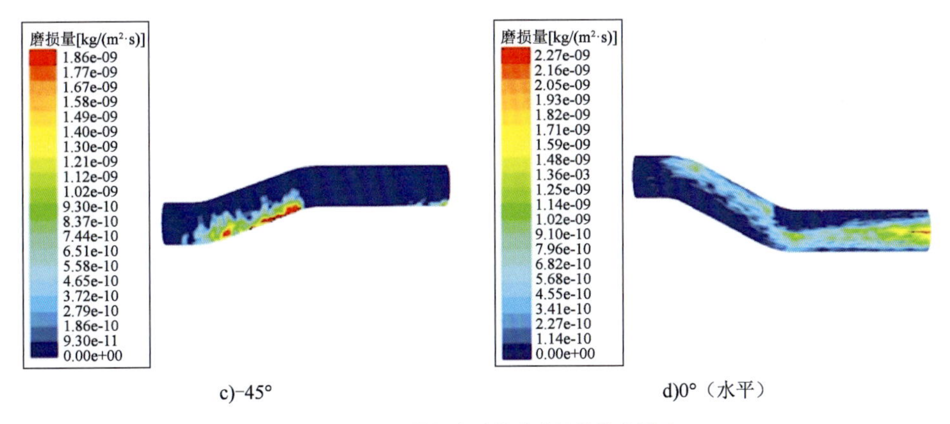

c)-45°　　　　d)0°（水平）

图 3.3-26　安装角度对管道冲蚀特性的影响

不同安装角度 S 形弯管磨损情况见表 3.3-6，可以看出针对 S 形弯管，放置角度的改变对磨损区域的存在较大影响，对磨损量的影响程度不明显。

不同安装角度 S 形弯管磨损情况　　　　表 3.3-6

安装角度	最大磨损量 [kg/(m²·s)]	磨损区域	最大磨损位置
竖直 90°	1.9×10^{-9}	弯管入口弯头顶面处以及出口弯头衔接的直管底部，大致居中对称分布	—
水平	2.3×10^{-9}	S 形弯管底部，连接斜管处磨损区域位于中偏下位置	管道出口处
左斜向上 45°	2.2×10^{-9}	在倾斜管和出口直管位置，倾斜管处磨损区域位于中部偏下位置	出口直管位置
左斜向下 45°	4.4×10^{-9}	S 形弯管连接斜管和出口直管，倾斜管磨损区域主要位于管道底部	S 形弯管连接斜管和出口直管

3.3.2　环流系统管路磨损现场测试

上述研究中分别分析了直管、直角弯管、倾斜弯管和 S 形弯管的冲蚀特性分布规律，具体分析了磨损区域分布规律以及对比了磨损速率影响因素，根据上述研究获得的管道磨损速率求得管道的年平均磨损量均在 2mm 以下。为进一步验证仿真研究成果，对苏通 GIL 综合管廊工程环流管路地面管路段以及井下管路段的直管磨损情况以及地面管路段的直角弯管磨损情况进行测量，确保环流系统管路在密实砂岩地层下的稳定使用。

1）测试方案

测量工具有超声波测厚仪、卷尺、游标卡尺，如图 3.3-27 所示。

现场通过使用超声波测厚仪、卷尺、游标卡尺对泥水平衡盾构机直管和直角弯管的壁厚以及结构尺寸进行测量，其中壁厚测试仪为标智 GM100 超声波测厚仪。

根据现场实际情况分别得到直管和直角弯管测试方案如下：

如图 3.3-28 所示，将直管沿着长度方向均分为 10 段，每段沿管道圆周向布置了 4 个点位，去除管道测点外表面油漆后使用超声波测厚仪对管道壁厚进行测量，记录相应测试数值。

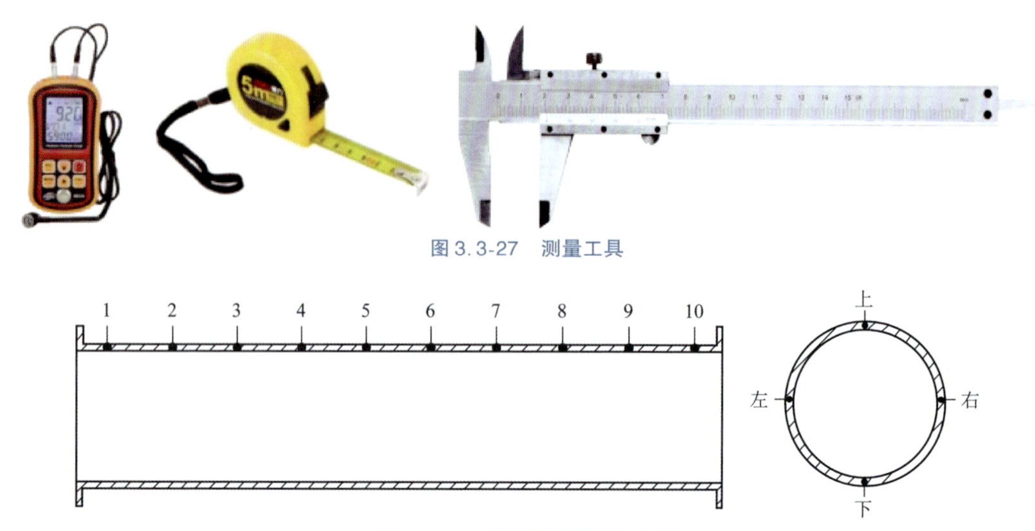

图 3.3-27　测量工具

图 3.3-28　直管壁厚测试布点图

确定直角弯管测量方案：如图 3.3-29 所示，针对盾构机环流系统中的直角弯管壁厚，分别沿管道弧线方向 15°、30°、45°、60°、75°、90°测试，沿着管道圆周向方向布置 4 个点位，采用壁厚测试仪器进行测量。

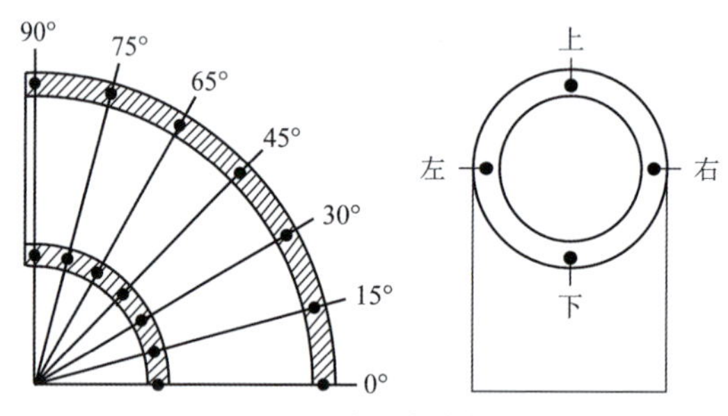

图 3.3-29　直角弯管布点图

2）测试数据分析

管道磨损现场测试见图 3.3-30。

图 3.3-30　管道磨损现场测试

根据现场实际观测可知,泥水平衡盾构机环流系统中排浆管段水平直管在密实砂岩地层下长距离掘进过程中产生了一定的磨损现象,为此针对长期使用没有更换的排浆管道进行壁厚测量,其中泥水处理站处排浆段直管沿长度方向的测试结果如图3.3-31所示。

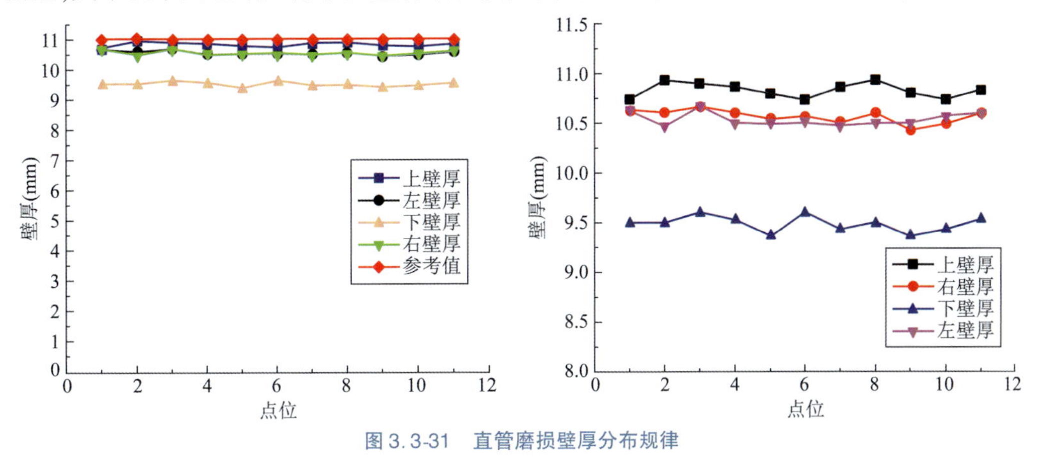

图3.3-31 直管磨损壁厚分布规律

根据图3.3-31左边图像磨损量分布规律曲线中可以看出管道顶部没有磨损现象,左右两侧出现少量磨损,底部出现了较为明显的磨损情况。从图3.3-31中右边图像可知管道各测试点的管壁磨损厚度都没有出现超过2mm的磨损情况。与仿真结果吻合,证实了已有研究中对于管道的磨损壁厚和磨损区域计算结果的正确性。

为进一步验证分析结果的适用性,通过现场针对排浆管道延伸管段管道时长一个月内的磨损现象进行检测和分析。提取现场排浆段直管磨损情况,发现直管底部存留条带状磨损轨迹,磨损现象明显,条带状磨损轨迹间有裸露的亮白色金属,条带状轨迹磨损深度较浅,管道螺纹形焊缝靠近底部处几乎被磨平,沿条带磨损轨迹周向左右两侧仍有一定的磨损轨迹延伸,如图3.3-32所示。

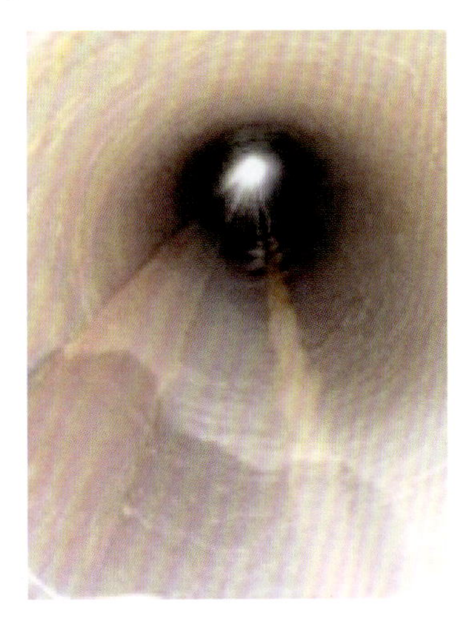

图3.3-32 现场直管磨损现象

由于壁厚仪测量精度较低,而排浆管管道延伸段磨损程度并不大,因此现场使用游标卡尺测量管道入口处的磨损量,如图3.3-33所示。

现场从700根左右排浆管中抽取了20根延伸段排浆直管进行测量，获得的管道底部的磨损量分布规律，根据图3.3-34可知现有排浆段直管道最大的磨损量均在2mm以下，管道的平均磨损量为0.82mm，据统计整个隧道掘进耗费的掘进时长为1年左右，由此可以得到现有研究中获得的管道磨损速率能用于预测管道的使用寿命。

图3.3-33　现场延伸段直管磨损量检测

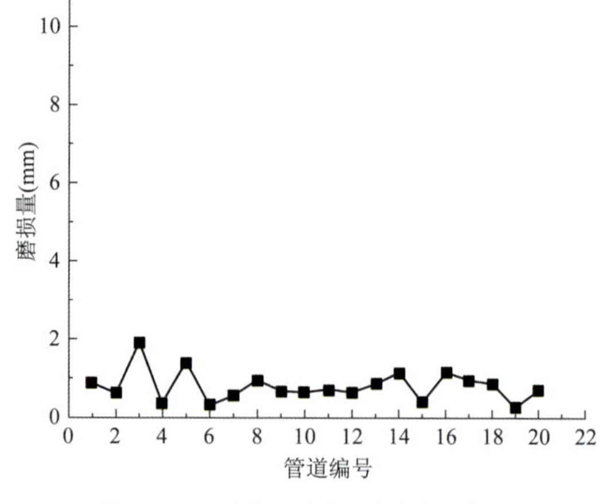

图3.3-34　现场延伸段直管磨损量检测

依照已有研究方案中的弯管磨损检测方案，通过现场测量得到直角弯管管壁磨损量分布规律图如图3.3-35所示。直角弯管测量点中上部点位位于管道拐弯内壁面，下部点位位于管道拐弯外壁面处。从直角弯管上测得的磨损壁厚小于直管是因为实际使用的直角弯管内壁右耐磨金属层有效地降低了管道使用过程中的损耗量。管道左右两侧的磨损对称且均一分布，管道外圆弧面壁厚从管道浆液入口处向管道拐弯处呈现增大趋势，从拐弯处往浆液出口呈现降低趋势，因此外圆弧面在管道拐弯处会出现最大磨损现象，也代表管道中的渣土对此处的撞击现象严重，具体磨损区域分布在40°~60°区间，该区域处的磨损程度大于管道其余的地方，而现有研究中直管弯管严重磨损区域也分布在此处，因此现有研究针对直角弯管磨损特性的也能适用于其他工程实践。此外现场测量发现管路均没有出现磨穿现象，证明管路设计合理性。

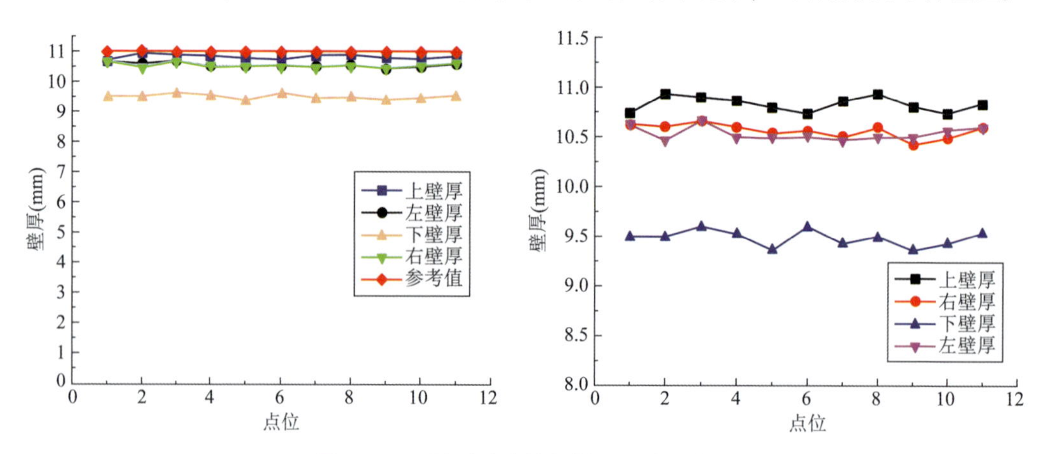

图3.3-35　现场直角弯管段磨损量分布规律图

3.4 刀盘面板冲刷系统设计

针对苏通 GIL 综合管廊工程地质条件和刀盘结构特点,研究喷头布置数量对冲刷性能的影响,在此基础上,考虑喷头布置位置对冲刷速度和压力的影响。探究刀盘掌子面区域流场情况,分析其在刀盘顺逆时针转动情况下的冲刷特性,利用冲刷实验台进行冲刷实验,最后将此冲刷系统应用于工程实际以解决盾构机掘进过程中结泥饼问题。

3.4.1 刀盘面板冲刷系统数值建模

1)刀盘及喷嘴结构模型

苏通 GIL 综合管廊工程穿越地层是以淤泥质土、粉质黏土、粉土、粉细砂等地层为主,盾构机开挖直径 12.07m,建立泥水平衡盾构机刀盘冲刷系统模型时参考工程地质与开挖直径类似的南京地铁 10 号线盾构机刀盘冲刷系统喷嘴几何模型,如图 3.4-1 所示,为避免仿真的复杂性,对喷头结构进行一定简化。

2)刀盘冲刷网格划分

刀盘冲刷流体域模型分成固定域和旋转域,如图 3.4-2 所示。整体网格划分采用网格组装的方法,固定域主要为刀盘外围圆柱体区域,旋转域包括刀盘壳体和固定在刀盘壳体上的喷头,两部分均采用非结构化方法进行网格划分。流体域网格划分结果如图 3.4-3 所示。

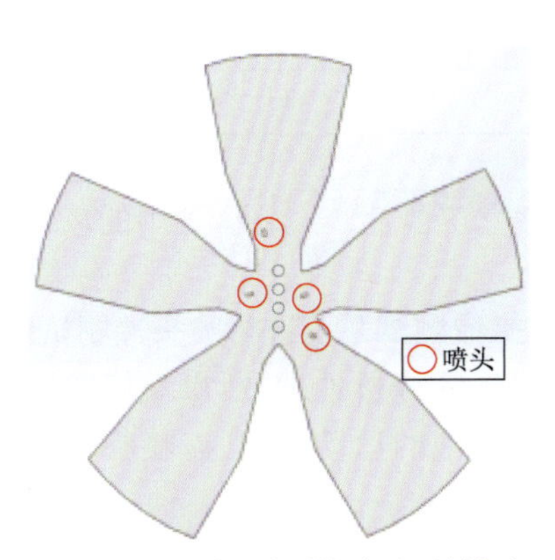

图 3.4-1 泥水平衡盾构冲刷系统模型

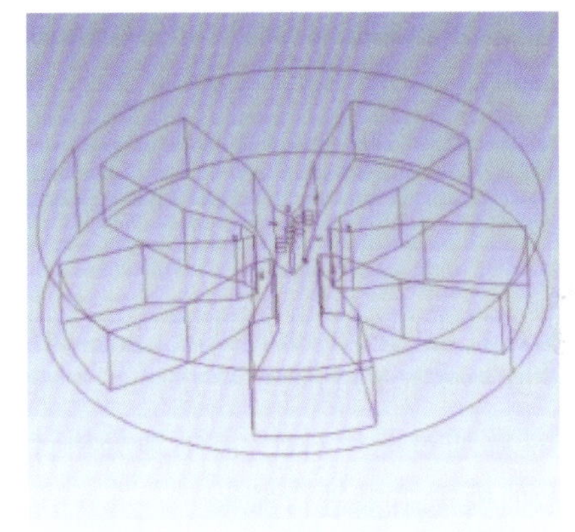

图 3.4-2 刀盘冲刷流体域模型

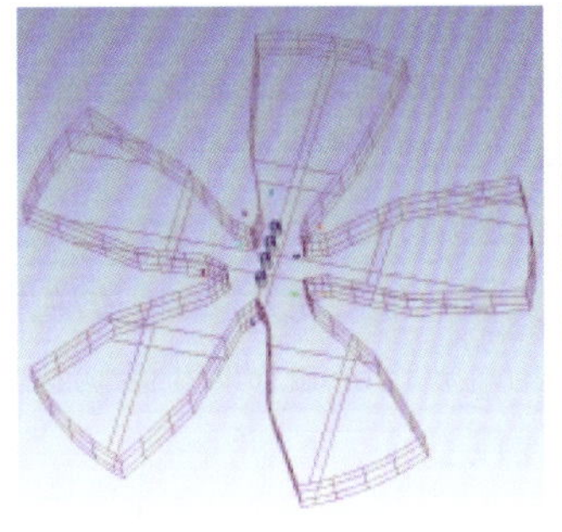

图 3.4-3 流体域网格划分图

3)刀盘面板冲刷系统仿真模型试验验证

为确认构建的冲刷系统仿真模型的正确性,搭建了泥水平衡盾构机冲刷模拟试验台,并借助高速摄像仪器设备对喷头冲刷特性进行捕捉与仿真模型进行比对。

泥水冲刷试验台由泵、水箱、分流装置、循环管路、喷头、刀盘、透明水仓、测控系统等组成,如图3.4-4所示。试验台原理如图3.4-5所示,通过测控系统对透明水仓压力和喷头流量进行数据的收集与相关参数的控制。

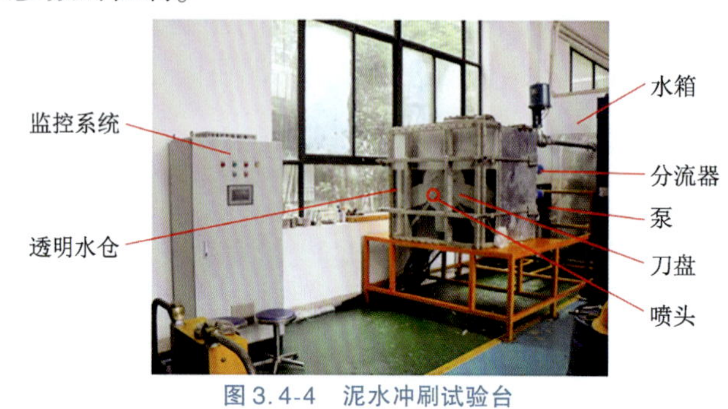

图3.4-4　泥水冲刷试验台

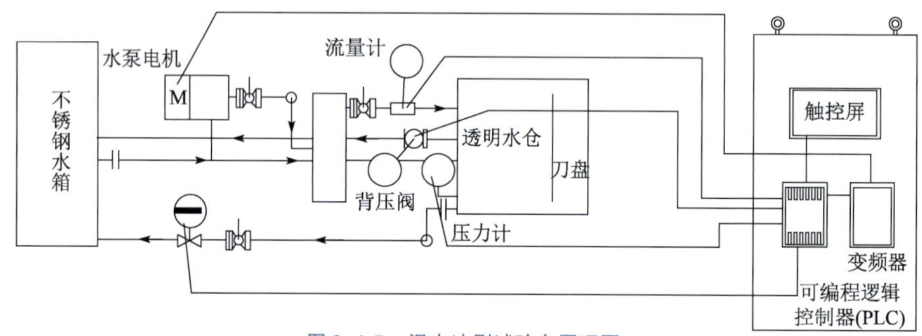

图3.4-5　泥水冲刷试验台原理图

(1)试验方案及实验内容

根据以上设计出的泥水冲刷试验台,采用高速摄像测试系统进行喷头冲刷试验,因为高速摄像机在泥浆环境下拍摄的图片无法进行观察以及图片分析处理,所以只能通过清水进行冲刷试验,这样能够通过图片对比,清晰地分析计算出气泡的运动情况,以喷头轴向速度为指标来定量的对数值模拟结果进行验证。

为了观察在淹没射流条件下喷头的流场变化情况,使用高速摄像机对喷头射流进行拍摄,以钨光灯为辅助从侧面打光,如图3.4-6所示。由于试验条件有限以及试验的目的在于观察喷头射流的运动情况,故此次试验中相对压力近似为0。试验的介质为常温清水,通过研究流量为$0.65m^3/h$、$0.97m^3/h$、$1.29m^3/h$和$1.48m^3/h$时中心喷头喷射速度场,包括喷射宏观流动和轴向速度来分析喷头的冲刷特性。

通过高速摄像机拍摄的两张图片(T_1、T_2)进行对比分析,如图3.4-7所示。图中D为喷头图上直径,通过测量处图中的喷头直径D和实际喷头直径D_1($D_1=10mm$),即可得到比例尺,通过测量出气泡在不同时间处的位置差ΔL,得出气泡的运动速度:

$$V=\frac{\Delta L\ D_1}{D(T_2-T_1)} \tag{3.4-1}$$

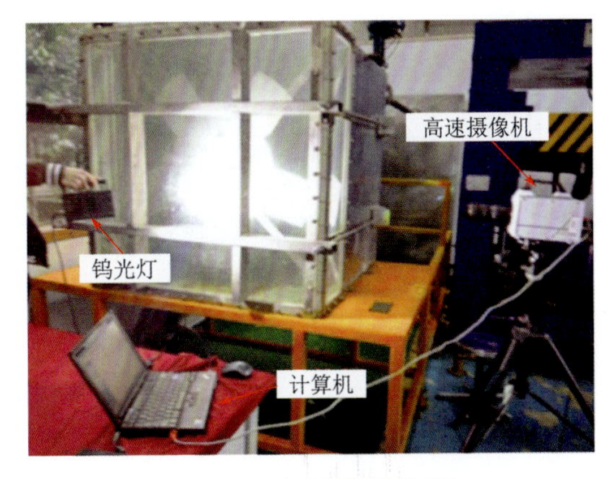

图 3.4-6 高速摄像测试系统

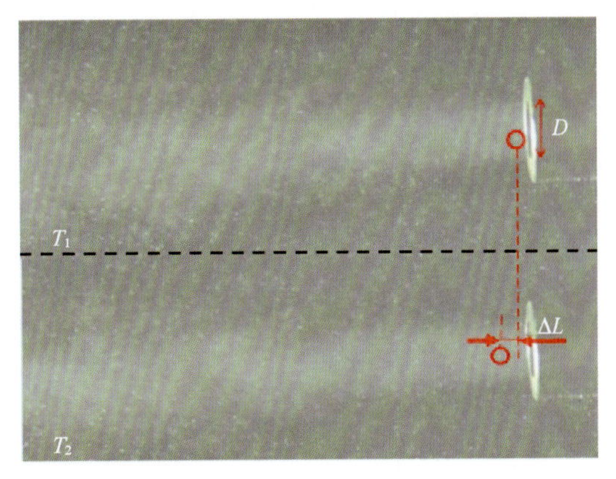

图 3.4-7 高速相机下喷头喷射图片

(2)试验和仿真结果对比分析

图 3.4-8 为不同流量下试验和仿真喷头流场对比图,从图中可以看出,轴线速度随流量的增大而增大,整个流场的紊动性不断增强,扩散区域不断增大,同喷射距离下,速度也越大,射流集束性越好。轴线中心速度明显大于两侧的速度。

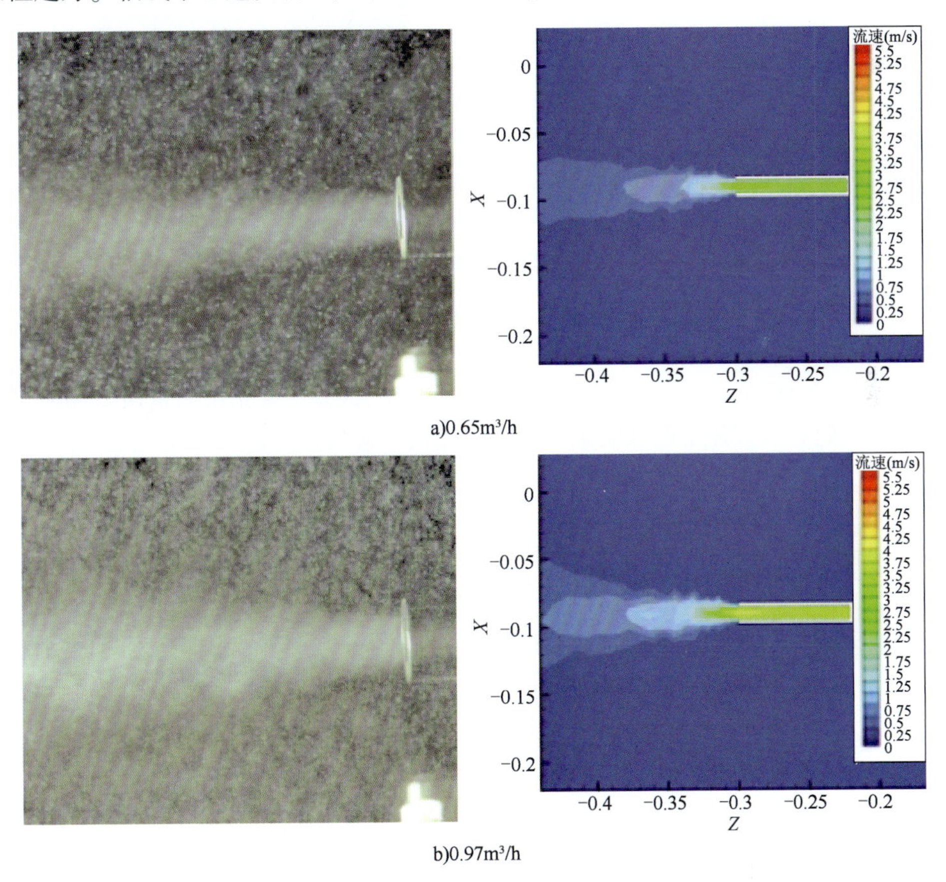

图 3.4-8

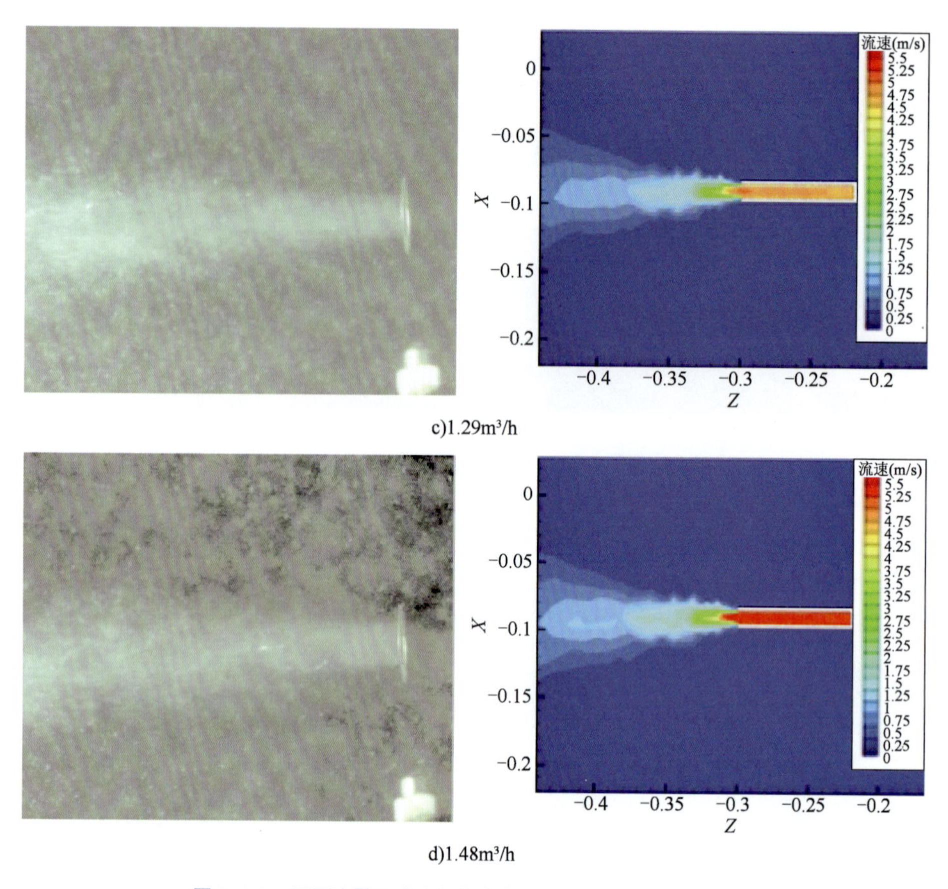

c)1.29m³/h

d)1.48m³/h

图3.4-8　不同流量下试验和仿真喷头流场对比图(单位:m/s)

图3.4-9为同流量下试验和仿真清水轴线流速对比图,从图中可以看出,试验和仿真结果具有较好的一致性,由表3.4-1可知当喷头流量为0.65m^3/h、0.97m^3/h、1.29m^3/h、1.48m^3/h时,最大误差为20.89%,平均误差(最大值)为10.72%,误差主要是由测量误差和喷头的制造误差造成的,因此有效验证了此冲刷系统仿真模型的正确性。

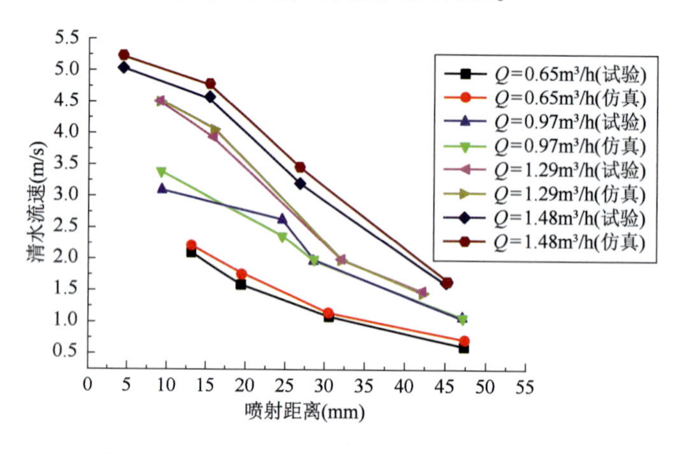

图3.4-9　不同流量下试验和仿真清水轴线流速对比图

试验和仿真相对误差最大值和平均值　　表 3.4-1

出口流量(m^3/h)	最大值(%)	平均值(%)
0.65	20.83	10.72
0.97	9.58	5.45
1.29	2.83	1.36
1.48	7.78	4.50

3.4.2　刀盘面板冲刷系统喷头布置数量确定

针对喷头布置数量对冲刷性能的影响,利用上述模型建立面板中心喷头数目为2、3、4、5的数值仿真模型,研究刀盘面板流场情况,确定冲刷性能较好的喷头布置数量。

喷头布置在距离刀盘中心0.7m处,设置总流量为0.254m^3/s,泥浆密度为1150kg/m^3。不同喷头数量下泥浆速度云图和矢量图如图3.4-10所示。从图中可以看出,泥浆流速均随喷头喷射距离的增大而减小,在喷射距离较近时,速度变化较大,随着喷射距离的增大,速度降幅变得平缓。各喷头出口流速随喷头数量的增大而减小。

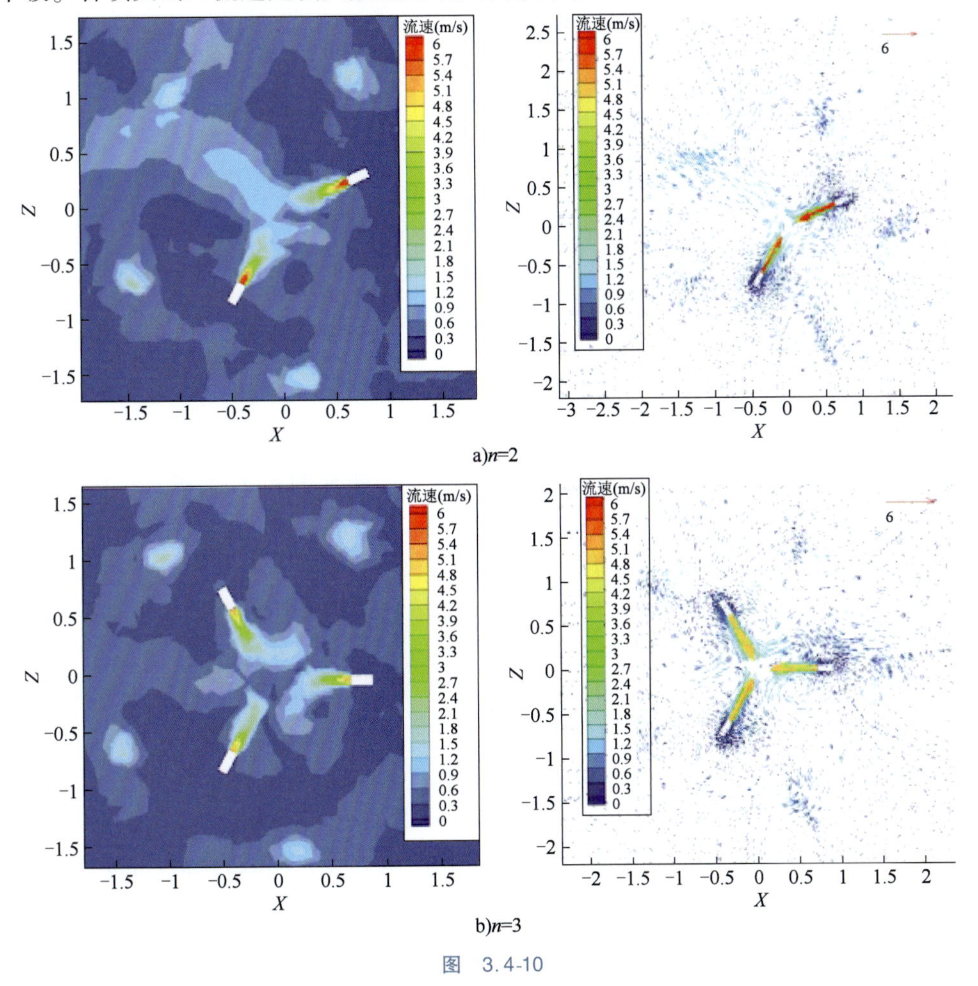

图　3.4-10

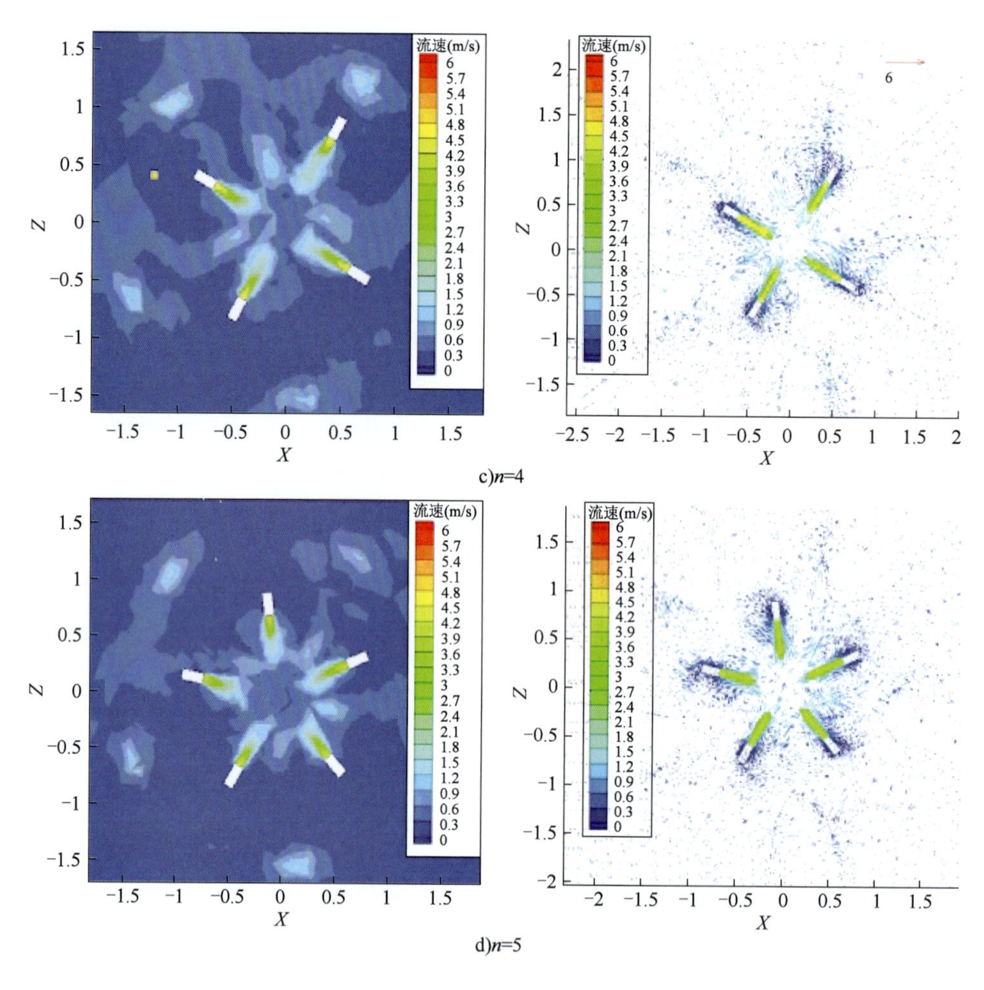

图 3.4-10　不同喷头数量下泥浆流速云图和矢量图(单位:m/s)

不同离刀盘中心距离下泥浆流速随喷头数量变化曲线如图 3.4-11 所示。从图中可以看出,当离刀盘中心距离较大时,泥浆流速随喷头数量的增大几乎呈线性减小,当离刀盘中心距离为 0.3m,喷头数量每增多一个,泥浆流速平均降低 0.354m/s。当离刀盘中心距离为 0.2m 时,泥浆流速随喷头数量的增大呈先降低后增大再降低的趋势。当离刀盘中心距离为 0.1m 时,同喷头数量下,泥浆流速变化不大。

不同喷头数量下泥浆总压力云图如图 3.4-12 所示。从图中可以看出,在喷头数量一定时,泥浆总压力随喷头喷射距离的增大而减小,且降低幅度越来越小,喷头出口处总压力随喷头数量的增大而减小。离刀盘中心不同距离下泥浆总压力随喷头数量变化曲线如图 3.4-13 所示,从图中可以看出,当离刀盘中心距离较大时,泥浆总压力随喷头数量的增大而减小。当离刀盘中心距离为 0.2m 时,泥浆总压力随喷头数量的增大呈先降低后增大再降低的趋势,在喷头数量为 4 个时取得最大值。当离刀盘中心距离为 0 ~ 0.1m 时,泥浆总压力随喷头数量的增大而增大。

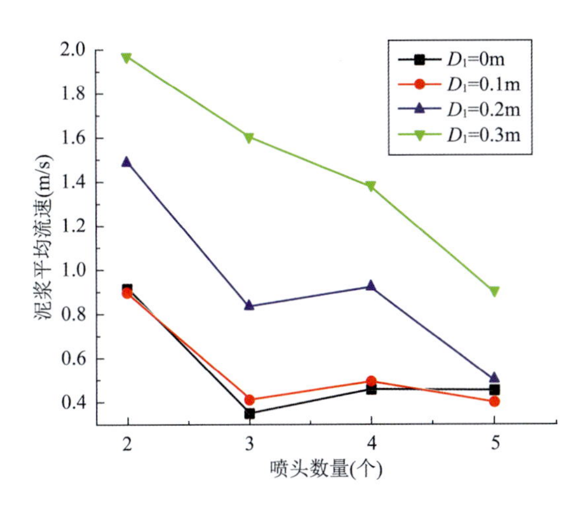

图3.4-11　不同离刀盘中心距离的下泥浆流速随喷头数量变化曲线

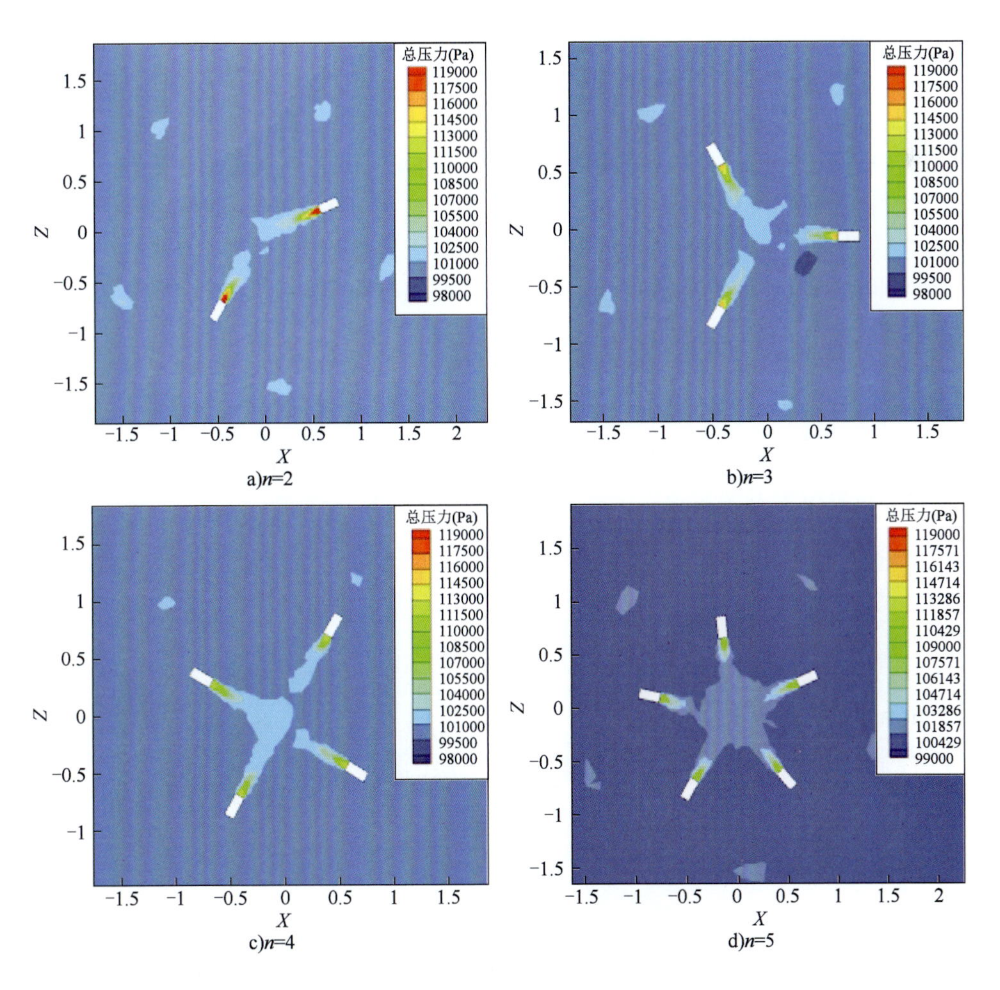

图3.4-12　不同喷头数量下泥浆总压力云图

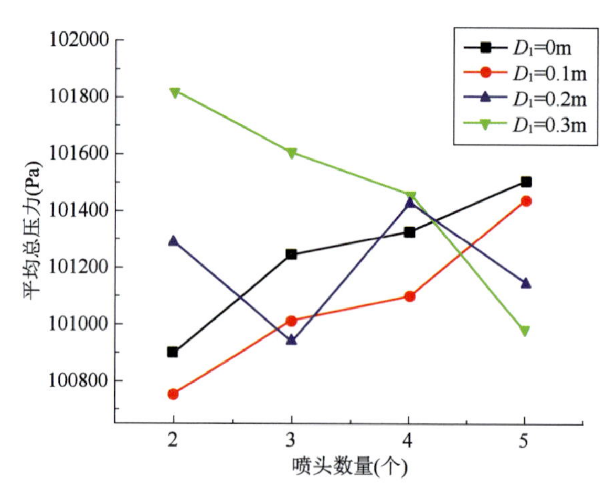

图3.4-13　不同离刀盘中心距离下泥浆总压力随喷头数量变化曲线

综上所述,喷头数量为2个时,冲刷面较窄,且靠近(0,0)点附近形成两个旋涡;当喷头数量为3时,喷头喷射存在小幅度逆时针的偏转流动,中心0.1m范围内的泥浆流速很小;当喷头数量为4和5时,虽然单个喷头流量相比喷头数量低时较小,但是中心区域都得到了冲刷。由于中心区域冲刷不完全且形成漩涡,可排除喷头数量为2和3的选择,从图3.4-11可以看出,当离刀盘中心距离为0~0.2m范围内,喷头数量为4时泥浆流速取得极大值。从图3.4-13中可以看出,当离刀盘中心距离为0.2m处,泥浆平均总压力在喷头数量为4个时取得最大值。由此可知,喷头数量为4时中心区域的泥浆流速和总压力值较大,可以确定喷头布置数量为4个时刀盘冲刷特性较好,建议苏通工程刀盘冲刷系统中心冲刷喷头设定4个。

3.4.3　刀盘面板冲刷系统喷头布置位置确定

在喷头的设计过程中,由于缺乏系统的设计理论,喷头的布置往往是依靠工程经验,根据上文得出的喷头布置数量,提出喷头数量为4的工程中典型的布置方案。

不同喷头布置位置下泥浆速度云图和矢量图如图3.4-14所示。

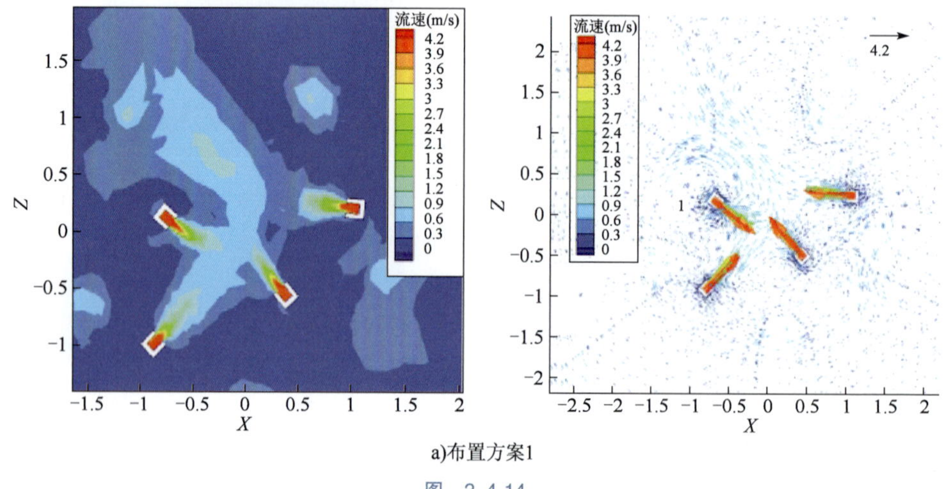

a)布置方案1

图　3.4-14

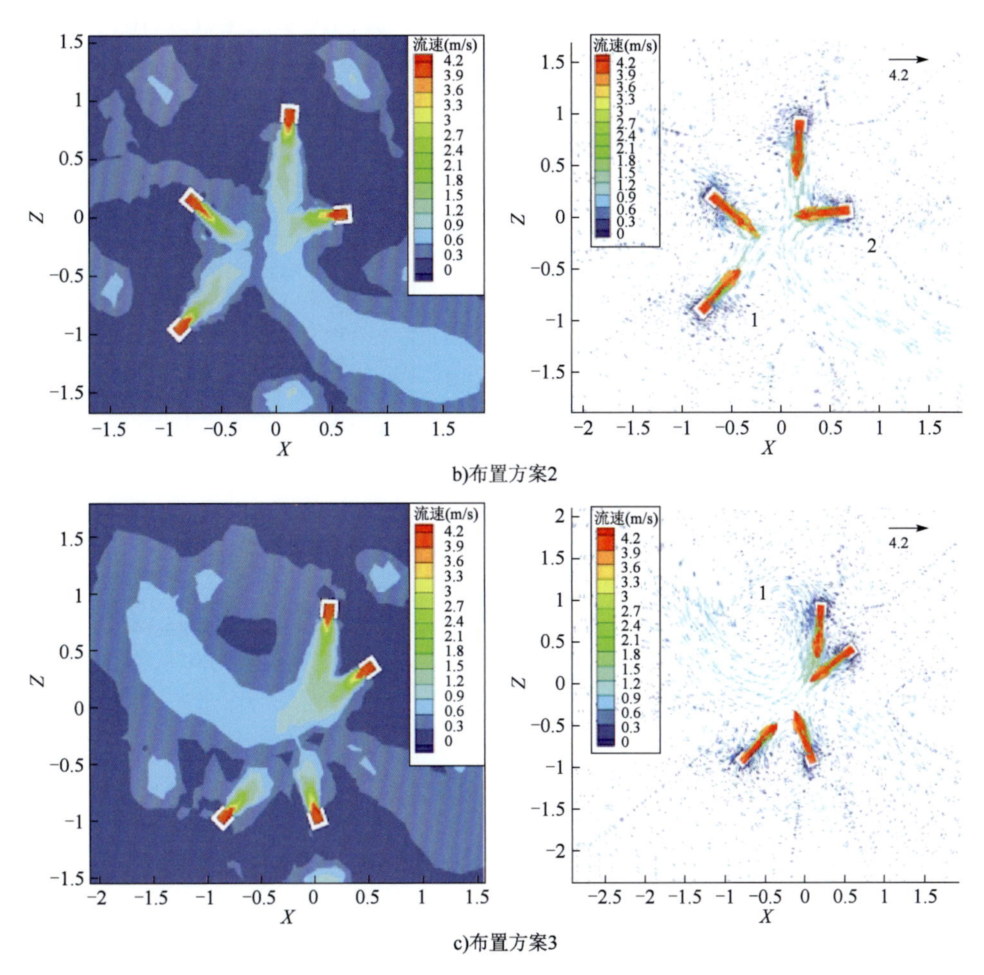

b)布置方案2

c)布置方案3

图 3.4-14　不同喷头布置位置下泥浆速度云图和矢量图(单位:m/s)

下文将以两种方法(图 3.4-15)来分析泥浆流速以及泥浆总压随刀盘距离变化的趋势:

(1)放射式:不同角度方向上随刀盘中心距离变化的速度及总压的变化规律;

(2)同心圆式:距刀盘中心不同距离的圆周上的速度及总压均值的变化规律。

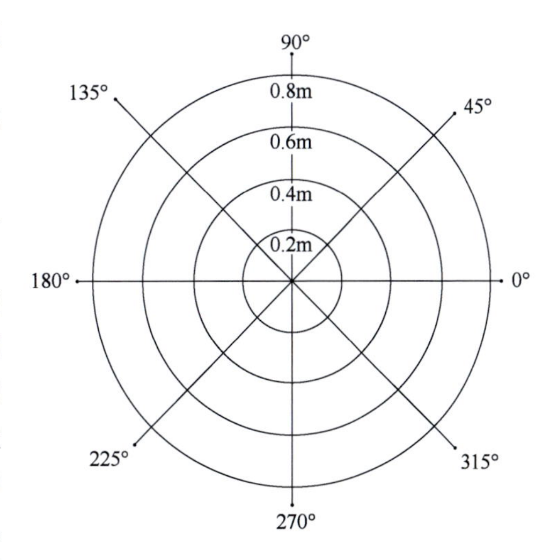

图 3.4-15　分析方法示意图

首先采用放射式方法分析泥浆流速在不同喷头布置方案下的变化曲线如图 3.4-16 所示。从图中可以看出,在喷头布置方案 1 中,90°和 225°方向泥浆流速较大。两个方向的最大值发生在离刀盘中心 0.45m 和 0.6m 处。当离刀盘中心距离为 0.7m 时,135°方向泥浆流速开始出现较大增幅。在喷头布置方案 2 中,90°和 270°方向泥浆流速较大，增长趋势和方案1类似。在喷头布置方案3中，180°方向泥浆流速较大，随离刀盘中心距离的增大呈幂指数增大。0°和315°方向的泥浆流速最大值分别出现在0.3m和0.35m处，135°方向的泥浆在离刀盘中心0.65~0.9m范围内时流速较高。方案2和3泥浆流速增长幅度和最大值均小于方案1，其他方向的泥浆流速有所增加略大于方案1，但是三个方案其他方向整体流速不大，在0.5m/s左右。

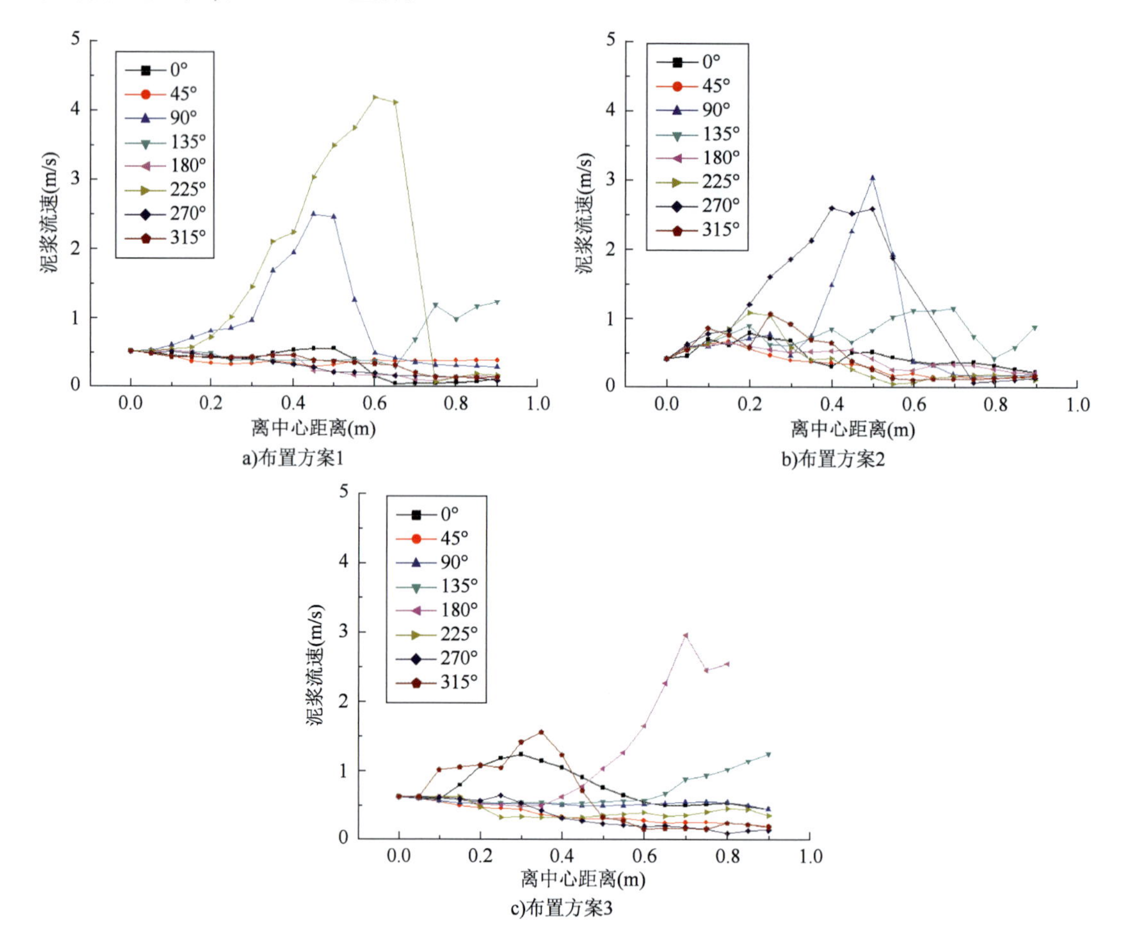

图3.4-16 泥浆流速随喷头布置方案变化曲线

以刀盘中心为圆心，采用同心圆式方法分析泥浆流速在不同喷头布置方案下随距离的变化曲线如图3.4-17所示。从图中可以看出，喷头布置方案1和布置方案2的泥浆流速最大值发生在0.5m处，数值几乎相等，为1m/s。而喷头布置方案3在离刀盘中心0~0.35m时，泥浆流速整体变化不大，约为0.65m/s；距中心0.35~0.7m时，出现先下降后上升的趋势；0.65~0.9m时整体呈下降趋势，整体泥浆流速的跨度不大。

图3.4-18为泥浆平均流速随喷头布置位置变化，从图中可以看出，在0~0.9m距离区间内，三种布置方案的泥浆流速差距不大；而在0~0.5m距离区间内，布置方案2的泥浆平均流速明显大于其他两种情况。

采用放射式方法分析的泥浆总压随喷头布置位置变化曲线如图3.4-19所示，从图中可以看出，在喷头布置方案1中，90°和225°方向泥浆总压值较大，在喷头布置方案2中，90°和270°

方向泥浆总压较大,在喷头布置方案3中,仅180°方向泥浆总压较大。三种喷头布置形式除上述提到的方向的泥浆总压值均较小,同时喷头布置方案1的225°方向的泥浆总压值远大于喷头布置方案2和3。

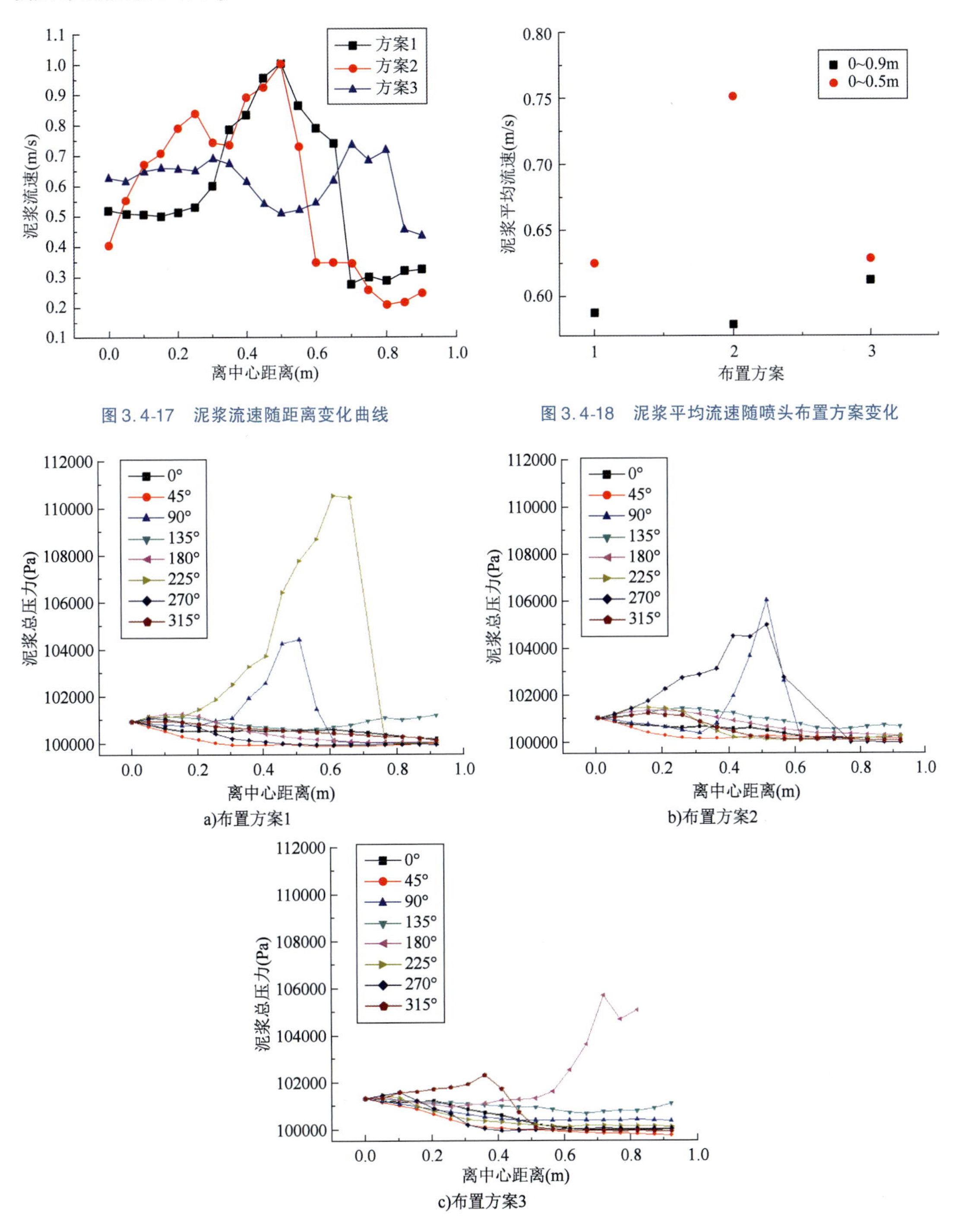

图3.4-17 泥浆流速随距离变化曲线

图3.4-18 泥浆平均流速随喷头布置方案变化

图3.4-19 泥浆总压力随喷头布置方案变化曲线

采用同心圆式方法分析的泥浆总压力随喷头布置位置变化曲线如图 3.4-20 所示,从图中可以看出,喷头布置位置为 1 和 2 方案时,泥浆总压力随离刀盘中心距离的增大呈现先增大后降低的趋势,最大值为距离刀盘中心 0.5m 处。而喷头布置为 3 方案时,其泥浆总压力随离刀盘中心距离的增大呈先降低后增大的趋势,极小值也在距离刀盘中心 0.5m 处。三个位置泥浆总压力变化较小。

图 3.4-21 为不同质量流率下泥浆总压力损失随喷头布置位置变化曲线。从图中可以看出,在不同质量流率下,三种布置位置方案泥浆总压力损失相差不大,布置方案 2 的略小于布置方案 1 和 3。当质量流率为 37.170kg/s 时,泥浆总压力损失较小。

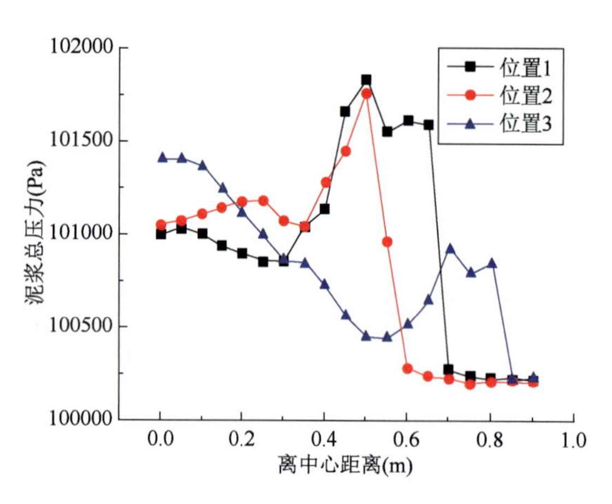

图 3.4-20 泥浆总压力随喷头布置方案变化曲线

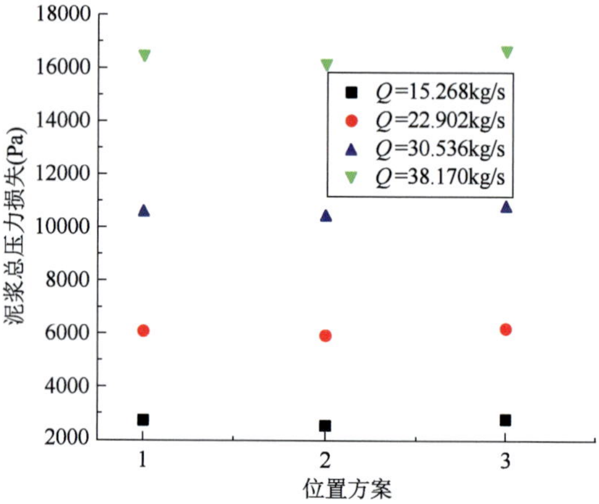

图 3.4-21 不同质量流率下泥浆总压力损失随喷头布置方案变化曲线

综上,在上述三种布置方案中,布置方案 2 相对于布置方案 1 和 3 的泥浆平均流速以及泥浆总压力损失相对较小,刀盘冲刷效果最好,因此苏通 GIL 综合管廊工程盾构机刀盘中心冲刷系统喷头布置选择方案 2 设计,但由于刀盘面板上刀具布置等原因,将 3 号喷头进行对称移动,刀盘中心冲刷系统最终设计如图 3.4-22 所示。

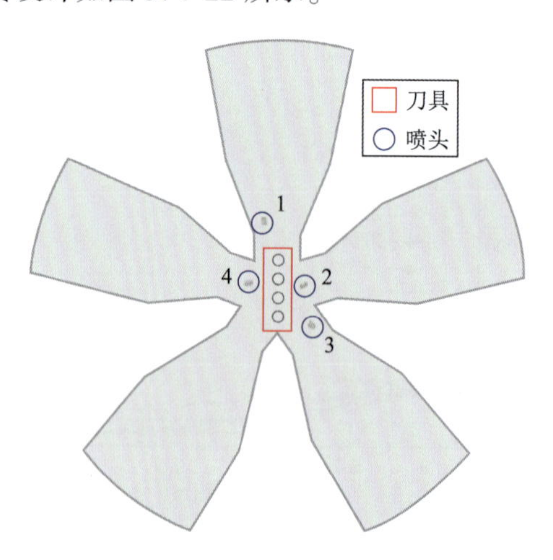

图 3.4-22 苏通 GIL 综合管廊工程盾构机刀盘中心冲刷系统设计示意图

3.4.4 刀盘面板冲刷性能验证分析

泥水平衡盾构机在掘进过程中,刀盘切削下来的砂土颗粒及碎屑若得不到及时的清理,很容易重新聚集从而形成泥饼,而泥饼的存在将会使施工效率大大降低,并堵塞排浆管的吸浆口,严重影响施工进度及施工安全。本节仿真模拟此较优喷头布置形式(图3.4-22)下的刀盘冲刷系统对刀盘中心位置的冲刷效果,探讨刀盘转向及喷头速度大小对刀盘中心位置流场的影响。

1)刀盘顺时针转动开挖仓流场分布特性

(1)刀盘面板冲刷速度分布

将喷头按序号命名为1、2、3和4,从图3.4-23可以看出喷头速度越大时刀盘中心的冲刷速度越大,冲刷区域也越大,冲刷刀盘中心效果越好。当喷头速度达到3m/s及以上时,刀盘中心各区域基本都达到0.4m/s以上的冲刷速度,此时速度已基本满足不结泥饼的条件。

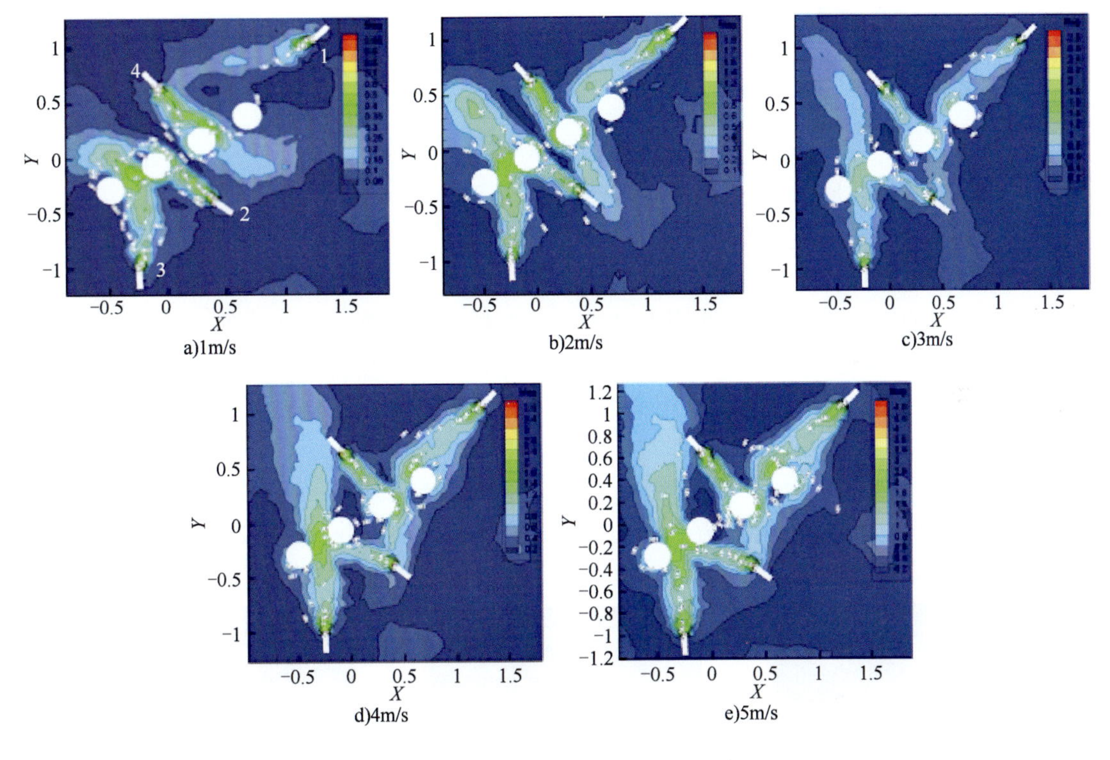

图3.4-23 顺时针转合速度等直线云图(单位:m/s)

(2)速度矢量分布

由图3.4-24顺时针转速度矢量图可以看出,在速度较小时,喷头喷射水流比较分散且速度较小,随着速度的增大,喷头喷射水流冲刷到刀具时可以明显看出水流走势。随着速度增大,喷头冲刷的范围越广,水流速度也越快。

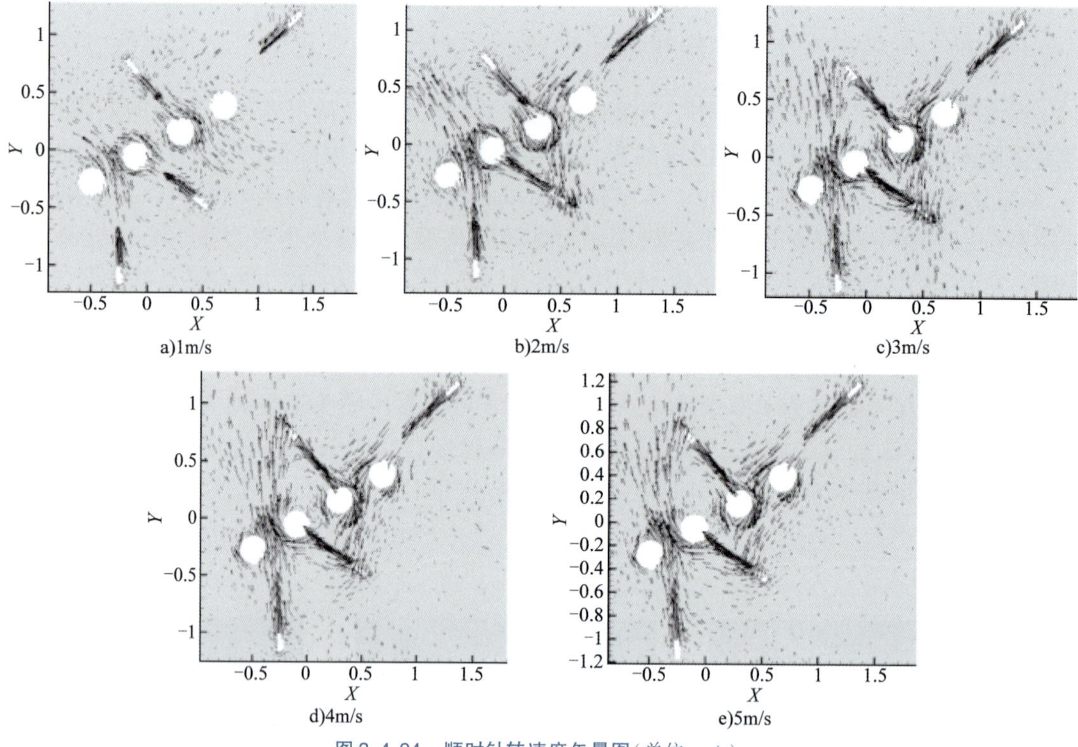
a)1m/s　b)2m/s　c)3m/s　d)4m/s　e)5m/s

图 3.4-24　顺时针转速度矢量图(单位:m/s)

2)刀盘逆时针转动开挖仓流场分布特性

(1)刀盘面板冲刷速度分布

从图 3.4-25 逆时针合速度等值线云图可以明显地看出,当喷头速度越大时,刀盘中心的冲刷速度越大,冲刷区域也越大,冲刷刀盘中心效果越好。当喷头速度达到 3m/s 时,刀盘中心大部分区域基本都达到 0.4m/s 以上的冲刷速度,已达到比较良好的冲刷效果。随着喷嘴速度的增大,刀盘中心的冲刷速度也相应增大,可见冲刷速度为 3 ~ 5m/s 时刀盘面板冲刷效果良好。

(2)速度矢量分布

由图 3.4-26 逆时针转速度矢量图可以看出,同顺时针旋转相同,随着速度增大,喷头冲刷的范围越广,水流速度越快。

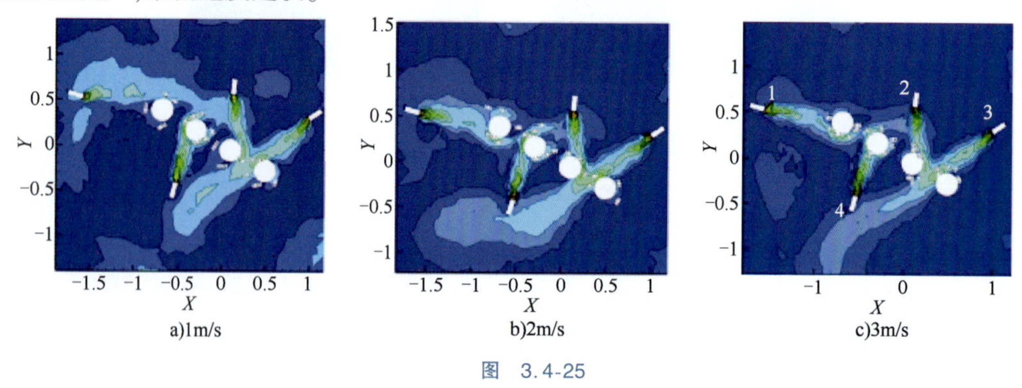
a)1m/s　b)2m/s　c)3m/s

图　3.4-25

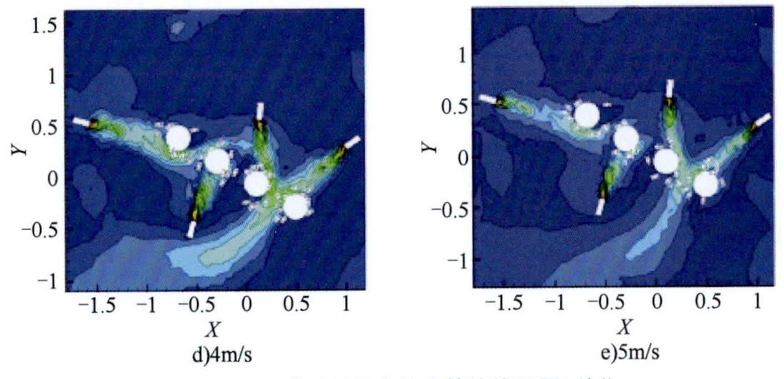

图 3.4-25 逆时针转合速度等值线云图(单位:m/s)

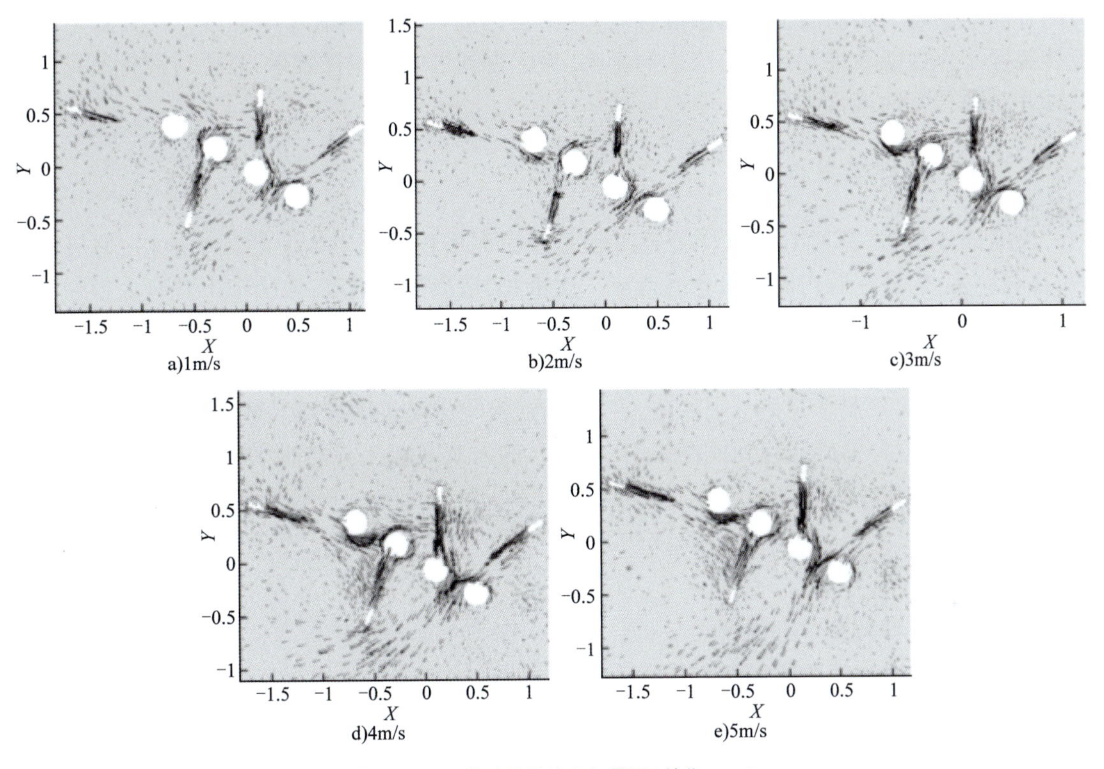

图 3.4-26 逆时针转速度矢量图(单位:m/s)

综上所述,结合刀盘冲刷系统作用下面板速度和速度矢量云图可知,刀盘面板中心喷头布置较为合理,结合图 3.4-23 ~ 图 3.3-26 可以看出:

①喷头喷射速度几乎都是在刚喷出喷头时成梯度变化且变化较快,当喷出距离为喷头到刀具距离的 1/2 或 1/3 时,其速度变化逐渐变得平缓。在喷头入口流速较小时,无论刀盘的转向如何,刀盘中心大部分区域都不能得到足够的冲刷。

②刀盘顺时针转时,当喷头入口流速达到 3m/s 时,刀盘中心绝大部分可得到足够的冲刷,尤其是第三把刀与第四把刀中间区域的冲刷速度很大,但在刀盘逆时针转时,第四把刀右侧的冲刷速度仍较小,只有当喷头入口流速达到 5m/s 时,其冲刷速度才可以达到比较良好的冲刷效果。

③总结仿真结果：当面板喷头冲刷速度超过 3m/s、顺时针旋转时，刀盘中心的冲刷效果较优，而盾构机施工过程中刀盘面板喷头冲刷速度一般控制在 4 ~ 5m/s 范围，因此证明了刀盘中心冲刷系统的设计可满足工程需求，达到较优的冲刷效果。

3.5 泥水平衡盾构机搅拌参数

在环流系统中，石渣在重力作用下容易堆积在泥水仓中，此时需布置相应搅拌装置。泥水仓中的搅拌装置通过旋转作用，一方面增加了泥浆的流动速度，使泥浆携带渣土的能力增强，另一方面能够将大块的渣土与泥浆混合均匀，不会因为自重堆积堵塞排浆口。在实际工况下搅拌装置工作性能效果受到多个因素的影响，为了得到最好的搅拌效果，需要对搅拌装置进行设计并对搅拌特性进行研究。

3.5.1 搅拌装置设计

根据地质报告，苏通 GIL 综合管廊工程是以淤泥质粉质黏土为主的黏土地层，地层黏度大，细颗粒多，容易在盾构机泥水仓底造成二次堆积，造成出渣困难；地层中不含有大粒径卵砾石，最大颗粒粒径仅为 20mm，因此，可不安装碎石机，在盾构机排泥吸口左右两侧各安装一个搅拌器即可，图 3.5-1 为苏通工程设计的大直径泥水平衡盾构机搅拌装置结构图。其工作原理为：泥水仓的泥浆混合开挖下来的渣土一起通过泥浆门流进搅拌器区域，两个搅拌器位于排浆口前侧，通过搅拌器旋转起到搅拌作用，将流入的泥浆及渣土搅拌均匀，防止沉淀而堆积堵塞，再通过排浆口将泥浆排出。

3.5.2 搅拌装置数值建模

1) 盾构机搅拌装置三维模型

对苏通 GIL 综合管廊工程泥水平衡盾构机设计的搅拌器装置进行几何建模。其结构图如图 3.5-2 所示，L_0、L_1 分别为入口的长和宽；L_2 为两个搅拌器的间距；R_3 为出口面直径；R_4 为搅拌器直径；R_5、R_6 分别为搅拌仓的内外轮廓。

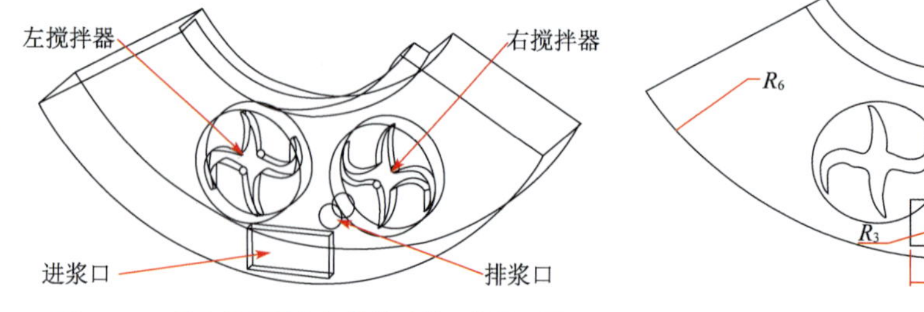

图 3.5-1　泥水平衡盾构机搅拌系统工作原理图

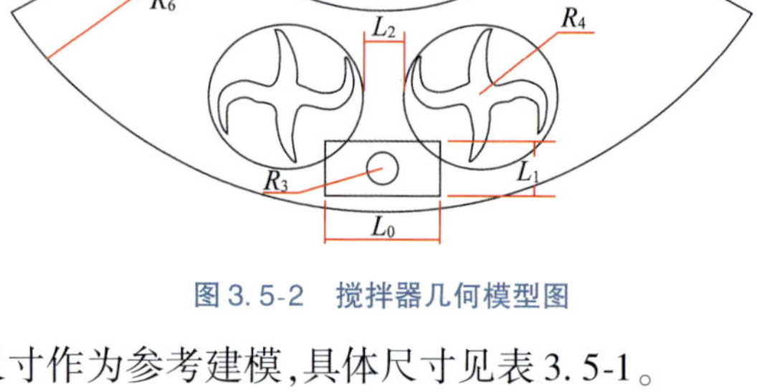

图 3.5-2　搅拌器几何模型图

以实际施工的泥水平衡盾构机搅拌器的尺寸作为参考建模，具体尺寸见表 3.5-1。

尺寸参数 表3.5-1

项目	L_0(mm)	L_1(mm)	L_2(mm)	R_3(mm)	R_4(mm)	R_5(mm)	R_6(mm)
参数	1200	600	400	175	800	1900	4370

2)盾构机搅拌器仿真模型

根据搅拌器的流体运动规律,将整个搅拌器系统分为两块区域。包含搅拌器的两个圆柱内部区域称之为旋转区域,圆柱外部区域称之为固定区域。旋转区域与固定区域的重合面为相互结合面(interface)。网格划分截面图如图3.5-3所示。

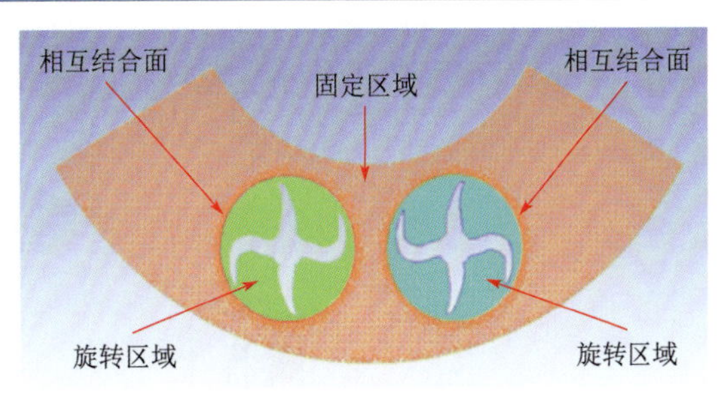

图3.5-3 网格划分截面图

划分网格时,将旋转区域与固定区域分别划分,且均用非结构网格。旋转区域网格最大尺寸设置为40mm。固定区域网格最大尺寸设置为100mm,由于进口出口面尺寸较小,因此进口面最大尺寸设置为40mm,出口面最大尺寸设置为20mm。将两个区域网格合并,网格总数为1154110个,网格质量均大于0.6。

3)边界条件设定

边界条件设置如下:

(1)初始条件:旋转区域和固定区域全部充满泥浆。

(2)进口边界:固定区域中凸出的四边形平面定义为进口面,泥浆从此位置进入。进口面为速度入口,速度为泥浆入口流速,速度方向垂直于入口端面。

(3)出口边界:固定区域中凸出的圆柱体中,圆形面定义为出口面,泥浆从此位置流出。出口面为自由流压力出口,与大气相通。

(4)壁面边界:除去进口面的所有固定区域平面,及搅拌器外侧均定义为壁面。两个搅拌器绕自身轴线做旋转运动。

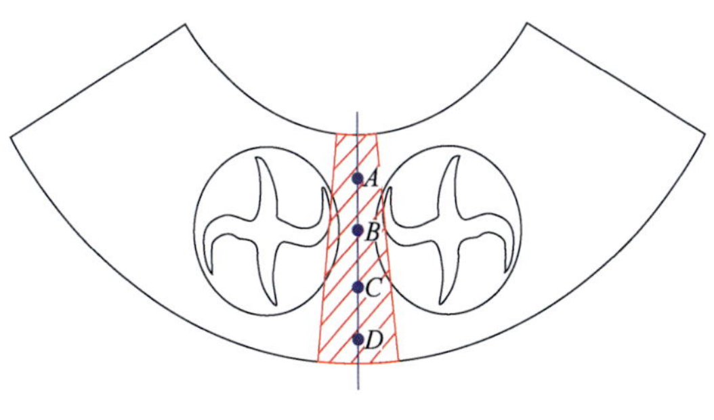

图3.5-4 辅助说明图

(5)交互面设定:相互结合面用于流场数据的传递与交流;动、静区域均设置为流动区域。

(6)辅助设置定义:由于两个搅拌器中间位置最易堆积堵塞,因此,本章重点研究两个搅拌器中间位置的性能分析,为在下文中一些参数更好的表述引入一些辅助说明,如图3.5-4所示。将阴影部分定义为中间区域,A、B、C、D四个点作为数据取值点。

3.5.3 搅拌装置搅拌性能

结合苏通GIL综合管廊工程项目的实际工况,采用流体动力学分析软件Fluent对泥水平衡盾构机搅拌器搅拌性能进行分析,研究两个搅拌器的转动速度、转动方向、间距大小、泥浆入口流速等关键参数对搅拌特性的影响规律,并与现场最大直径颗粒沉降速度做对比,找到合适的搅拌器工作参数,提高搅拌的效率,从而提高施工效率。

1)搅拌器转动速度对搅拌特性的影响

当搅拌器反向向上旋转、两搅拌器间距为400mm、入口速度为0.7m/s时,不同的转动速度对应的泥浆速度矢量图、泥浆流速分布云图、等值线图结合在一起如图3.5-5所示。随着转动速度的增大,中间区域向上的提升速度越来越大,两侧区域速度从0m/s逐渐变大,两侧区域存在死区面积逐渐减小,搅拌器转动速度的改变对泥浆流速的影响效果明显。

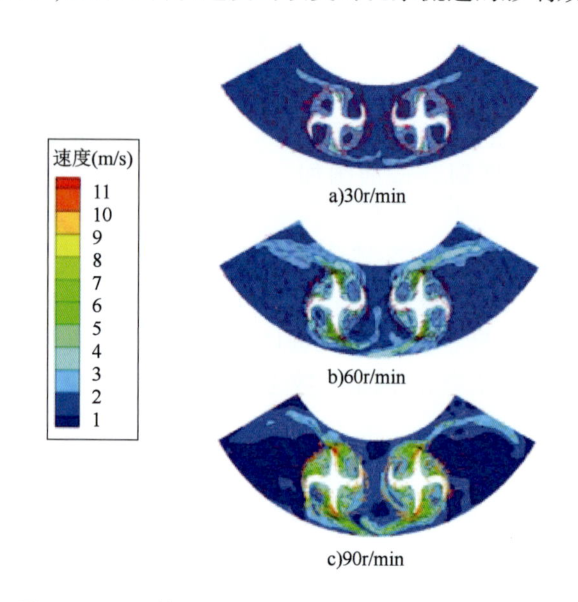

图3.5-5 不同转速下泥浆流速矢量图、云图、等值线图结合图

选取A、B、C、D四个点研究不同位置泥浆流速变化规律,流速变化规律如图3.5-6所示。A、B、C、D四个点的泥浆流速均随着搅拌器转动速度的增大而增大。由图可以看出,在45r/min时,A、B、C、D四个点的流速均高于沉降速度,所以搅拌器转速大于45r/min即可满足工作需要。

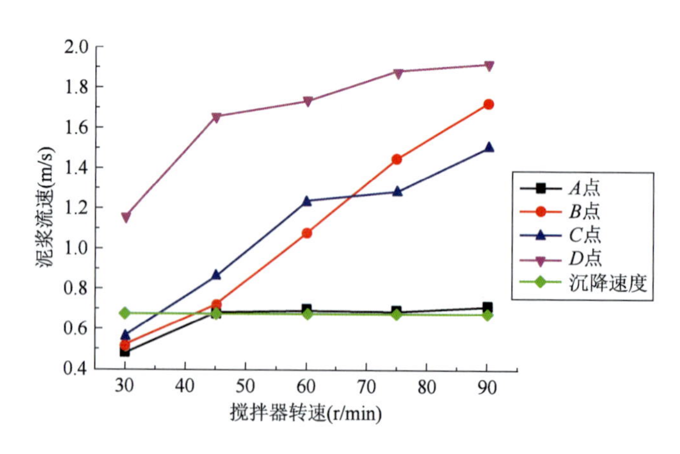

图3.5-6 转动速度与泥浆流速关系图

2)搅拌器转动方向对搅拌特性的影响

在搅拌器转速为45r/min、两搅拌器间距为400mm、入口速度为0.7m/s时,分别对两个搅

拌器同向顺时针旋转、同向逆时针旋转、反向向上旋转对搅拌特性做研究。同向顺时针旋转时,左侧区域极易造成渣土堆积。同向逆时针旋转时,右侧区域极易造成渣土堆积。当反向向上旋转时,泥浆流速左右两侧对称,两侧产生流动漩涡。两个搅拌器中心区域泥浆流速大,中心区域下侧,两个速度方向的水流相撞,起到冲击作用,虽然会造成能量损失,速度减小,但产生漩涡,更利于泥浆中渣土的搅动和提升,防止沉积。

通过分析 *A*、*B*、*C*、*D* 四个点研究不同搅拌器转动方向下泥浆流速变化规律,具体如图 3.5-7 所示。*A*、*B*、*C*、*D* 四个点在同向顺时针和同向逆时针两个方向时的流速基本持平。而反向向上的时候,*A* 点的流速低于其他两种旋转方向时的流速,*B*、*C*、*D* 点的流速却高于其他两种旋转方向时的流速。为防止渣土沉降,*B*、*C*、*D* 点流速对防止渣土沉降的作用远远大于 *A* 点的作用,因此反向向上旋转为较优搅拌方向。

3)搅拌器间距对搅拌特性的影响

当搅拌器转速为 45r/min、反向向上旋转、入口速度为 0.7m/s 时,对两个搅拌器不同间距的搅拌特性影响进行研究。随着间距越来越大,两个搅拌器的中间区域泥浆流速越来越小,且速度衰减幅度大。而搅拌仓两侧的泥浆流速不断增加,两侧区域死区面积越来越小,且两侧区域的泥浆流动速度越来越大,速度的流动方向无明显变化。

通过分析 *A*、*B*、*C*、*D* 四个点研究不同搅拌器间距下泥浆流速变化,具体如图 3.5-8 所示。*A* 点流速随着两个搅拌器间距的增大,先增大后减小,在 0.3m 时流速最大。*B*、*C*、*D* 点流速随着间距的增大而减小,其中 *D* 点降幅最小,*B* 点降幅最大。

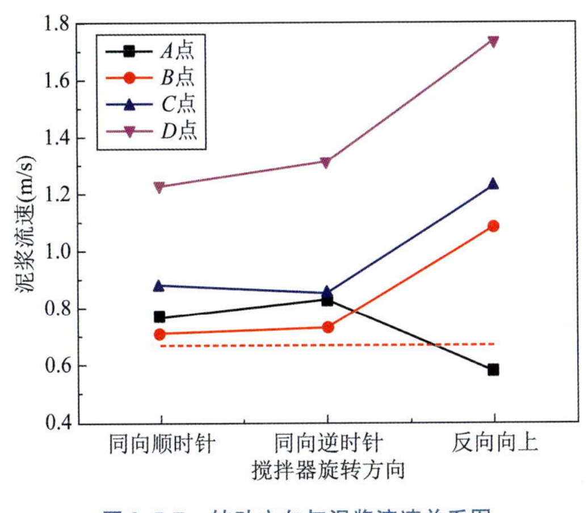

图 3.5-7　转动方向与泥浆流速关系图

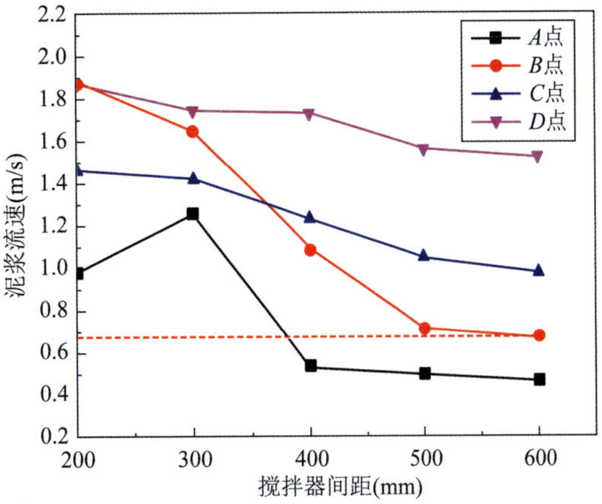

图 3.5-8　间距大小与泥浆流速关系图

4)泥浆入口速度对搅拌特性的影响

在搅拌器转速为 45r/min、反向向上旋转、两个搅拌器间距为 400m 时,对不同入口速度的搅拌特性影响做研究。不同泥浆入口速度下,整体泥浆的流动趋势并未发生巨大变化,搅拌仓两侧泥浆流速未受入口速度影响。随着入口速度的增大,在两个搅拌器中间区域泥浆流速有轻微改变。只在泥浆入射方向对搅拌区域下部有冲击作用。通过分析 *A*、*B*、*C*、*D* 四个点研究不同泥浆入口速度下的泥浆流速变化,具体如图 3.5-9 所示。

A、*D* 两个点的流速随着泥浆入口速度的增大而增大。其中 *A* 点增幅缓慢,*D* 点在低于 0.7m/s 时较为缓慢,在高于 0.7m/s 时增幅提高。*B*、*C* 两点的流速随着泥浆入口速度的增大

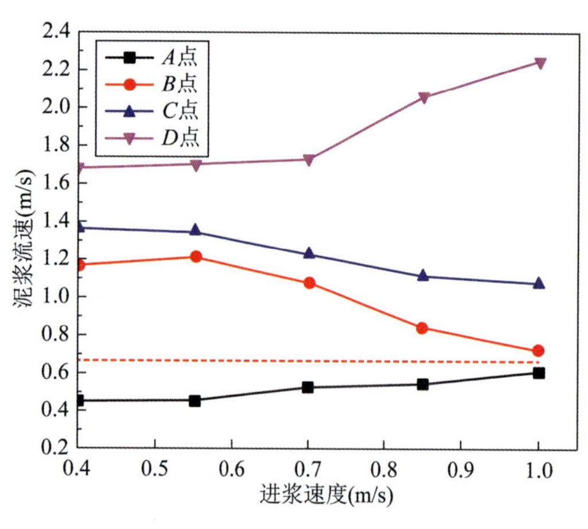

图 3.5-9 泥浆入口速度与泥浆流速关系图

而减小，其中 B 点的降幅大于 C 点降幅。在保证不沉降的条件下，泥浆入口速度越大，进浆泵抽水的能耗也越大，因此在保证进浆量的时候，为降低能耗，泥浆入口速度不宜过大。

5)搅拌器参数选择

在苏通 GIL 综合管廊工程中，大直径泥水平衡盾构机掘进隧道地层主要由黏土、粉细砂等组成，颗粒粒径主要分布在 0.05 ~ 2mm 区间内，有少量的颗粒粒径达到 2 ~ 20mm。通过仿真计算得到粒径为 20mm 的颗粒沉降速度为 0.67m/s，为保证渣土不出现沉淀堆积的现象，需保证中心区域在搅拌器搅拌作用下，向上的提升速度大于 0.67m/s。搅拌器的参数选择如下：

(1)当搅拌器转速为 45r/min 时，绝大部分搅拌区域速度都大于 0.67m/s，考虑苏通 GIL 综合管廊工程实际工作条件和施工安全，搅拌器转速设置大于 45r/min 即可。

(2)两个搅拌器反向向上旋转比同向顺时针旋转、同向逆时针旋转流场更对称，且中心区域下侧部分泥浆流速更大，底部由于两个方向的泥浆冲击产生漩涡，搅拌效果更好，故实际搅拌器应采用两搅拌器反向向上旋转。

(3)随着两个搅拌器间距的增大，中心区域速度不断减少，两侧区域速度不断增加，当间距设置为 300mm 的时候，中心区域泥浆流速分布最好。

(4)随着泥浆入口速度的增大，中心区域的速度只有轻微的减小，影响并不大。苏通 GIL 综合管廊工程施工中泥浆入口速度与盾构掘进的速度等其他因素相联系，计算得到入口速度为 0.7m/s，对搅拌器的搅拌效果有促进作用。

3.6 本章小结

本章针对排渣过程中高石英含量砂石对环流管道的磨损，基于流体冲蚀理论，分析了输送速度、布置角度、浆液流向以及管道结构特征对环流系统管道冲蚀特性和磨损量的影响规律，得到了泥水平衡盾构机环流系统中管路主要磨损区域，指导了项目在掘进前对主要磨损区域进行了针对性加强耐磨保护；针对粉质黏土地层掘进刀盘易结泥饼等难题，研发了刀盘面板冲刷系统试验平台，并建立刀盘冲刷仿真分析模型，分析了刀盘掌子面区域的流场分布特性，提出了刀盘冲刷喷头数量和位置的优化设计方案，给出了掘进施工过程中冲刷喷头出口流速建议值；针对泥水仓渣土二次堆积问题，建立了泥水平衡盾构机搅拌器系统性能分析模型，提出了搅拌器设计及运行关键参数，整体实现了搅拌装置的最优设计，填补了国内外越江隧道盾构机施工冲刷系统及搅拌器设计的技术空白。

第4章

密实砂层掘进参数优化选择与刀具更换技术

大时代

盾智行

构未来

高石英含量的致密砂层作为一种广泛分布于长江中下游江底及其附近地区的典型砂质土层给该区域盾构法隧道施工技术带来了严峻的考验。由于其高磨蚀性而产生的严重刀具磨损问题大大缩短了盾构机刀具的削掘距离和使用寿命,进而引发了刀具频繁更换、施工风险加大等一系列严重制约施工效率的技术问题。本章通过开展刀具基本参数性能测试试验分析、盾构机掘进模型试验以及数值模拟研究,确定了刀盘掘进参数地质匹配性优化设计方案,改进了常压刀具更换技术。

4.1 刀具磨损试验

4.1.1 新型刀具磨损试验装置

本节所述新型刀具磨损试验装置的主体结构主要由高压密封试验仓、旋转中心轴、螺旋桨型切削刀具、高压气泵、高压水泵、驱动电机以及自动控制终端等组成如图 4.1-1a)所示。

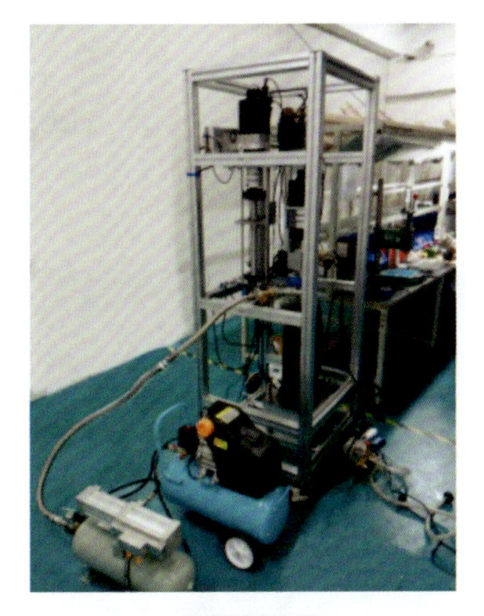

a)装置整体结构

b)高压密封试验仓

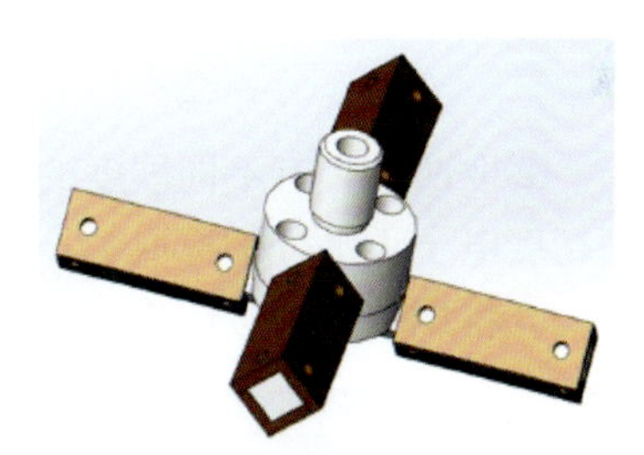

c)螺旋桨型硬质合金刀盘

d)专用试验刀片

图 4.1-1 新型智能化自动控制刀具磨损试验装置

4.1.2 密实砂层刀具磨损试验

1)试验过程

(1)试验前准备工作

试验前首先需通过全过程智能化自动控制刀具磨损试验装置的控制终端上升中心轴及螺旋桨型切削刀盘至合适位置,并将所述原状粉细砂样装填于高压密封试验仓内。其中,原状土样与试验仓之间的缝隙可以通过取同等的重塑土样进行填充。在原状土样取放期间需尽量避免因扰动而导致其内部结构出现严重损伤。待砂样装放完毕后,取所述洛氏硬度 HRA = 64、71、74、77 和 83 的标准试验刀片依次进行质量称量、编号和组装。待一切就绪后即可加盖试验仓盖板,拧紧顶盖螺栓,封闭试验仓。

(2)刀具磨损试验

待上述准备工作完成后,试验人员即可通过控制终端输入所需的试验时间、刀盘运动参数、原位土体压力值以及土体添加剂悬浮液的泵送压力值。密实刀具磨损试验过程如图 4.1-2 所示。具体试验步骤如下:

①利用专用旋具拧开新型刀具磨损试验机密封仓顶盖螺栓,打开试验仓顶盖,而后调节试验密封仓安装平台,将其下降到规定位置并固定。

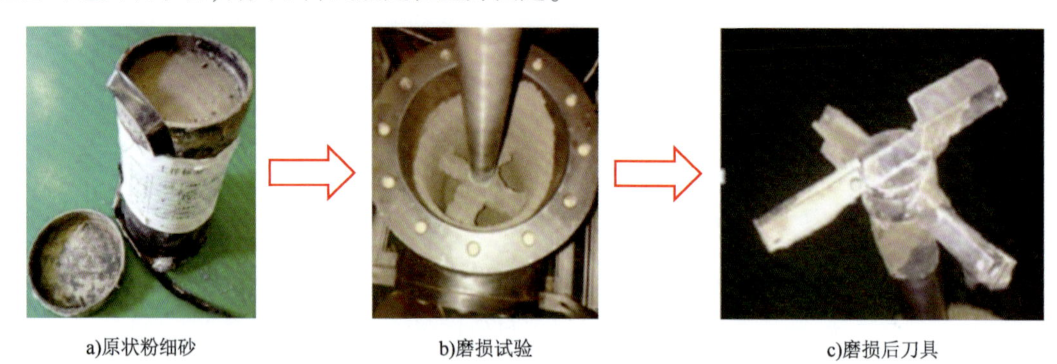

a)原状粉细砂　b)磨损试验　c)磨损后刀具

图 4.1-2　密实砂层刀具磨损试验

②取两种具有不同硬度的标准化试验刀片各 2 枚,分别编号为 1、2 号和 3、4 号,而后通过高精度电子天平分别称取 1 ~4 号标准试验刀片的质量 m_1 并记录于试验专用表格中。

③将试验刀片按图 4.1-3 所示的布置方式安装于螺旋桨形薄壁矩形管上。

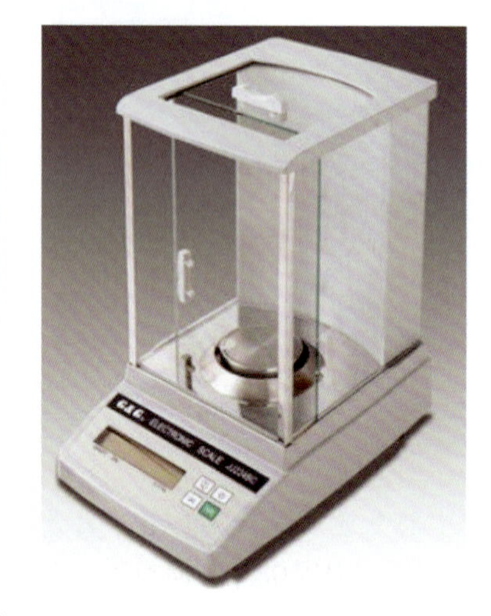

图 4.1-3　新型刀具磨损试验方法

④取合适规格的标准土体样本安放于试验仓内,并通过适当调整,使其恰好平置于试验仓中心部位。土样取放时需格外小心,尽量避免造成对原状砂土内部结构的破坏。

⑤检查仓体内部情况,确认状况良好以后,转动手轮,上升试验仓至合适位置,而后通过设备专用旋具拧紧试验仓顶盖螺栓,封闭试验仓。

⑥在控制终端输入螺旋桨型薄壁硬质合金矩形管刀盘的推进速度 v,转速 n 以及试验需要的测试时间 t。

⑦打开液压泵,调节液压值 S 至略高于试验仓体内部气压值 Q 的水平状态,此时,用于改良土体性能的土体添加剂即可通过液压通道进入试验仓内,并从螺旋桨型薄壁硬质合金矩形管刀盘表面孔实时动态喷出。

⑧待达到规定测试时间 t 之后,驱动电机在控制终端的作用下将自动停止运转。此时,关闭高压气泵和液压泵,保存控制终端记录的试验参数。打开泄气口排放泵入的压缩空气,待试验仓内部气压降至常压后打开试验仓顶盖,调节安放平台,下降试验仓至合适位置。

⑨取下试验仓,清理仓内残余土体样本,并将其存于贴有标签的样本盒中。

⑩分别取下 1 ~ 4 号标准化 L 形试验刀片,清洗干净并进行表面干燥处理。

⑪利用高精度电子天平称取试验后 1 ~ 4 号标准刀片的质量 m_2,并记录于试验专用表格中。通过与试验前进行比照即可得到相应的刀片磨损量 m。

⑫对具有不同硬度值的刀片重复步骤① ~ ⑪。

⑬取不同类型的试验土体样本,重复步骤① ~ ⑫。

⑭待试验完毕后,须对新型刀具磨损试验机进行清理。而后,加盖仓体顶盖,拧紧密封螺栓;关闭气泵、液压泵以及自动控制终端,切断电源。

⑮根据试验结果绘制针对各种试验土体样本的刀片磨损量与合金材料硬度关系曲线,分别得到相应的合金硬度敏感区间和和最优合金硬度。

试验开始后,高压气泵及增压泵首先通过气压管道泵入压缩空气至预设值,而后模型刀盘即依设定参数在原状土样中掘进。试验期间,膨润土悬浮液经由中心轴内孔从硬质合金矩形管表面随刀盘掘进实时动态喷出。待达到预设时间后,模型刀盘将在自动控制系统的作用下停止掘进。此时,开启安装于排气管上的常闭型二位二通电磁阀,排除仓内压缩空气,拆下试验刀片。清洗并干燥后即可利用高精度电子天平(精度 0.001g)进行磨损后刀片的质量称量工作。

(3)试验后的数据处理

基于每次刀具磨损试验前后刀片质量的称量结果求取相应的刀具磨损量,进而对刀具磨损量与合金材料硬度之间的关系进行分析,得出相应的试验规律。

2)试验结果

图 4.1-4 为模型刀盘转速 $n = 100\mathrm{r/min}$,掘进速度 $v = 1\mathrm{mm/min}$ 条件下硬度值分别为 HRA = 64、71、74、77、83 的刀片在试验时间 $t = 52\mathrm{min}$ 内的磨损情况。不难看出,随着刀片硬度值的不断增大,刀片在限定时间内的磨损量整体呈逐渐降低趋势。其中,当刀具硬度位于 HRA = 71 ~ 77 范围内时,磨损量的降低趋势尤为显著。

3)试验结论

根据密实砂层刀具磨损试验结果得到了刀具磨损量随合金硬度的变化规律曲线,如图 4.1-5b)所示。对所述曲线进行分析不难得出以下两点结论:

(1)针对苏通 GIL 综合管廊工程致密原状粉细砂刀具合金材料硬度的试验研究结果显示盾构机刀具合金硬度敏感区间为 HRA = 74 ~ 77。

(2)鉴于提高硬度虽然有助于改善刀具的耐磨性,但其抗弯强度的降低易造成合金崩裂,因此研究建议针对粉细砂的刀具合金材料设计硬度取为 HRA = 77 ~ 83。

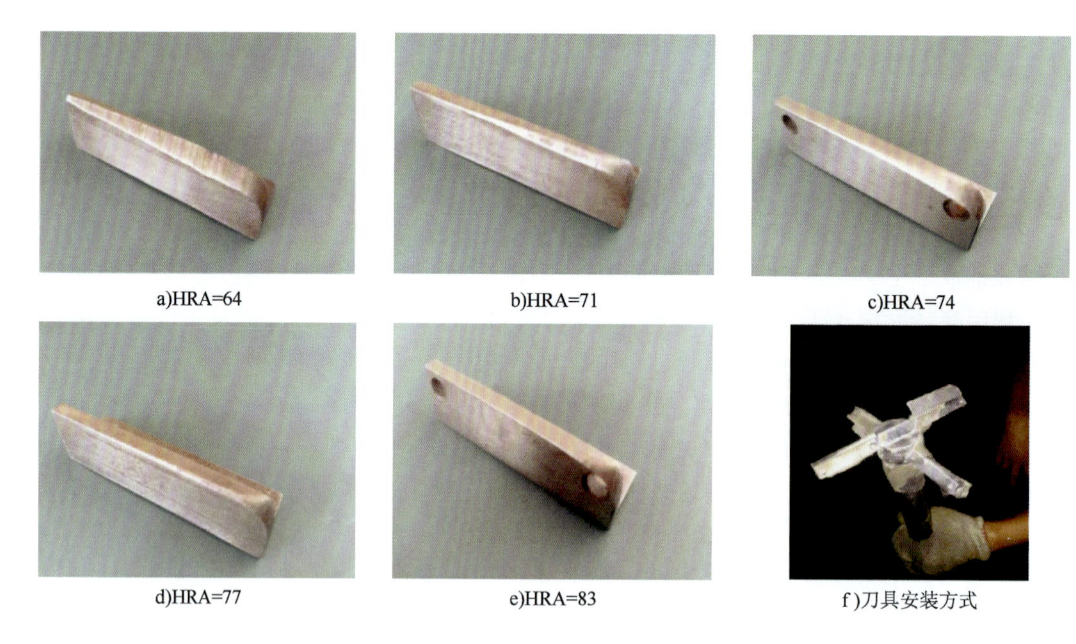

图 4.1-4　不同硬度条件下的刀具磨损情况

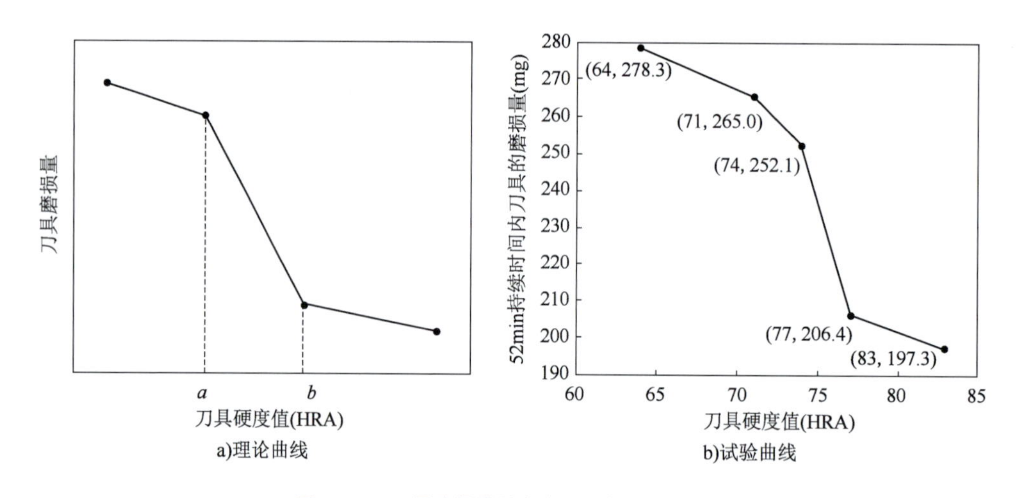

图 4.1-5　刀具磨损量随合金硬度变化规律曲线

4.1.3　刀具磨损数值模拟

1)数值模拟方法及验证

借助颗粒离散元分析软件 PFC5.0 对泥水平衡盾构机刮刀在致密复合砂层中的掘进过程进行数值模拟,如图 4.1-6 所示。三种不同安装半径的刀具以一定的旋转速度和掘进速度切削土体,在这一过程中实时监测刀具磨损量及刀具受力等信息。砂颗粒以及刀具材料颗粒的细观参数见表 4.1-1。

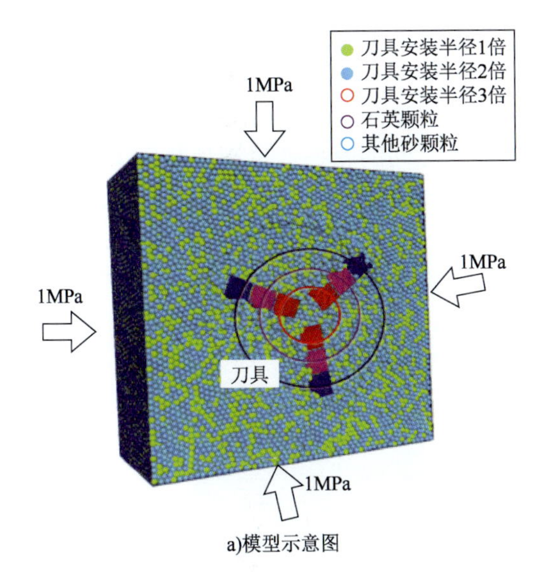

a)模型示意图

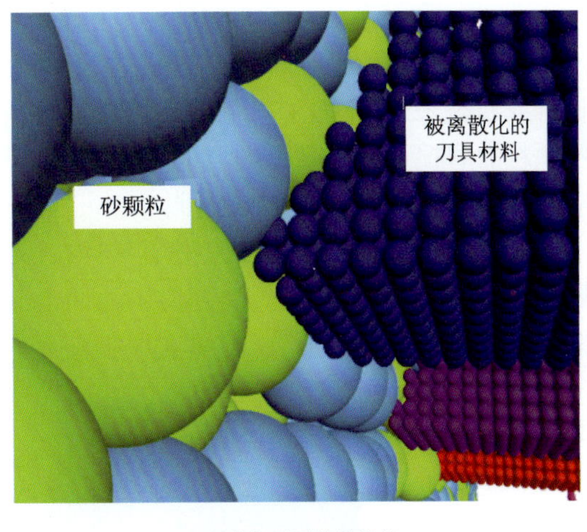

b)刀具与砂颗粒的接触

图4.1-6　密实砂层掘进模型试验颗粒离散元数值模型

颗粒离散元数值模型细观参数　表4.1-1

项目	石英颗粒	其他砂颗粒	刀具材料颗粒
颗粒杨氏模量 E_c(GPa)	50	1	700
颗粒刚度比(kN/ks)	1.0	1.0	1.0
颗粒密度 ρ(g/cm^3)	2.65	1.27	7.9
颗粒摩擦系数 f	0.1	0.1	0.5
颗粒半径 R(mm)	4.5	4.5	1
颗粒形状	球形	球形	球形

刀盘在转动时,刀具表面与砂颗粒互相接触并产生摩擦滑动,这种摩擦作用使得刀具表面出现断裂以及脱落,刀具因而受到磨损。

根据Archard摩擦磨损理论,材料磨损的速率与接触压力成正比,而与材料的硬度成反比,即:

$$\overline{w} = k\frac{P v_s}{H} \tag{4.1-1}$$

式中:$\overline{w}$——磨损速率;

P——接触压力;

H——材料硬度;

v_s——接触面的相对滑动速度;

k——磨损系数。

由于接触面的摩擦力也正比于接触压力,经过简单的推导可得:

$$w = k' W_f \tag{4.1-2}$$

式中:w——磨损量;

W_f——摩擦能;

k'——转换后的磨损系数,其值为 $k' = k/fH$;

f——摩擦系数。

基于上述理论推导,研究做出了如下的简化模拟:刀具的磨损不使用组成刀具材料颗粒的脱落或断裂来表征,而采用组成刀具材料的颗粒与砂颗粒之间的摩擦能量来计算每个刀具材料颗粒的磨损量。当某个颗粒的累计磨损量超过了自身颗粒的体积时,该颗粒被认为磨损完毕,在下一步的计算循环中被删除。

这种模拟方法不仅成功模拟了刀具在切削土体时,刀具被逐渐摩擦损耗,也成功模拟了刀具在与土体颗粒相互撞击、受到偶尔的冲击荷载作用时,刀具磨损的增大(表现为刀具表面大量的材料颗粒断裂脱落)。刀具在磨损前后的形状变化如图 4.1-7 所示。

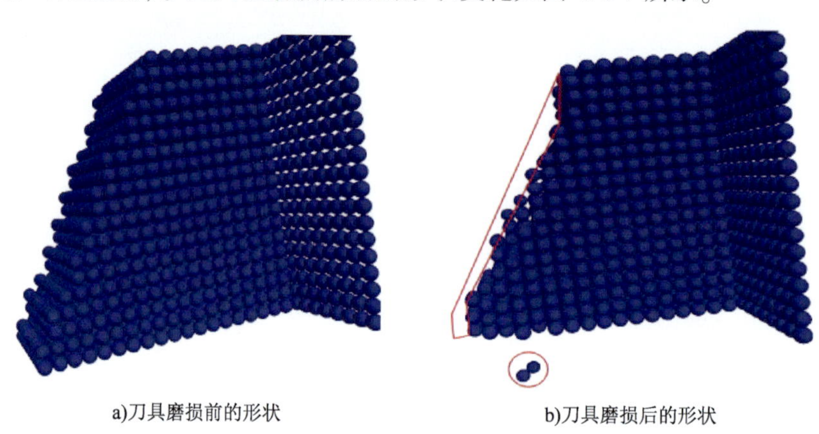

a)刀具磨损前的形状　　b)刀具磨损后的形状

图 4.1-7　刀具在磨损前后的形状变化

图 4.1-8 展示了刀具磨损量在掘进过程中的变化趋势,可以看出,刀具的磨损量随着掘进距离的增加而呈近似线性增加的同时,偶尔也会呈现急剧的上升现象。这通常是由于土体颗粒与刀具间的撞击作用使得刀具产生更大的磨损[刀具表面材料颗粒断裂脱落,图 4.1-7b)]。刀具磨损量同时受到安装半径以及刀盘旋转速度的影响。当刀具安装半径从 1 倍增加到 2 倍及 3 倍时,刀具的磨损量分别近似增加到 3 倍及 6 倍,这与公式所预测的磨损量不同(预测公式认为刀具的磨损分别与安装半径和旋转速度成正比)。原因可能在于,较小安装半径的刀具彼此之间距离较近,在切削土体时产生协同作用,每把刀具所受到的磨损作用就相应减小。安装半径较大时,刀具之间的距离较远而互不影响,切割土体较为困难,同时刀具与砂粒的摩擦距离较大,因而磨损量稍大。在实际掘进过程中,对安装半径较大的刀具应该适当地增加刀具数量,以减小安装半径较大处的刀具磨损。图 4.1-9 展示了刀盘推力与扭矩的变化情况。

2)不同工况下的刀具磨损量

在验证了颗粒流离散元算法模拟刀具磨损问题的合理性后,对不同掘进工况下的刀具磨损进行了数值模拟,包括不同掘进速度、不同刀盘旋转速度以及不同土层性质对刀具磨损量、刀盘扭矩、刀盘推力等的影响。

在控制土层性质以及刀具掘进速度相同的情况下,改变刀盘的旋转速度,同一安装刀具磨损量在刀盘旋转速度增加时会显著增加(图 4.1-10 ~ 图 4.1-12)。例如,安装半径为 3 倍的刀具,在刀盘旋转速度由 50rad/s 增加至 150rad/s 时,刀具磨损量从 6624mm³增长到 17758mm³。磨损量与刀盘旋转速度近似呈正比规律(表 4.1-2)。

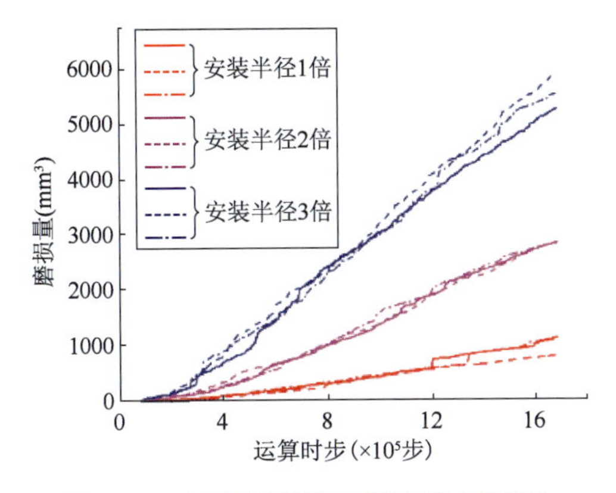

图 4.1-8 各刀具磨损量在掘进过程中的实时变化(刀盘旋转速度 100rad/s)

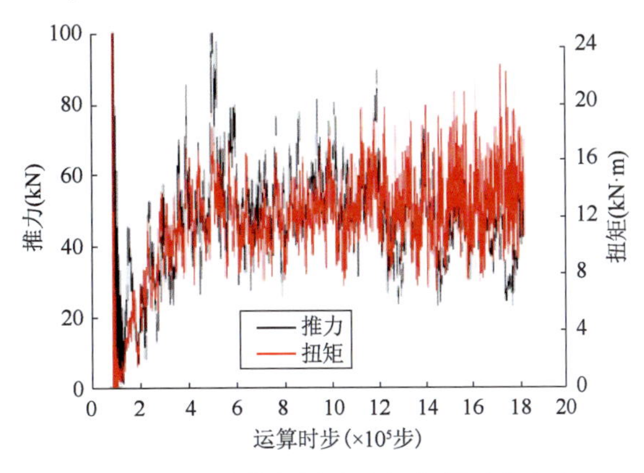

图 4.1-9 刀盘推力及扭矩在掘进过程中的实时变化(刀盘旋转速度 100rad/s)

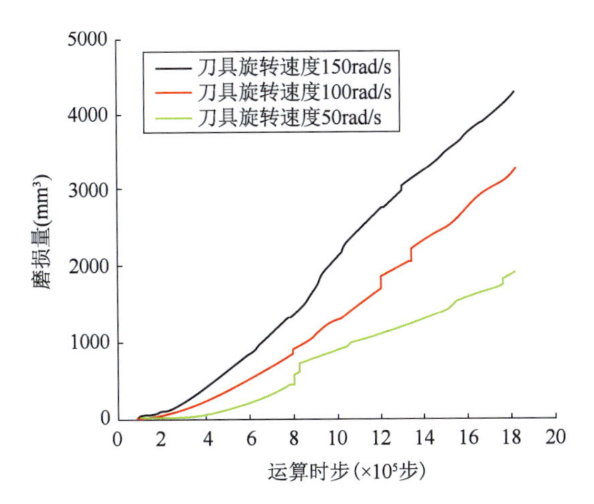

图 4.1-10 安装半径为 1 倍的磨损量在掘进过程中的实时变化

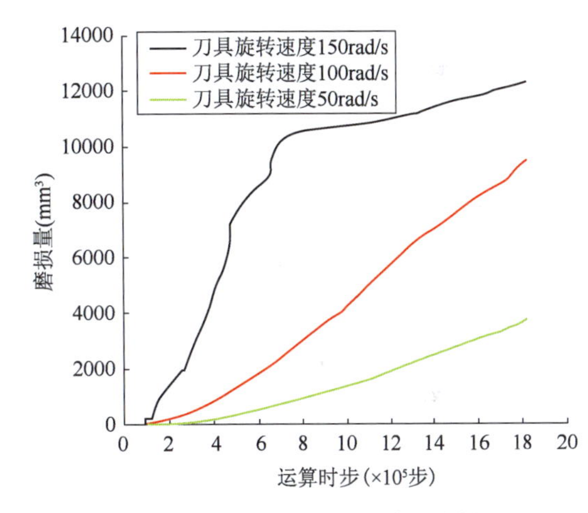

图 4.1-11 安装半径为 2 倍的磨损量在掘进过程中的实时变化

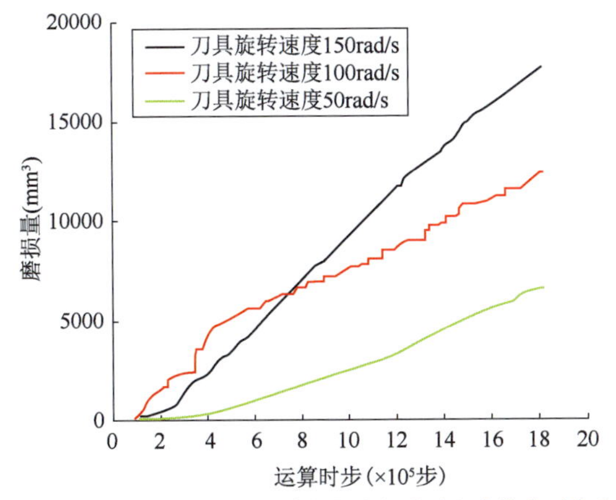

图 4.1-12 安装半径 3 倍的磨损量在掘进过程中的实时变化

掘进 5cm 时各类安装半径刀具的平均磨损量　　表 4.1-2

安装半径	同一安装半径刀具的总磨损量(mm^3)		
	刀具旋转速度 50rad/s	刀具旋转速度 100rad/s	刀具旋转速度 150rad/s
安装半径 1 倍	1908	3278	4310
安装半径 2 倍	3687	9467	12358
安装半径 3 倍	6624	12283	17758

在控制土层性质以及刀具切削速度相同的情况下，改变刀盘的掘进速度，刀具磨损量随计算时步的变化如图 4.1-13 所示(以安装半径 1 倍的刀具为例)。由图不难看出：对于同一安装半径的刀具，磨损量在刀盘掘进速度增加时会显著增加。进一步分析刀盘受力可以发现，刀盘掘进速度增加时，刀盘推力及扭矩会有一定的增加，因而刀具磨损量随之增大，如图 4.1-14 所示。

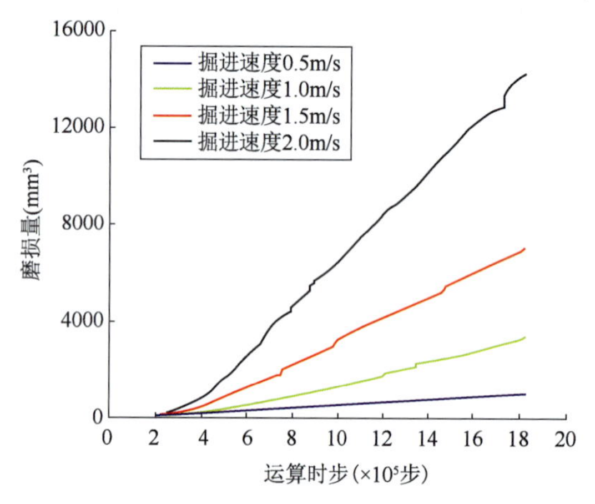

图 4.1-13　安装半径 1 倍的刀具磨损量在掘进过程中的实时变化(改变掘进速度)

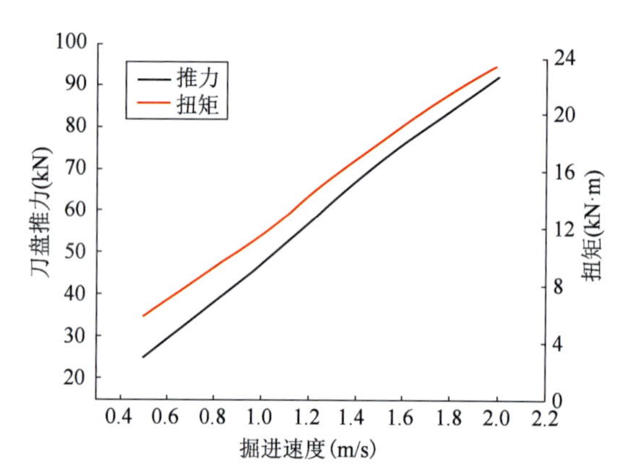

图 4.1-14　刀盘平均推力及扭矩随掘进速度的变化

在控制刀盘旋转速度以及刀具切削速度相同的情况下，改变土层的性质进行掘进(改变刀具与土体颗粒之间的摩擦系数)，刀具磨损量随计算时步的变化如图 4.1-15 所示(以安装半径 1 倍的刀具为例)。可以发现对于同一安装半径的刀具，磨损量在土层摩擦系数增加时会显著增加。进一步分析刀盘受力可以发现，土层摩擦系数增大时，刀盘推力及扭矩近似保持不变，如图 4.1-16 所示。刀具磨损量的增大主要是由于刀具与土体之间的摩擦力增大而引起的。

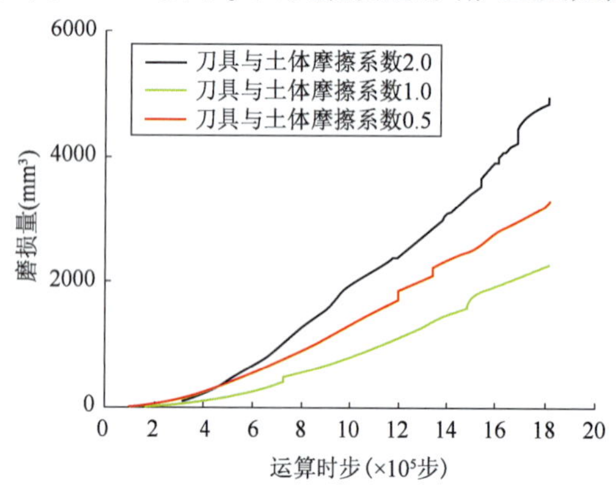

图 4.1-15　安装半径为 1 倍的刀具磨损量在掘进过程中的实时变化(改变土层性质)

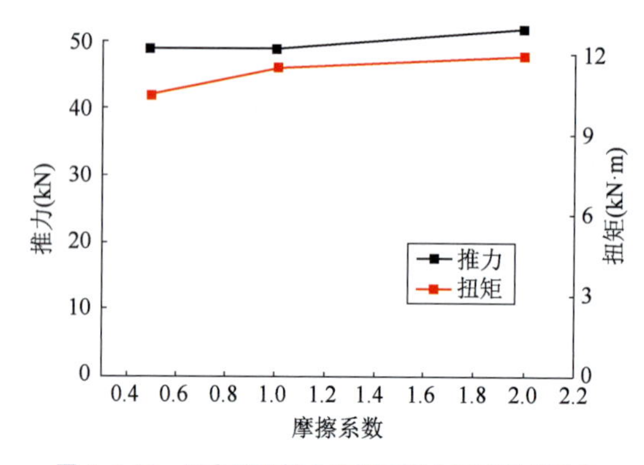

图 4.1-16　刀盘平均推力及扭矩随土层性质的变化

4.2 掘进参数优化选择

4.2.1 密实砂层掘进参数室内试验

1)一种新型刀具磨损试验模型刀盘

为全面开展密实砂层掘进参数试验,进行了一种新型刀具磨损试验模型刀盘的研发。

如图4.2-1所示,该模型试验刀盘主要包括星形骨架和标准测试销(分别用来模拟盾构机刀盘和刀具)。其中,所述星形骨架直径约150mm,由5根刀盘辐条构成。每根辐条上开设有双排测试销安装轨道,每排轨道上共12个标准磨损销接口(双轨道即为24个),可供试验者任意选取,用以模拟盾构机刀盘上具有不同安装直径刀具的磨损情况(即探索刀具切削轨迹对磨损量的影响)。所述测试销直径约5mm,长约20mm,采用S275JR型标准钢材制作而成(该钢材常被用作盾构机刀盘和主体结构的原材料)。其中,所述密实砂层掘进参数试验即是通过量测试验过程中测试销的质量损失来量化评估试验苏通GIL综合管廊工程原状砂粒的磨蚀性能。

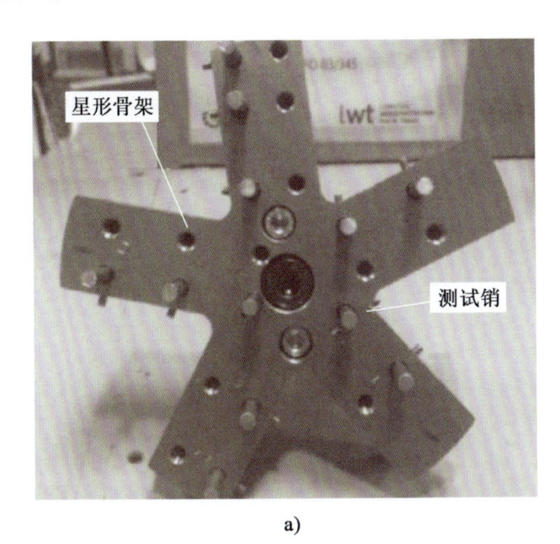

a)

b)

图4.2-1 一种新型盾构机刀具磨损试验模型刀盘

2)试验方案设计

研究以苏通GIL综合管廊工程原状粉细砂,为试验土体样本进行了密实砂层掘进参数试验方案设计。具体地:5种不同的刀盘转速 n = 45r/min、56r/min、71r/min、90r/min、140r/min 和3种不同的贯入度 P = 0.05mm/r、0.10mm/r、0.20mm/r 被选为模型刀盘掘进参数(表4.2-1),用以分别进行刀盘转速对刀具磨损的影响试验和贯入度对刀具磨损的影响试验。试验期间,借助高精度的电子天平(0.001g)称量磨损前后标准测试销的质量,而后求取相应的测试销质量损失百分率即可实现对磨损情况进行定量量测。最后,通过分析刀具磨损量与掘进参数之间的关系得到相对最优的模型刀盘转速和贯入度。

密实砂层掘进参数试验方案　　表 4.2-1

序号	刀盘转速 n(r/min)	切削速度 v(m/s)	序号	贯入度 P(mm/r)	切削轨迹长度 l(m)
1	45	0.047 ~ 0.330	1	0.05	584 ~ 4090
2	56	0.059 ~ 0.411	2	0.10	292 ~ 2045
3	71	0.074 ~ 0.520	3	0.20	146 ~ 1022
4	90	0.094 ~ 0.660			
5	140	0.147 ~ 1.026			

注：表中切削速度 v 的下、上限值分别表示最内、外圈测试销的切削速度；切削轨迹 l 的下、上限值分别表示最内、外圈测试销的切削轨迹长度。

3）试验结果

（1）刀盘转速对刀具磨损的影响

鉴于刀具（测试销）在模型刀盘上的安装直径各不相同，为简化分析，仅以最外圈测试销的磨损情况为例对模型刀盘转速与刀具磨损量之间的关系进行讨论。为充分考虑模型刀盘在土体样本中的掘进长度 L 对试验结果的影响，研究分别设置了掘进长度 L_1 = 232mm 和 L_2 = 465mm 的两组对照试验。

如图 4.2-2 所示，从模型刀盘转速与最外圈测试销磨损量的关系曲线中不难看出：当保持模型刀盘在粉细砂土样本中的掘进长度一致时，刀盘贯入度分别为 P = 0.05mm/r、0.10mm/r 和 0.20mm/r 三种情况的标准测试销的质量损失百分率均随刀盘转速的增加整体呈现出先显著减低而后趋于稳定的基本趋势。具体地，当模型刀盘转速自 45r/min 增加至 90r/min 时，标准测试销的磨损量随刀盘转速的增加而显著减低；而当模型刀盘转速超过 90r/min 时，标准测试销的磨损量随刀盘转速的增加而基本保持稳定，不再发生显著变化。

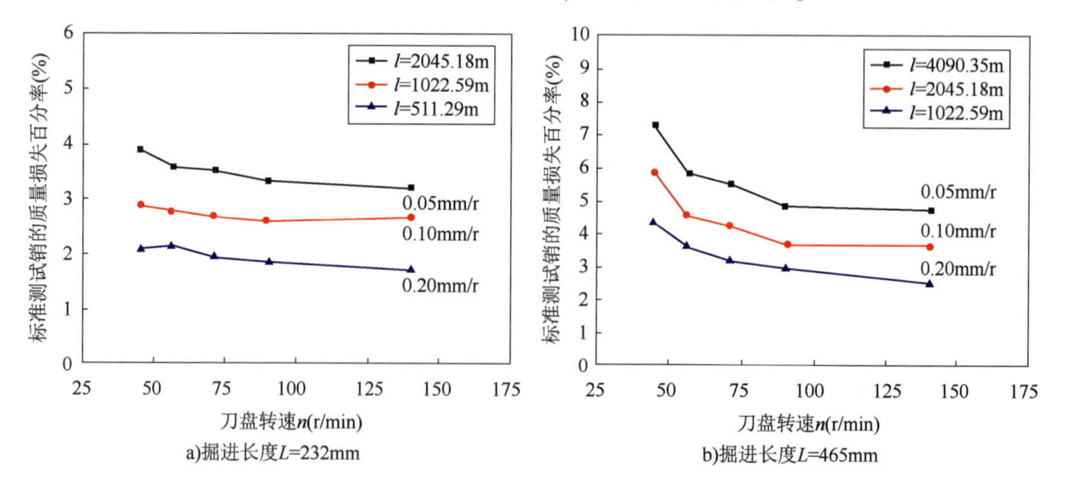

图 4.2-2　刀盘转速与最外圈测试销磨损量的关系曲线（掘进长度一定）

注：标准测试销的质量损失百分率 = $\frac{\text{磨损前质量}-\text{磨损后质量}}{\text{磨损前质量}}\times 100\%$。

考虑到如图 4.2-3 所示的密实砂层掘进参数试验均在掘进距离一定的前提之下开展，各组试验最外圈刀具（测试销）的切削轨迹长度难以保持一致。而这势必将对试验测试结果造成一定的影响。研究针对该情况开展了切削轨迹长度分别为 $l_1 = 1022\text{m}$ 和 $l_2 = 2045\text{m}$ 的两组密实砂层掘进参数试验。

如图 4.2-3 所示,当最外圈刀具(测试销)在原状粉细砂土体样本中的切削轨迹长度一致时,测试销的质量损失百分率随刀盘转速的变化规律与图 4.2-2 类似。

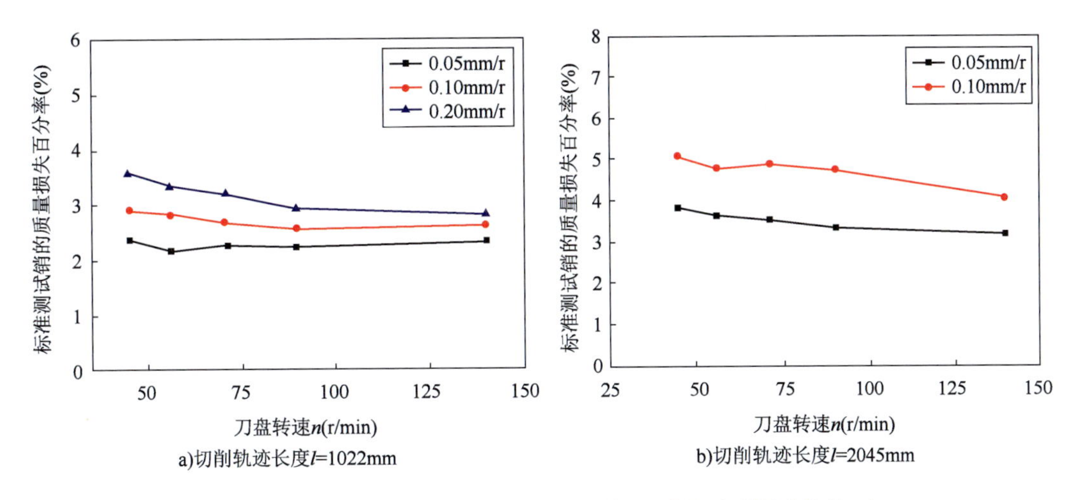

图 4.2-3 刀盘转速与最外圈测试销质量损失的关系曲线(切削轨迹长度一定)

综上所述,刀盘转速对刀具磨损的影响试验结果表明:保持模型刀盘在土体样本中掘进长度一致或最外圈刀具(测试销)在原状粉细砂土体样本中的切削轨迹长度一致时,刀具(测试销)的磨损均随刀盘转速的增加而呈现出先显著减低而后趋于稳定的趋势。其中,临界刀盘转速为 $n_{\text{critical}} = 90\text{r/min}$。

(2)刀盘贯入度对刀具磨损的影响

类似地,为充分考虑模型刀盘在土体样本中的掘进长度 L 对试验结果的影响,基于刀盘贯入度对刀具磨损的影响研究过程中分别设置了掘进长度 $L_1 = 232\text{mm}$ 和 $L_2 = 465\text{mm}$ 的两组对照试验。

如图 4.2-4 所示,当保持模型刀盘在原状粉细砂土体样本中的掘进长度一致时,刀盘转速 n 分别为 45r/min、56r/min、71r/min、90r/min 和 140r/min 五种情况下的标准测试销的质量损失百分率均随贯入度的增加而降低,但其变化率整体呈逐渐降低趋势,即贯入度为 0.05 ~ 0.10mm/r 区间的标准测试销磨损量的变化明显高于 0.10 ~ 0.20mm/r 区间。

与刀盘转速对刀具磨损的影响试验类似,鉴于密实砂层掘进参数试验均在掘进距离一定的前提之下进行,存在每次掘进试验的最外圈刀具(测试销)切削轨迹长度难以保持一致的固有缺陷。针对该问题开展了切削轨迹长度分别为 $l_1 = 1022\text{m}$ 和 $l_2 = 2045\text{m}$ 的掘进参数试验。

图 4.2-5a)为最外圈刀具(测试销)在原状粉细砂土体样本中的切削轨迹长度 $l_1 = 1022\text{mm}$ 时的刀具磨损试验结果。刀盘转速 n 为 45r/min、56r/min、71r/min、90r/min 和 140r/min五种情况下的标准测试销的质量损失百分率均随贯入度的增加而增加,但其变化率整体呈逐渐减小趋势,即贯入度为 0.05 ~ 0.10mm/r 区间的标准测试销磨损量的变化率明显高于 0.10 ~ 0.20mm/r 区间。

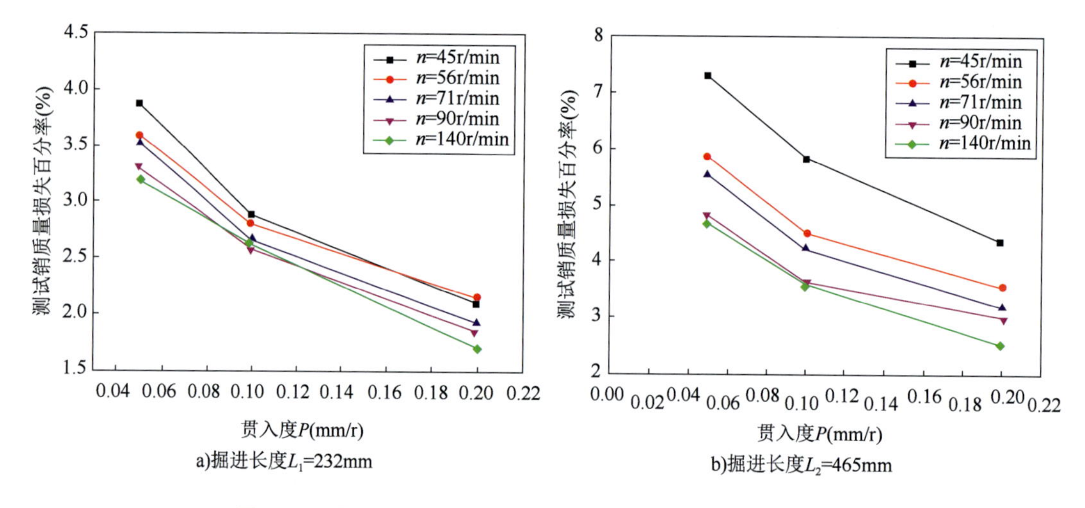

图 4.2-4　贯入度与最外圈测试销磨损量的关系曲线(掘进长度一定)

图 4.2-5b)为最外圈刀具(测试销)在原状粉细砂土体样本中的切削轨迹长度均为 l_1 = 2045mm 时的刀具磨损试验结果。由从模型刀盘最外圈测试销磨损量与贯入度的关系曲线可知:刀盘转速 n 为 45r/min、56r/min、71r/min、90r/min 和 140r/min 五种情况下的标准测试销的质量损失百分率在贯入度为 0.05 ~ 0.10mm/r 区间范围内均随贯入度的增加而增加。

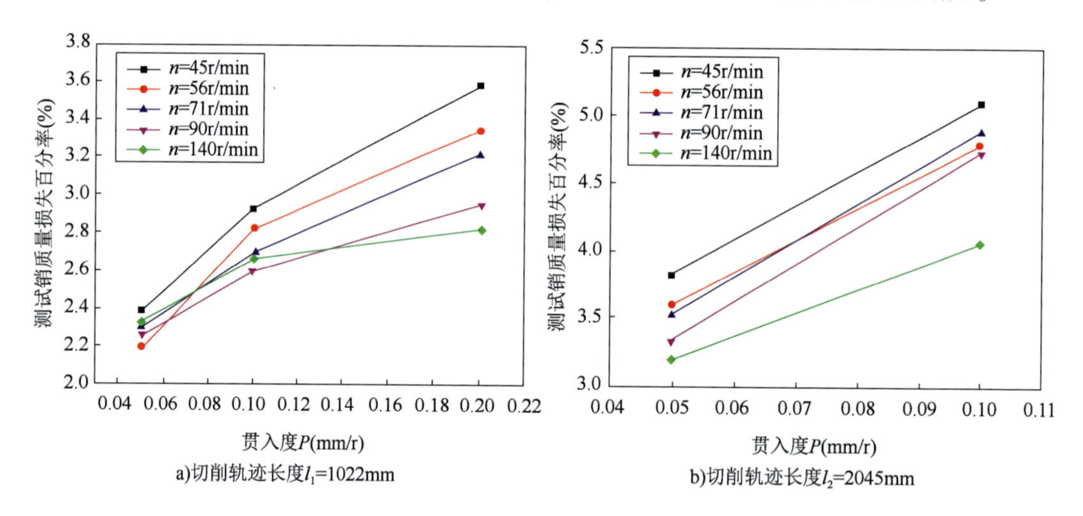

图 4.2-5　贯入度与最外圈测试销磨损量的关系曲线(切削轨迹长度一定)

综上所述,刀盘贯入度对刀具磨损的影响试验结果表明:保持模型试验刀盘的掘进长度一致和最外圈刀具(测试销)的切削轨迹长度一致时,刀具磨损随刀盘贯入度的增加分别呈现出减小和增加的趋势。其中,刀盘的临界贯入度为 P_{critical} = 0.1mm/r。

4.2.2　密实砂层掘进参数现场试验

以 DK0 + 100 ~ DK2 + 000 区间(第 50 ~ 1000 环)现场泥水平衡盾构机原位掘进试验结果为依据对“卓越号”大直径泥水平衡盾构机掘进状态进行相应的掘进参数分析。如图 4.2-6 所示,泥水平衡盾构机掘进参数随地层的变化而发生改变。适用于淤泥质黏土、粉质黏土、粉土、粉细砂和中粗砂的泥水平衡盾构机刀盘转速、掘进速度、刀盘推力和刀盘扭矩存在着较为显著的差异。

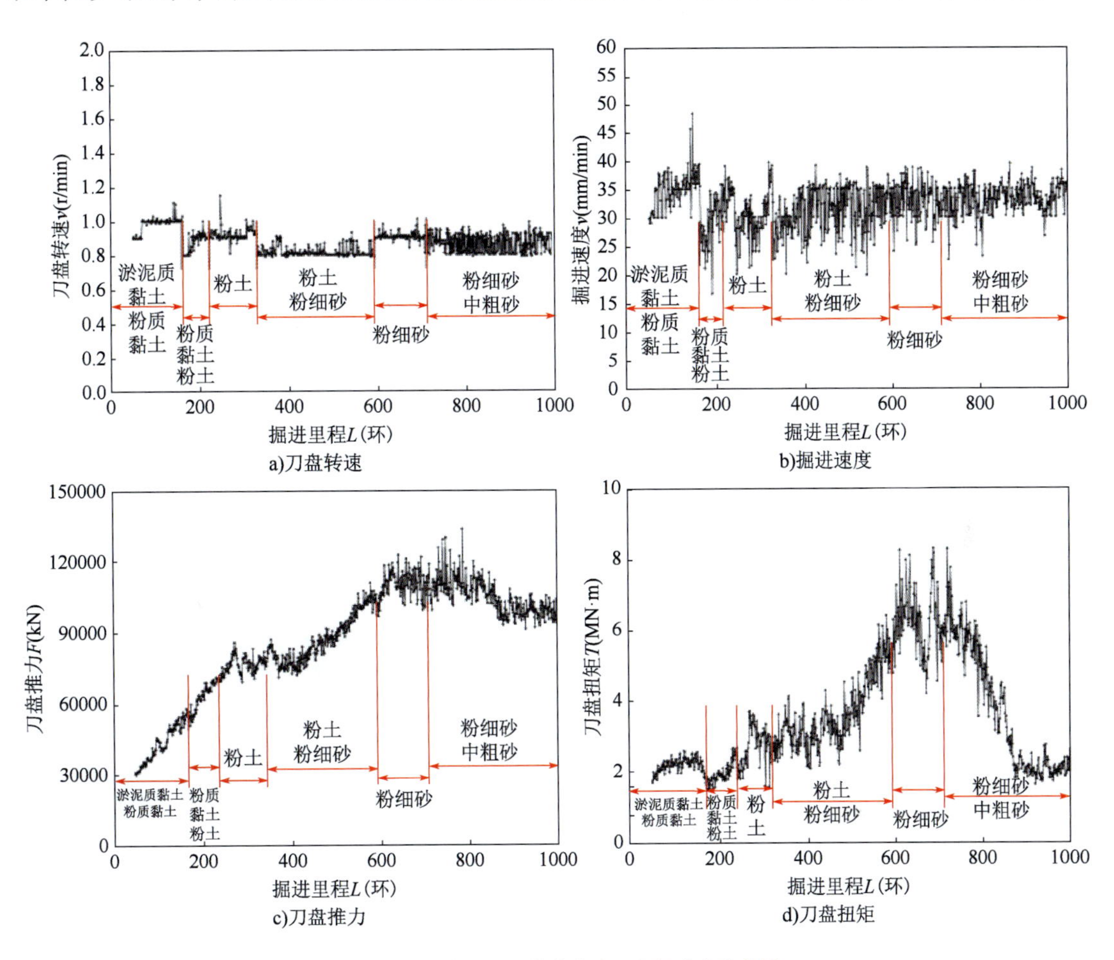

图 4.2-6　苏通 GIL 综合管廊工程掘进参数分析

鉴于“卓越号”大直径泥水平衡盾构机在上述掘进参数条件下的地层适应性情况良好，掘进效率相对较高，因此可将其视为苏通 GIL 综合管廊工程各典型地层条件下的泥水平衡盾构机掘进参数建议值(表 4.2-2)。

苏通 GIL 综合管廊工程典型地层泥水平衡盾构机掘进参数建议值　　表 4.2-2

地层类型	刀盘转速 n(r/min)	掘进速度 v(mm/min)	刀盘推力 F(kN)	刀盘扭矩 T(MN·m)
淤泥质黏土与粉质黏土	0.96	33.60	43452.48	2.16
粉质黏土与粉土	0.91	30.73	61652.24	1.85
粉土	0.87	30.41	75425.48	2.79
粉土与粉细砂	0.83	32.17	93640.24	3.44
粉细砂	0.90	33.08	111512.75	6.14
粉细砂与中粗砂	0.87	33.07	104576.12	3.97

4.2.3 密实砂层刀盘掘进参数优选

为保证盾构机在地层中能够顺利安全地进行开挖,必须要充分研究刀盘刀具选型以及布置情况是否适应地质条件,故需要对掘进参数的取值范围进行合理控制。正确掌握盾构机掘进参数的控制范围,既能保证刀盘的高效掘进,又能防止由于使用不当的掘进参数导致刀盘结泥饼、刀盘卡死等工程安全问题。以设计的大直径泥水平衡盾构机刀盘为设计对象,采用有限元方法,对刀盘整体掘进系统进行数值建模,仿真模拟盾构机刀盘掘进过程,探究在不同地质条件下掘进参数对刀盘掘进载荷的影响。

1)刀盘掘进过程数值模拟

(1)模型建立及其材料参数

根据前文对于刀盘刀具的结构设计和布置方案,建立刀盘掘进过程中切削土体的动力学模型,如图 4.2-7、图 4.2-8 所示。

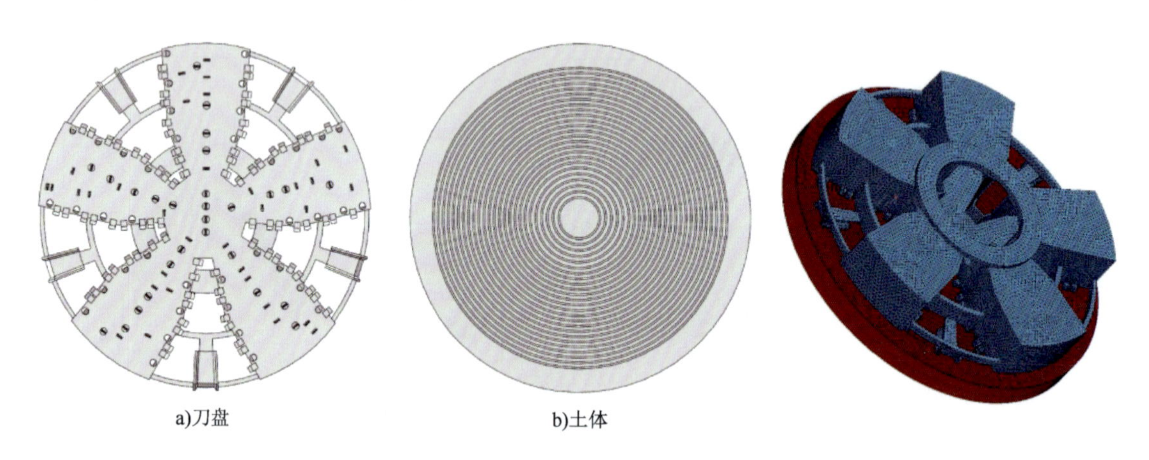

图 4.2-7 刀盘及土体三维实体模型

图 4.2-8 刀盘掘进过程有限元模型

盾构机刀盘的材料选用 Q345 钢,材料属性为密度 $7850kg/m^3$、弹性模量 210GPa、泊松比为 0.3。土体选用 * MAT_FHWA_SOIL 材料模型。根据工程地质勘查报告,盾构机掘进段地质主要以粉细砂以及粉质黏土混粉土为主,夹杂部分细砂以及中粗砂,相关地质参数见表 4.2-3。

地质参数　　表 4.2-3

土体名称	密度 (g/cm^3)	泊松比	体积模量 (MPa)	剪切模量 (MPa)	摩擦角 (°)	黏聚力 (kPa)	含水率 (%)
粉细砂粉质黏土	1.94	0.28	6.05	3.12	30.7	7.2	23.1
混粉土	1.81	0.32	2.59	1.06	16.5	7.9	34

在实际施工过程中,刀盘受到后方推进液压缸的作用力向前掘进,同时受到主驱动的作用使刀盘绕轴心进行旋转。仿真模拟刀盘的旋转和推进过程,通过单元的失效来模拟刀盘掘进过程中土体的切削剥落。在仿真过程中,将与刀具接触的部分土体划分较密的网格;为了减少中央处理器(CPU)计算时间,将刀盘模型进行简化。

(2)荷载及边界条件

①由于刀盘模型按照实际尺寸进行1:1建模,模型直径达到12m,为减小计算机CPU计算时间,按照先行刀安装半径,在土体表面绘制沟槽,模拟先行刀的预切作用。

②设置刀盘贯入度为50mm/r。

③刀盘旋转速度为1r/min。

④在土体切削面施加均匀面压力,模拟泥水压力对掌子面的支撑作用。

⑤土体模型底面完全约束;土体四周面设置非条件反射边界,用于模拟土体无限大;土体正面为与刀盘接触的自由面。

2)仿真结果分析

(1)土体应力及失效情况分析

刀盘掘进过程中,刀具对土体产生一个剪切作用,当土体受到的应力超过土体的抗剪强度时,土体发生剪切变形,图4.2-9为刀盘掘进过程中土体的等效应力云图,其中蓝色部分为应力较大区域。土体变形失效在仿真中表现为刀刃处土体发生断裂,单元失效删除。各荷载步的土体失效情况如图4.2-10所示,其中浅蓝色区域为土体失效区域,随着刀盘的旋转,盾构机刀具逐渐对掌子面进行切削,失效区域逐渐增大。

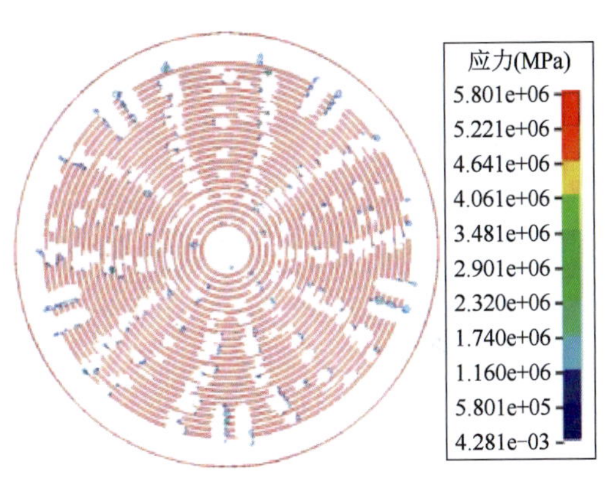

图4.2-9 土体等效应力云图

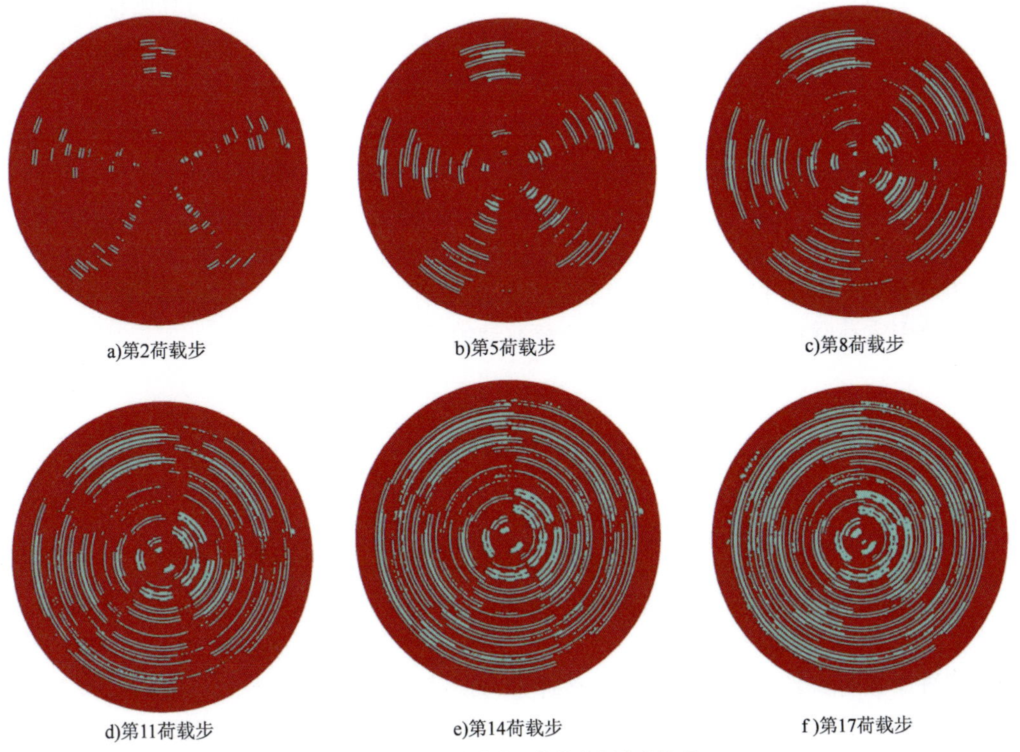

图4.2-10 各荷载步土体的单元失效情况

(2)刀盘荷载及荷载波动分析

刀盘荷载随着刀盘的掘进不断变化,如图 4.2-11 所示。刀具刚接触土体时,刀盘荷载在短时间内升高,然后由于盾构机刀具之间的重合度,前一个幅臂会帮助后面幅臂上的刀具切除刀具重合的区域,实际上刀盘受到的荷载相比刚开始掘进时会逐渐减小,最终趋于稳定。

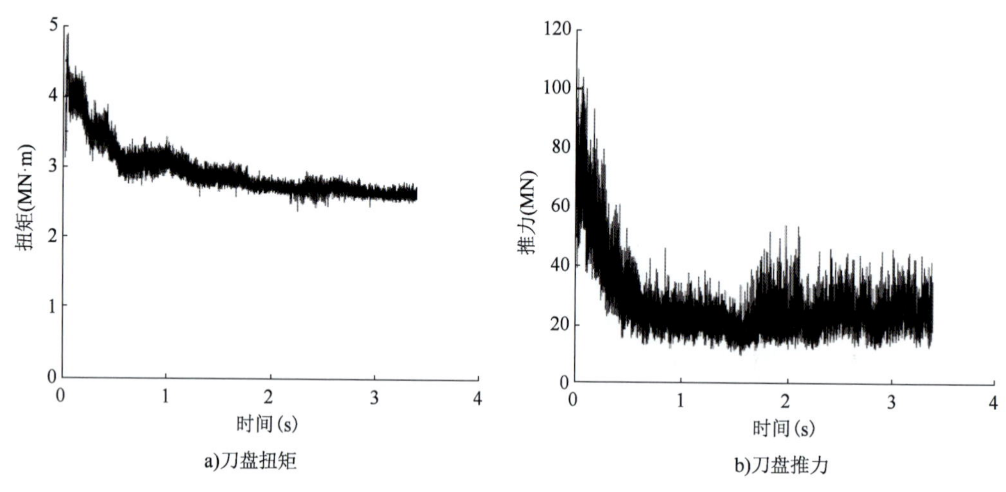

图 4.2-11　刀盘载荷随时间变化曲线

盾构掘进主要是利用盾构机刀具来切削和剥离掌子面土体,掘进过程中刀盘整体受荷不均匀会导致刀具产生剧烈磨损,从而导致刀盘上刀具受载不均匀;反之,刀具磨损之后的刀具不均匀受荷也会加剧刀盘整体受荷不平衡,从而影响整个刀盘的掘进性能。刀具的磨损情况越严重,刀具的寿命越短,对刀盘整体荷载均匀性的影响越大。由于盾构机刀具主要起到切削土体作用,切削力是刀具的主要荷载,对刀具磨损起很大的作用。刀具切削力越大,刀盘扭矩越大。故将刀盘扭矩作为衡量刀具磨损的指标,刀盘扭矩越大,刀具寿命越短。

刀盘的荷载波动大小将会直接影响到刀盘自身的稳定性以及其使用寿命,尤其针对工程地质,砂土的密实程度较大,当掘进过程中刀盘荷载的波动过大,极有可能对刀盘产生极大的倾覆力矩以及径向的不平衡力,导致刀盘上刀具在切削土体过程中产生冲击疲劳,加剧刀盘刀具磨损。故引入荷载波动系数 σ 来表示荷载波动的平稳性。

$$\sigma = \frac{1}{M_g}\sqrt{\frac{\sum_{i=1}^{n}(M_i - M_g)^2}{n}} \tag{4.2-1}$$

式中:M_g——整个切削过程中的平均荷载,$M_g = \frac{1}{n}\sum_{i=1}^{n} M_i$;

M_i——切削过程中第 i 个时间步时的荷载;

n——时间步总数。

3)掘进参数对刀盘掘进荷载影响因素研究

(1)转速对刀盘掘进荷载的影响

以前文的数值模拟过程为基础,采用表 4.2-3 的地质参数,假设盾构机在掘进过程中的贯入度恒定为50mm/r,采用第2章得出的刀盘布置方案,研究不同刀盘转速情况下的刀盘掘进性能的变化规律。为探究刀盘转速对刀盘掘进性能的影响,分别设置刀盘转速为0.7r/min、0.8r/min、0.9r/min、1.0r/min、1.1r/min,模拟盾构机刀盘掘进过程,得到在粉细砂地层以及粉质黏土混粉土地层下刀盘掘进性能随刀盘转速的变化曲线,如图4.2-12和图4.2-13所示。

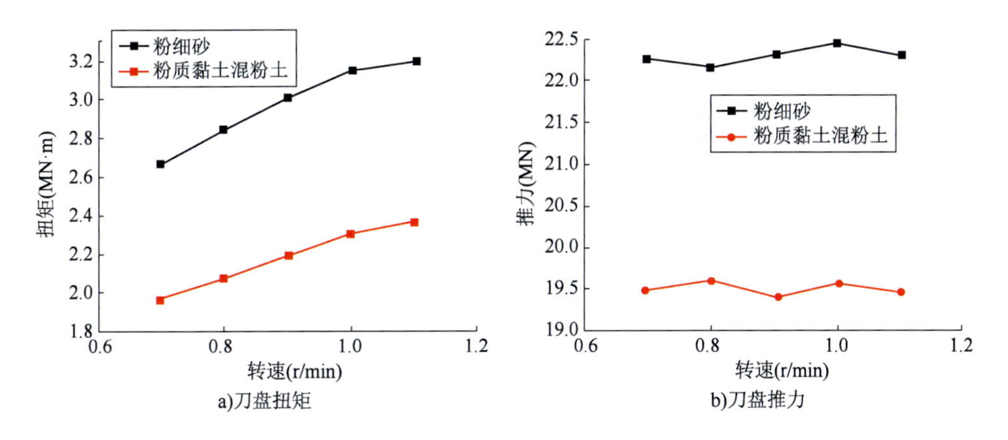

图4.2-12 转速对刀盘荷载波动影响

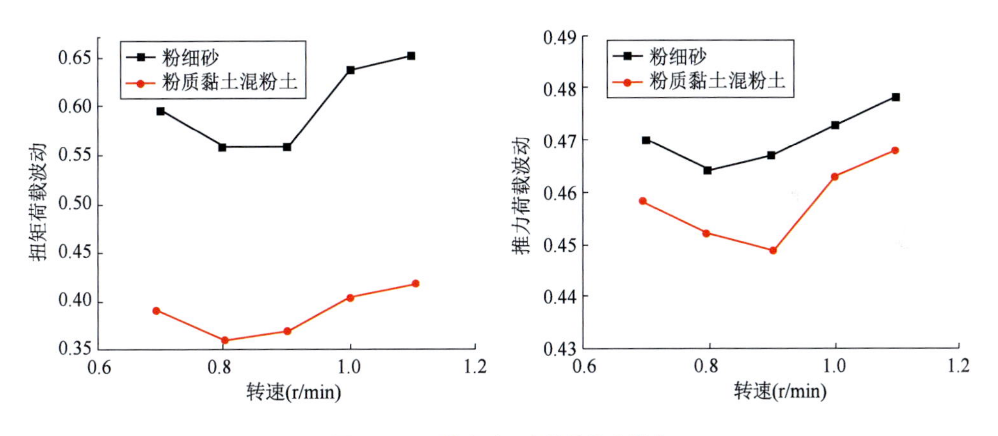

图4.2-13 转速对刀盘荷载波动影响

由图4.2-12可知,两种地质条件下刀盘扭矩随刀盘转速的变化趋势基本相同,均随着刀盘转速的增加而增加;刀盘推力随转速增加无明显变化;整体上粉细砂地层下刀盘荷载大于粉质黏土混粉土地层。由图4.2-13可知,两种地质条件下刀盘荷载的波动性均呈现先减小后增大的趋势。综合分析得,刀盘在粉细砂地层中掘进时的荷载波动大于在粉质黏土混粉土中掘进时的荷载波动;当刀盘转速在0.8~0.9r/min时刀盘的荷载波动较小,刀盘稳定性高。

(2)贯入度对刀盘掘进荷载的影响

以前文的数值模拟过程为基础,采用表4.2-3的地质参数,假设盾构机在掘进过程中的转速恒定为1r/min,采用第2章得出的刀盘布置方案,研究不同刀盘贯入度情况下的刀盘掘进性能的变化规律。为探究刀盘贯入度对刀盘掘进性能的影响,分别设置刀盘转速为30mm/r、

35mm/r、40mm/r、45mm/r、50mm/r，模拟盾构机刀盘掘进过程，得到在粉细砂地层以及粉质黏土混粉土地层下刀盘掘进荷载随刀盘贯入度的变化曲线，如图4.2-14和图4.2-15所示。

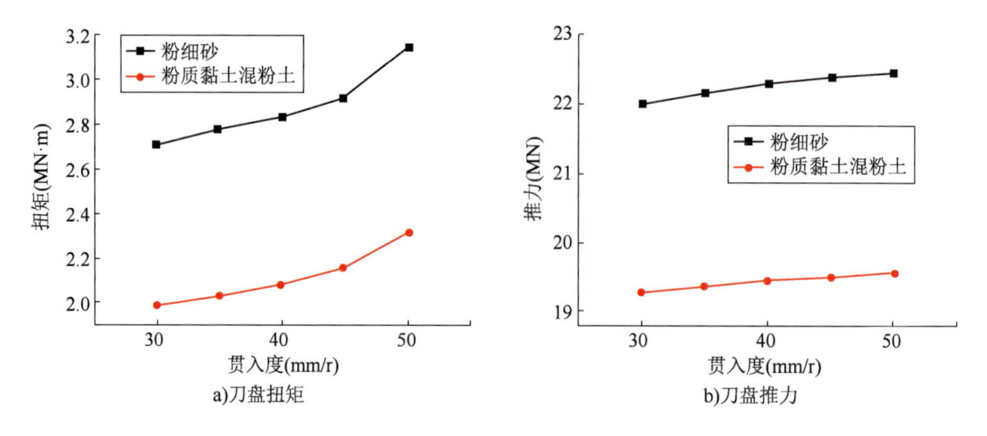

图4.2-14　贯入度对刀盘荷载的影响

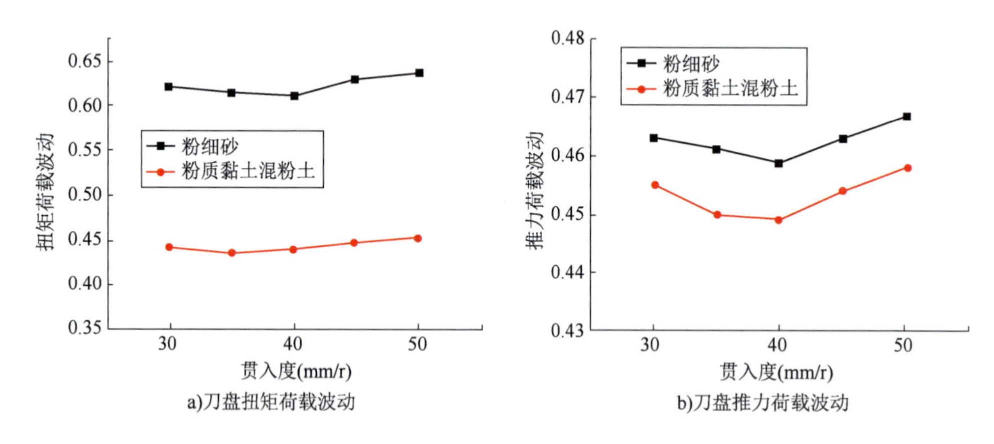

图4.2-15　贯入度对刀盘荷载波动影响

由图4.2-14可知，两种地质条件下刀盘扭矩和刀盘推力随刀盘贯入度的变化趋势基本相同，均随着刀盘贯入度的增加而增加；整体上粉细砂地层下刀盘载荷大于粉质黏土混粉土地层。由图4.2-15可知，两种地质条件下刀盘荷载的波动性均随着贯入度的增加呈现先减小后增大的趋势。从图中可以得出贯入度变化对刀盘荷载波动影响程度较小，对刀盘荷载稳定性的影响较小。故贯入度的最优取值范围可以适当扩大，取35～45mm/r，此时刀盘受载较小且刀盘稳定性高。

4.2.4　实际工程掘进参数应用

在盾构机刀盘缓慢向前推进过程中，通过PLC控制系统对盾构机掘进参数进行实时监测，获得相关的掘进参数，包括刀盘转速、推进速度、扭矩、推力、盾构机行程位置、推进液压缸压力等数十个参数。工程每一环的施工包括盾构机掘进，管片、箱涵安装以及相关设备检查维修等。根据现场数据，一般每环的施工时间为2h，其中盾构机掘进时间约为1h。

根据地质勘察相关文件，对 1350～2200 环（粉细砂地层）与 2200～2500 环（粉质黏土混粉土地层）两种地质条件下刀盘掘进参数进行统计与整理，与前文刀盘掘进参数设计值进行对比分析。

（1）粉细砂地层

针对苏通 GIL 综合管廊工程大直径泥水平衡盾构机施工工程 2018 年 1 月 20 日至 2018 年 5 月 5 日（即 1350～2200 环）施工过程中每环的刀盘掘进数据进行统计与整理，如图 4.2-16 和图 4.2-17 所示。根据地质勘查相关文件，该盾构机掘进段均为粉细砂地层。该段日平均进尺为 16m，掘进速度高于同类地层其他工程，且未出现刀具刀盘磨损严重问题，证明了设计的合理性。该段内盾构机刀盘转速在 0.78～0.98r/min 范围内波动，平均转速为 0.86r/min，根据刀盘转速直方图可以看出刀盘转速多集中在 0.8～0.9r/min 范围内。贯入度在 28.86～49.50mm/r 范围内波动，平均贯入度为 39.76mm/r，根据刀盘贯入度直方图可以看出刀盘贯入度多集中在 32.5～46.5mm/r 范围内。

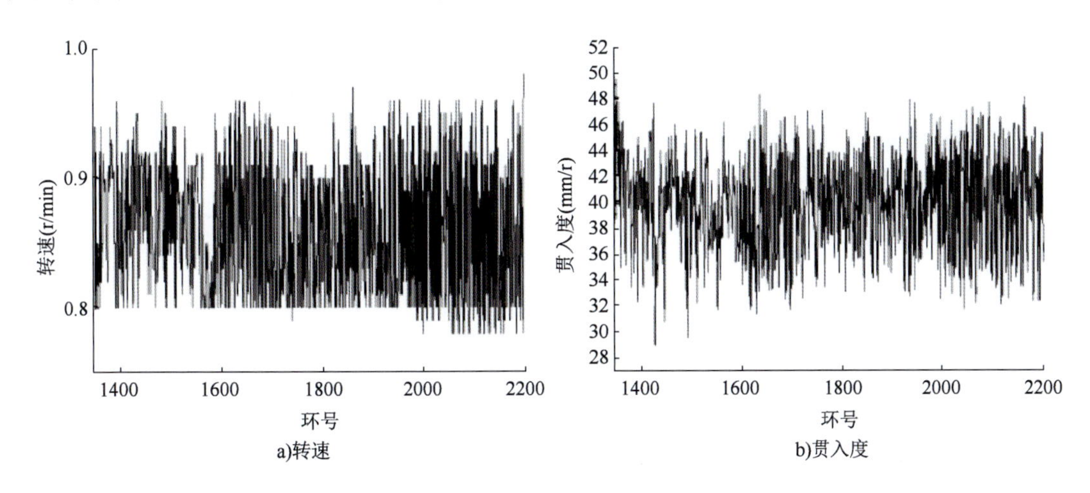

图 4.2-16　每环掘进参数变化曲线

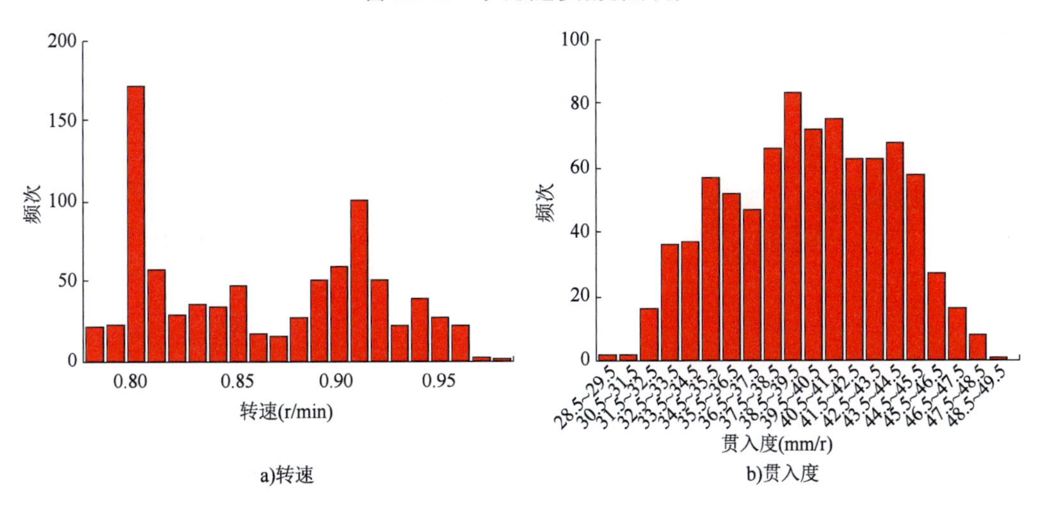

图 4.2-17　掘进参数统计直方图

(2)粉质黏土混粉土地层

针对苏通 GIL 综合管廊工程大直径泥水平衡盾构机施工工程 2018 年 5 月 5 日至 2018 年 6 月 21 日(即 2200 ~ 2500 环)施工过程中每环的刀盘掘进数据进行统计与整理,如图 4.2-18 和图 4.2-19所示。根据地质勘察相关文件,该盾构机掘进段大部分为粉质黏土混粉土地层。其中换刀及停机检修共 9d 时间,该段日平均进尺为 16.8m,掘进速度高于同类地层其他工程,且未出现刀具刀盘磨损严重问题,证明了设计的合理性。该段内盾构刀盘转速在 0.78 ~ 0.98r/min 范围内波动,平均转速为 0.86r/min,根据刀盘转速直方图可以看出刀盘转速多集中在0.8 ~ 0.9r/min 范围内。贯入度在 29.56 ~ 46.60mm/r 范围内波动,平均贯入度为 39.71mm/r,根据刀盘贯入度直方图可以看出刀盘贯入度多集中在 31.5 ~ 46.6mm/r 范围内。

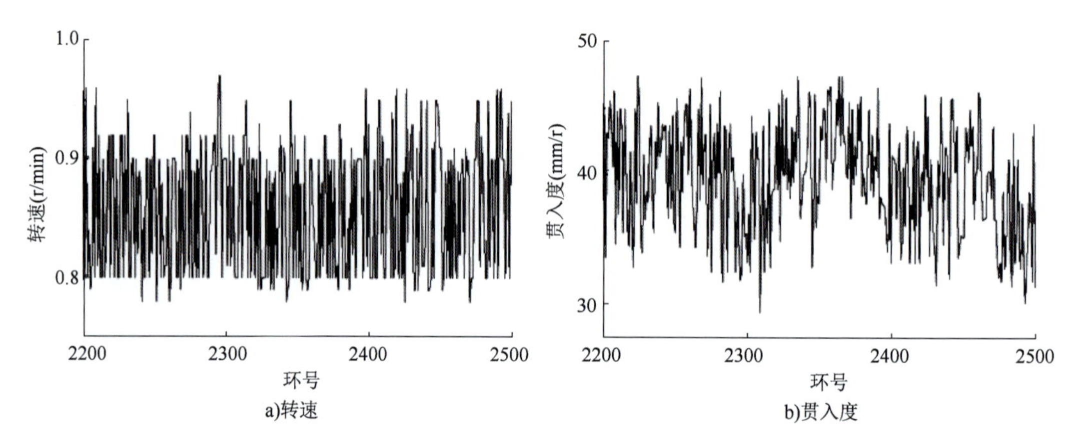

图 4.2-18 每环掘进参数变化曲线

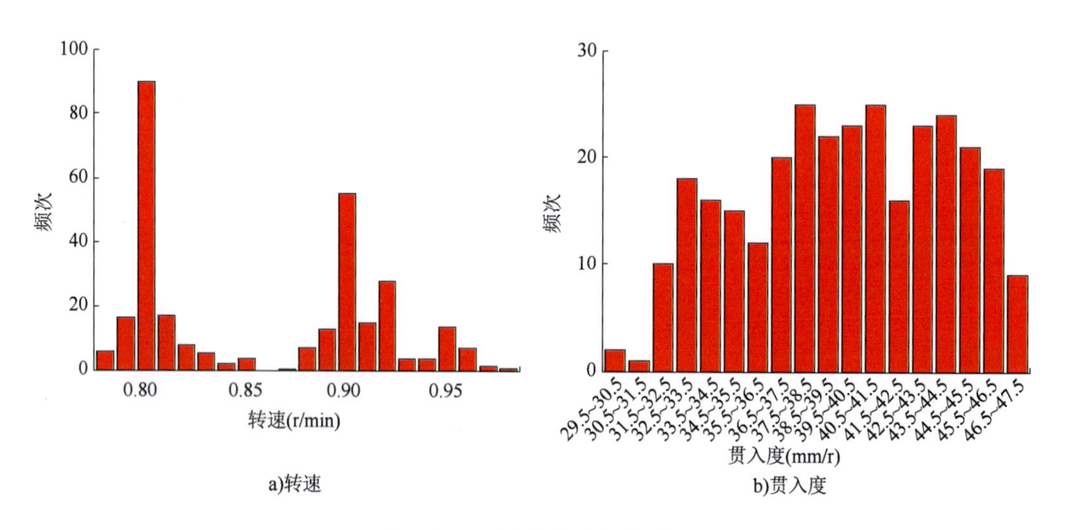

图 4.2-19 掘进参数统计直方图

通过仿真分析得出,当刀盘转速在 0.8 ~ 0.9r/min、贯入度在 35 ~ 45mm/r 范围时,掘进性能较优,这与实际工况基本一致,验证了基于刀盘荷载的掘进参数设计方法的合理性。

图 4.2-20 为苏通 GIL 综合管廊工程掘进过程中刀盘推力和扭矩随环号变化的散点图,刀盘荷载均在合理范围内。

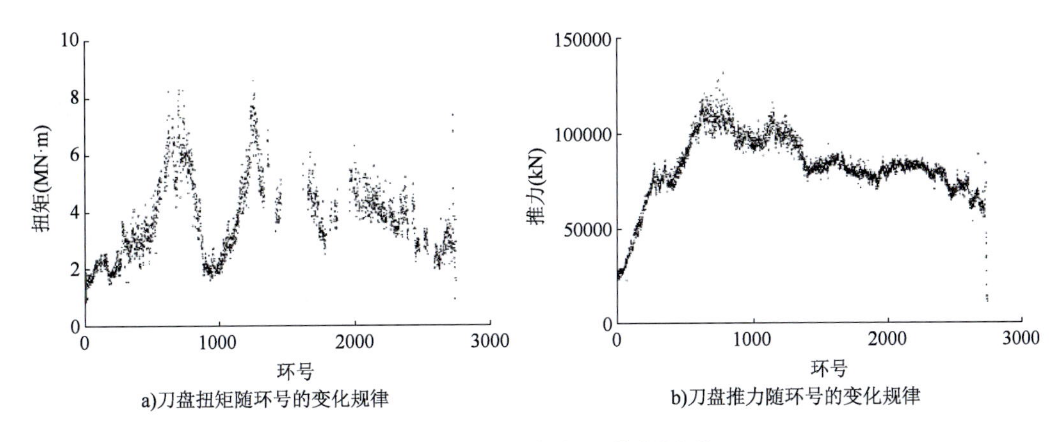

a)刀盘扭矩随环号的变化规律

b)刀盘推力随环号的变化规律

图4.2-20 刀盘荷载随环号的变化规律

4.3 刀具更换技术

4.3.1 刀具更换方式

1)常压换刀与带压换刀技术的对比分析

苏通GIL综合管廊盾构法段线路最低点处水深约79.8m,最大水压力为0.798MPa,江中最大覆土厚约46m,水土压力最大值约为0.95MPa,为国内同类工程之最,施工难度极大。盾构机进入冲槽过程中覆土急剧减少,水土压力变化较大,易产生塌方、冒顶等灾难性事故。在超高水土压力条件下,工作人员带压进仓换刀具有较高的安全隐患,换刀作业的可操作性差,工作效率低。另外,盾构机开挖所处的地层具有埋深大、水压高、渗透性强、开挖面自稳性较差的特点,同时在此类地层中带压进仓作业的气密性不容易得到保证。相比于带压换刀,常压换刀的优点如下:

(1)安全性高。传统的高压进仓作业需要在几倍大气压下工作,并且需要直接面对掌子面。鉴于苏通GIL综合管廊工程隧道上覆土压力超过0.95MPa,超过国家标准允许的最高0.35MPa高压作业压力,带压换刀作业无疑具有极高的风险。而常压换刀时,整个换刀工作处在常压下,作业条件好,安全性高。

(2)工作效率高。常压换刀平均2h更换一把刀,一次停机换刀仅需2~3d时间。相比之下带压换刀作业,每次进仓只能工作1.5h,出仓减压需要3~4h,每次换刀需要12~15d。

(3)施工成本低。带压换刀需由专业人员进行,并需配备专业的保障设备,且效率极低。人员费用、设备使用费用等较高。而常压换刀作业中,熟练的工人即可完成操作,人员、设备成本较低。

常压换刀技术与带压换刀技术对比见表4.3-1。

常压换刀技术与带压换刀技术对比分析　　表 4.3-1

对比项目	常压换刀技术	带压换刀技术
安全性能	刀具更换流程都处在常压环境下,工作条件较好,安全性能较高	需要在最高覆土压力 0.95MPa 条件下作业,超出国家标准允许的 0.35MPa 作业条件,风险性极高
施工效率	平均每 2h 更换 1 把刀,每次停机只需要 2 ~ 3d,换刀效率较高	每次进仓的工作不得超过 1.5h,每次刀具检查与更换需要 12 ~ 15d 时间
施工成本	熟练的技术工人即可完成换刀操作,人员、设备的成本相对较低	由专业人员完成换刀作业,并配备专业的保障设备,人员费用、设备使用费较高

2)泥水平衡盾构机刀具更换方式的选择

基于常压换刀技术和带压换刀技术的对比分析结果表明,常压换刀技术具有安全性好、工作效率高以及施工成本低等一系列显著的优点。因此,苏通 GIL 综合管廊工程在综合考虑盾构法段工程地质条件的基础之上确定了以常压换刀为主的大直径泥水平衡盾构机刀具更换方案。鉴于带压进仓换刀作业的风险很大,成本较高,原则上不进行带压换刀作业。图 4.3-1 为常压进仓换刀作业实施情况。

a)

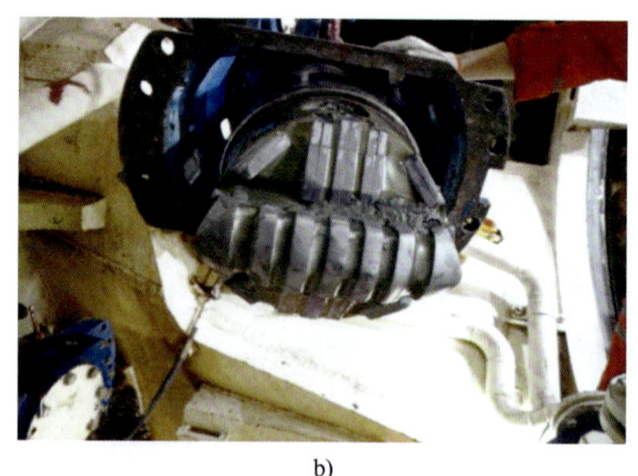

b)

图 4.3-1　常压进仓换刀作业实施情况

3)基于常压换刀工艺的优化设计

针对传统常压换刀工法的不足,对常压换刀工艺可进行如下优化。

(1)改进换刀工艺原理

取消导向螺杆的设计,改用更安全的液压缸顶推式设计,增加换刀套筒之后重新设计了和换刀套筒相配套的换刀用多级液压缸,这样每次刀具“提升/下降”时,换刀人员只需通过手动阀门控制液压缸伸缩即可,大大提高工效,消除了原设计中的安全隐患。

(2)改进刀头安装方式

根据“所有可更换刀具都具有防错装装置”的设计原则,采用定位销适配孔的先进设计理念,同时将正方形的刀头适配孔改为长方形,确保刀头方向不可能出现安装错误。

(3)改进刀头固定方式

为了改进刀头螺栓易断裂的问题,改进刀头固定方式,采取了如图 4.3-2 所示的横向设置固定螺栓的方式。

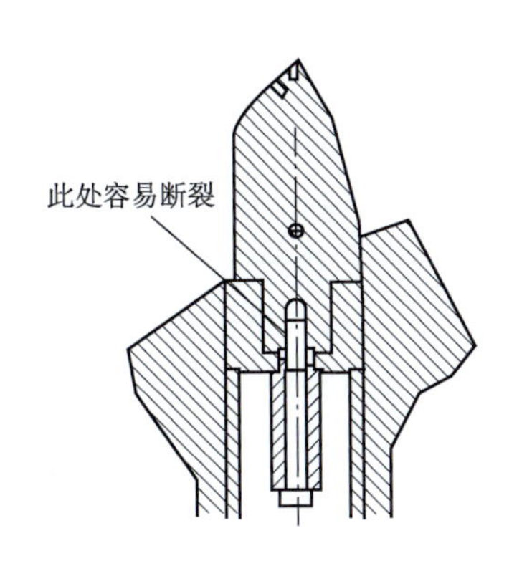

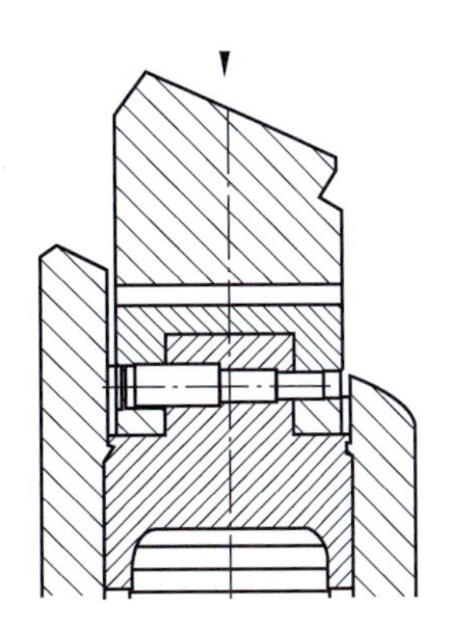

图4.3-2　纵向和横向刀头固定螺栓对比

4.3.2　刀具更换方法

1)准备工作

(1)停机准备工作

停机前必须做好盾尾封堵、砂浆弃置、盾尾油脂注入等工作。

①停机流程。

a.停机前一环使用高浓度高黏度泥浆掘进。

b.在停机前一环最后50cm范围内,同步注浆不再注入砂浆,而是改注膨润土,以防盾尾被包裹。

c.停机前两环增大盾尾油脂注入量,注入量为平时的1.5倍以上。

d.停机时将气垫仓液位维持在高于中线0.5~1m的位置。

②停机换刀期间的工作内容。

a.每班测量一次盾构机姿态,观察其变化,若有较大变化,要及时恢复掘进,脱离危险地段。

b.不间断观测盾尾密封油脂和HBW密封油脂的工作压力,其值不得低于外部水土压力。

c.每班手动注入一次盾尾密封油脂和主驱动和搅拌器HBW密封油脂,以压力超过外部水土压力1.5倍为准。

d.每班观测并记录气垫仓压力和液位情况。

e.每班观测开挖仓泥浆参数劣化情况。

f.若开挖仓泥浆参数低于设定值,通过同步注浆泵直接向开挖仓底部注入相对密度不超过1.15、黏度不低于30s的高浓度泥浆,同时通过顶部放浆管将劣化浆液放出;以在开挖仓内维持高质量泥浆,在掌子面形成致密泥膜,使开挖仓泥浆在气垫仓压力下对掌子面形成有效的支撑。

(2)膨润土置换

换刀前进行长时间泥水大循环,循环时间以泥浆管进出泥浆指标一致、泥浆站分离设备不出渣为标准,尽可能多地带走土仓内渣土,以防止细小砂砾在换刀时进入刀腔,造成刀具安装困难;每隔12h必须进行一次高浓度泥浆注入工作,以防止开挖仓内因换刀时注水导致的泥浆指标下降，保证掌子面能形成较好的泥膜，防止刀具更换期间掌子面坍塌。在确定换刀位置后，应在之前及时对开挖仓进行泥浆置换，具体流程如下：

①采用相对密度为1.1~1.15、黏度为20~23s的稀泥浆进行1h的大循环浆液置换，使浆液在地层中形成较厚的泥膜渗透带；然后在泥浆场调浆进行第二步操作。

②采用相对密度为1.1~1.2、黏度为25~30s的泥浆再进行1h的大循环浆液置换，使浆液在开挖面表面进一步形成较厚的致密泥皮，静止2h后观察液面稳定情况。

③停止泥浆循环之后，为了确保在长时间换刀作业过程中开挖仓内泥浆质量的稳定，必须采用黏度不小于30s、相对密度不大于1.15的高浓度高质量泥浆直接用同步注浆泵向开挖仓进行补注，确保掌子面稳定。

常压换刀时，如换刀时间过长，泥膜容易破损或开裂，有水土要在裂纹处流出，这样就不能保证掌子面的稳定，故要及时对掌子面泥膜进行修复。根据地层情况，调整泥膜的修复黏度和相对密度。盾构机控制室内需要安排专门值班人员，密切留意盾构机液面和气仓压力稳定情况，2h记录一次气压、切口水压以及液位情况，通过数据的变化来判断泥膜的情况。如判断出泥膜损坏，要及时对开挖仓内的泥浆进行置换，然后通过气泡仓压力和泥浆液位情况，来判断是否形成优质泥膜。每隔2h从盾尾顶部掌子面放浆口处放出泥浆进行一次检测。若泥浆出现离析或检测质量不符合要求，要及时对开挖仓内的泥浆进行置换，保证掌子面泥膜、泥浆符合要求，不出现泥浆劣化现象。

(3)刀具更换准备工作

缓慢转动刀盘，使所需更换刀具的刀臂呈竖直方向位于底部，连接好2根高压气管，分别放到中心锥和刀臂中(气管通风为换刀人员提供呼吸空气)；1根高压水管(开关刀具闸门时起冲洗作用)；接好仓内照明(要求24V电源)。刀具的抽出及安装应使用独立的液压泵站，连接好2根高压油管(15MPa)至刀臂内(用于刀具抽出及安装)。为方便操作，液压泵站应使用有线或无线遥控器操作。具体更换刀具准备工作流程如下：

①根据刀具更换检查计划编写本次更换检查刀具的技术、安全交底。

②检查更换刀具前，做好同步注浆管的封堵及中心锥、刀臂内有害气体检测。

③对所有换刀工具进行全面检查并做好记录，外观存在安全隐患的机具、设备严禁使用并及时送地面维修车间更换。

④对气动葫芦、吊钩等机具进行检查，发现有磨损时要及时更换。

⑤将刀盘旋转到需要检查刀具所在的主臂垂直于盾构机水平轴线。打开刀盘中心体上的人孔进行通风。连接气管、水管、液压管、照明电缆等。根据刀具磨损的一般规律，最外圈的边缘刀具磨损最快。在换刀作业前首先将刀盘旋转到主臂处于最底部的位置，开启中心锥的仓门，连接气管，安装通风机，置换刀盘中心体内部及刀臂的空气，降低换刀仓内的温度。

2)常压下更换刀具基本条件

(1)相关刀盘臂转到更换位置(6点钟位置)。

(2)刀盘处于静止状态，并防止重新启动。

(3)刀盘内部已清洁，特别是刀具的固定部件和螺纹连接处的清洁。

(4)滑板已清洁和润滑。

(5)为挖仓提供新鲜空气，空气质量满足工作要求。

(6)具有专业资质并接受过海瑞克公司培训、经过认证的人员。

(7)已准备好冲洗过程的供水管路,供水管路上已连接带压力表的球阀。

(8)确保气动葫芦的压缩空气供应。

(9)为带垫圈的螺栓和刀具准备容器,例如小桶、盛接油的容器等。

(10)准备辅助工具/辅助刀具,例如升降机、起重连接件、固定螺栓、相应的伸缩液压缸、液压阀块。

(11)已准备新的刀具。

3)刀具更换操作流程

根据换刀专用图纸,选择对应的液压缸、刀箱,要求仔细核对选用正确的液压缸和刀箱。如果所选刀箱短,刀抽不出;如果刀箱较长,刀具会在闸门未关时被提前抽出,因而导致泥浆从刀腔喷出,造成事故。

刀具拆除流程如下:

(1)取掉刀箱后部盖板上的螺栓和垫圈,取下盖板,准备安装多级液压缸,如图4.3-3所示。

(2)安装多级伸缩液压缸,根据图纸,查找刀具所需使用的多级伸缩液压缸行程规格,将伸缩液压缸装入刀箱,固定带垫圈的螺栓,如图4.3-4所示。

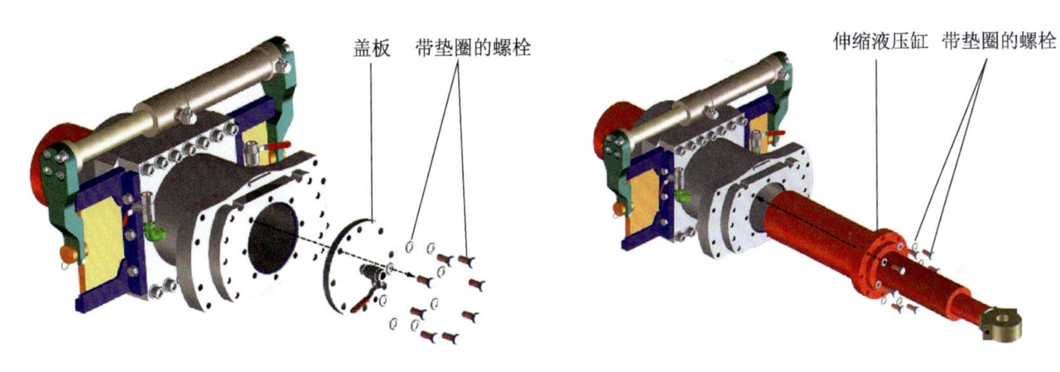

图4.3-3　拆卸后盖板

图4.3-4　安装多级伸缩液压缸

(3)安装外罩连接液压管,安装闸板杆和液压缸,如图4.3-5所示。

(4)抽出刀具,关闭闸门。多级液压缸缩回,拉回磨损刀具,直至完全缩回到位,将闸门开闭液压缸缩回,关闭闸门,如图4.3-6所示。

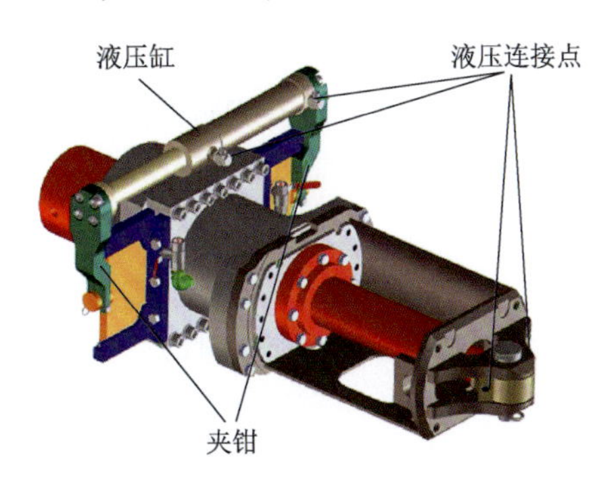

图4.3-5　安装液压管线和闸板杆

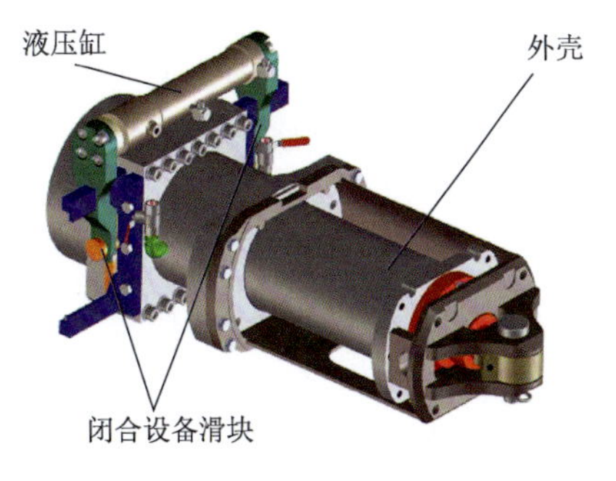

图4.3-6　抽出刀具,关闭闸门

(5)压力补偿。为冲洗可能塞住刀具的渣土,通过2个球阀注入1MPa压力水流,打开刀箱上的球阀小心地释放压力,然后关上,如图4.3-7所示。压力补偿在液压缸回缩的过程中一直进行,闸门关闭之后,关闭压力补偿。

(6)拆卸刀具。拆卸刀具之前,应通过开启压力补偿球阀,检查有无泥浆喷出,以确定闸门完全闭合。若有泥浆喷出,则还需设法将闸门完全闭合。用吊带将刀具固定基座一端拴好,缓缓移动刀具,将磨损的刀具与液压缸外罩一起拆下,直至刀头完全脱离固定基座的刀腔,如图4.3-8所示。

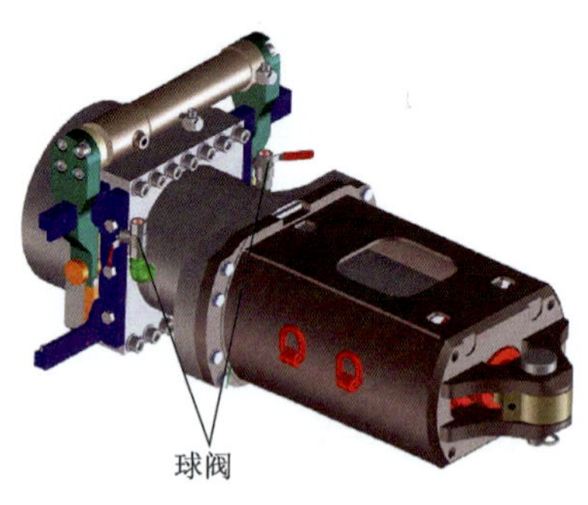

图4.3-7　压力补偿

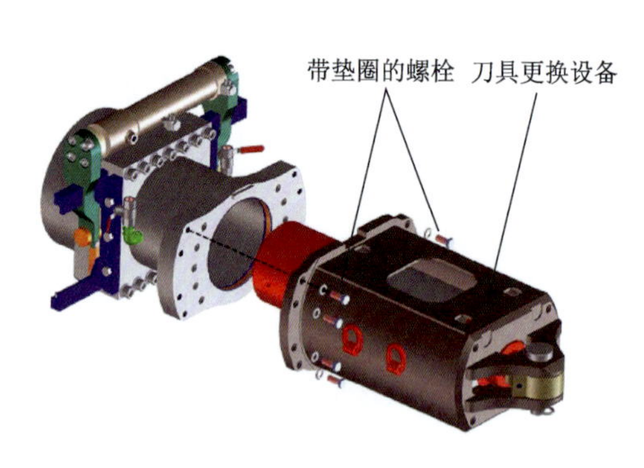

图4.3-8　移出刀具

(7)检查刀头磨损情况,确认是否更换刀头。对于不需更换刀头的刀具,可立即装回刀腔内固定。对于刀头有磨损的刀具,按上述流程逆序执行安装,更换新刀具。

4.3.3　刀具更换问题及对策

(1)边缘刀具开关闸阀的液压缸不容易安装到位

解决方法:从各角度尝试安装,成功安装液压缸后记录下安装角度和液压缸端头两个扳手的型号,以便下一次换刀时能快速安装。

(2)开关闸阀的液压缸缩回不到位

解决方法:逐项检查液压缸缩回不到位的原因,如压力是否达到要求、油路是否堵塞、液压油是否不足、液压缸缸体内是否有污染等。如排除故障所需时间较长,则先更换液压缸,再修理损坏的液压缸。

(3)闸阀不能关到位及出现漏水情况

解决方法:打开泄压阀,有较大压力,可以尝试用增大冲水压力、多次开关闸阀试着冲走异物的方法解决;多次尝试后仍然无法关闭闸阀,且水压力较大,则原刀装回;如果泄压阀压力不是很大,则采用已放入仓底部的水泵抽水,并在刀具抽出后及时盖上后端盖。装刀时,先开泄压阀泄压,再开后端盖装刀。

(4)刀座螺栓滑丝

解决方法:刀座出现螺栓丝孔滑丝时必须为滑丝孔攻丝,并更换新螺栓。

(5)刀具拆除困难

解决方法:刀具拆除困难,可能存在的问题是刀腔内有渣土,导致在拆刀过程中刀的摩阻力增大,而冲刷水的压力和流量又可能不够,无法将渣土冲刷干净,所以无法拆出;换刀时在装好液压缸后将节水阀的4个接口接上3个(必须将冲洗水管换成粗管,保证流量),这样能加大对填塞物的冲刷减小摩阻力。

(6)刀具安装不到位

解决办法:加大循环时间,减少渣土沉积,同时加大冲洗水流量压力。

(7)其他注意事项

①换刀前观察刀座处是否有渗漏,若有渗漏及时报告相关负责人,负责人根据现场情况确认有无风险并作相应处理,将现场情况报告项目主管。

②新刀具装入刀座前,必须由换刀负责人检查密封圈是否需要更换、所装刀具型号及刀头的安装方向是否正确,确认无误后在相应的液压缸上涂抹润滑油,方可装入。

③及时将更换下的刀头搬运出中心锥,以防止刀头在中心锥内堆积而影响其他换刀工作。

④对于换下的刀具,首先进行清理,清理干净后贴好标签、测量磨损值、记录并拍照存档。

⑤结束一个刀臂的换刀工作后,须及时进行清理。

4.4 本章小结

本章以苏通GIL综合管廊工程高磨蚀性密实砂层为研究背景,开展刀具磨损试验及掘进参数试验,揭示了密实砂层刀具磨损规律,提出了基于摩擦能量的刀具磨损数值模拟方法,对刀具合金硬度、掘进参数进行优化设计;通过建立刀盘掘进切削土体动力学模型,研究了工程地质条件、刀盘转速和贯入度对刀盘掘进荷载的影响规律,确定了刀盘掘进参数地质匹配性优化设计方案。针对特高压GIL电力管廊水土压力大、带压换刀作业危险性高等问题,研发了"套筒+多级液压缸"常压换刀装置,保证了超高水压易爆环境下的换刀安全,提升了换刀效率。

第 5 章

高水压盾尾密封系统设计与盾尾刷更换技术

大时代

盾智行

构未来

在盾构机推进过程中，在盾尾和管壁之间设有盾尾密封结构，用以防止周围地层的土砂、地下水及背后的填充浆液、掘削面上的泥水、泥土从盾尾间隙流向盾构机掘削仓以及防止同步压注的注浆材料的渗入。对泥水平衡盾构机而言，盾构机外壁充满压力泥水，一旦密封装置损坏或密封不良，压力泥水便会从盾尾内与衬砌环结合处大量涌入盾构机内，使盾构机无法正常工作。苏通GIL综合管廊工程隧道长距离穿越长江超高水压密实砂层，盾尾密封系统设计与盾尾刷更换是保证安全施工的关键技术。

5.1 盾尾密封失效原因分析

盾构机主要采用密封式结构，其主要体现在3个关键部位：前盾的主轴承密封、中盾与后盾之间的铰接密封、后盾与管片之间的盾尾密封。根据目前的施工经验，主轴承密封和铰接密封一般在施工中不易出现问题，但盾尾密封失效的情况则相当普遍。盾尾密封一旦失效，将会出现漏水、漏浆甚至地下水涌入隧道等一系列施工安全问题，进而造成严重的后果。

为尽可能避免由于盾尾刷损坏而导致的盾尾密封失效，现根据已有的工程经验对常见的盾尾刷失效原因进行分析总结，为盾尾刷的保护指明方向。常见的盾尾密封失效原因如下。

(1)盾尾刷手抹油脂涂抹质量差

盾尾处的充填油脂有一定的黏稠度，在自然状态下无法自行地渗入盾尾刷的刷毛中，因此在盾构机始发掘进前，需要对盾尾刷进行手抹油脂，使盾尾刷刷毛之间、盾尾刷与管片之间形成一层油脂润滑层，可有效地减少摩擦。如果手抹油脂不均匀，油脂填充不足，则不能形成有效的润滑层保护盾尾刷。

(2)同步注浆过程中注浆量及注浆压力过大

在同步注浆过程中，过大的注浆量及注浆压力将会致使浆液窜入油脂仓中结成硬块，甚至导致盾尾刷被击穿使盾尾刷立即失效，浆液结成的硬块会增大盾尾刷的摩擦，从而增加盾尾刷的日常磨损加速损坏，同时硬块会挤走一定量的充填油脂使油脂量减少，进而油脂压力降低。

(3)盾构机后退致使盾尾刷刷毛反卷

当盾构机停止掘进时，在泥水仓中泥水压力的作用下，容易发生盾构机后退的现象，使盾尾刷发生与盾构机掘进方向相反的移动。在盾尾刷与管片间反向摩擦力的作用下，盾尾刷刷毛将会发生反卷，使盾尾刷受损甚至失效。

(4)盾构机掘进距离过长

盾尾刷有一定的使用寿命，在盾构机掘进一段距离后，由于盾尾刷与管片间的摩擦，盾尾刷会发生日常损耗，当损耗达到一定程度时，盾尾刷将因为无法抵挡外界压力而失效，造成涌水涌砂的现象发生。

(5)油脂仓仓中油脂注入量不足甚至出现空仓

当油脂仓的油脂注入量小于其消耗量时，油脂仓仓内的压力将会下降，当油脂压力过小时，在盾尾刷内外压力差的作用下，注浆液会击穿盾尾刷，导致盾尾刷失效。

(6)硬块杂质或背后注浆浆液进入盾尾刷

在盾构机正常运行的情况下，盾尾刷与管片之间存在着一层厚度大约1mm的防水层与油脂润滑层,能有效地减少盾尾刷与管片间的摩擦,称之为“软摩擦”;但在硬块杂质或背后注浆浆液进入盾尾刷后,会破坏这层保护层,导致盾尾刷与管片外弧面刚性接触,增加盾尾刷的摩擦,形成“硬接触”。这种“硬接触”会对盾尾刷造成长期的磨损,从而导致盾尾刷的损坏。同时,当硬质杂质进入密封刷的间隙时,也将加快弹性钢板的磨损甚至会导致钢板折断。

(7)管片变形

管片拼装完全后理论上应为圆形,但现实中可能会拼成椭圆形,从而使管片与盾尾环形状不一致,造成局部盾尾间隙大小不一。在盾尾间隙过大一侧,盾尾刷密封性能下降,在外界压力作用下,浆液极有可能冲破盾尾刷薄弱环节形成渗漏通道,引起漏浆。

(8)管片错台

管片拼装过程中有可能产生错台。在形成错台,尤其是纵缝错台后,将会使得盾尾刷无法完全与管片背面紧密结合,这就容易形成浆液渗漏通道造成渗漏。

(9)管片破裂

在管片拼装或盾构机推进时管片可能产生破裂,管片破裂产生的碎片会随着盾构机的推进而进入盾尾环损坏盾尾刷。特别是在盾构机姿态产生较大的偏差时,局部的盾尾间隙过小,用盾构机千斤顶进行强行顶推,相邻管片的外壁在千斤顶的大推力状态下容易产生破裂,碎片从而进入盾尾间隙,损坏盾尾刷。

(10)盾构机姿态不良

由于盾构机表面与地层间的摩擦阻力不均匀,地层软硬不均、隧道曲线和坡度变化以及操作不当等因素的影响,盾构机推进不可能完全按照设计的隧道轴线前进,而会产生一定的偏差;开挖面上的泥水压力以及刀盘切削地层所引起的阻力不均匀,也会引起一定的偏差;在盾构机推进时盾构机的轴线与管片的轴线不一致,导致盾尾间隙大小不一,引起漏浆。同时,在盾尾间隙过小的一侧,盾尾刷长期受偏心管片挤压,会产生塑性变形,导致密封性能大大下降,容易造成渗漏。

(11)泥水仓堵塞

盾构机掘进开挖出来的岩土体在输送过程中容易造成泥水仓堵塞,使开挖仓泥水压力瞬间增加,当压力大于盾尾刷能够承受的最大压力时,将会使盾尾刷瞬间被击穿而失去密封性能。

5.2 盾尾密封系统设计

5.2.1 盾尾密封系统设计概述

盾构机掘进过程中,管片在盾尾位置拼装后由推进千斤顶推进盾尾,此过程盾体是连续向前移动的,盾尾和已装管片间存在相对滑动。由于管片外径小于盾体内径,因此管片与盾体之间存在一定的间隙,为了防止盾体外部的地下水和背填砂浆等通过此间隙进入盾构机内,必须对盾尾和管片间的间隙进行密封处理。目前大多数的盾构机都采用盾尾多道弹簧钢片与钢丝刷充填密封油脂的盾尾密封结构,盾尾的钢丝刷道数根据隧道埋深、水位高低来定。一般工程采用3道钢丝刷+充填油脂的形式,如图5.2-1所示,但苏通GIL综合管廊工程隧道穿越长江深槽段、水深大、断面水土压力在国内同类工程中罕见,盾构法隧道在江中靠南岸位置下穿一处深槽,深槽断面深度在-40m左右,深槽摆幅500m,隧底最大水土压力可达0.98MPa,施工难度极大,盾尾密封显得尤其重要。为此,苏通工程专门设计用于高工作压力的密封系统,包括4排钢丝刷、1个止浆板、1个钢板束和1个应急密封。

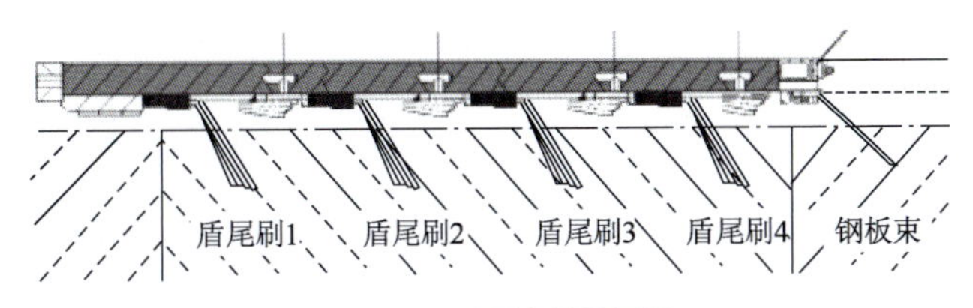

图5.2-1　盾尾密封装置图

盾尾密封泄漏问题一直都是盾构法亟待解决的一大难题,采用大型流体力学计算软件FLUENT模拟苏通GIL综合管廊工程泥水平衡盾构机盾尾钢丝刷中的油脂泄漏过程,校验4道盾尾钢丝刷的盾尾密封设计结构能否满足苏通GIL综合管廊工程需求。

5.2.2　盾尾密封系统数值模拟

1)盾尾密封三维模型

盾尾钢丝刷模型根据工程中实际盾尾钢丝刷进行建模,其结构如图5.2-2a)所示,图5.2-2b)为单个钢丝刷简化三维模型。

整个盾尾密封模型由4道钢丝刷组成,每道钢丝刷相距600mm,每个钢丝刷最靠近管片处的长度为137mm,宽度为200mm,高度为235mm。两道钢板与盾体夹角分别为125°和114°,模型尺寸如图5.2-2c)所示。

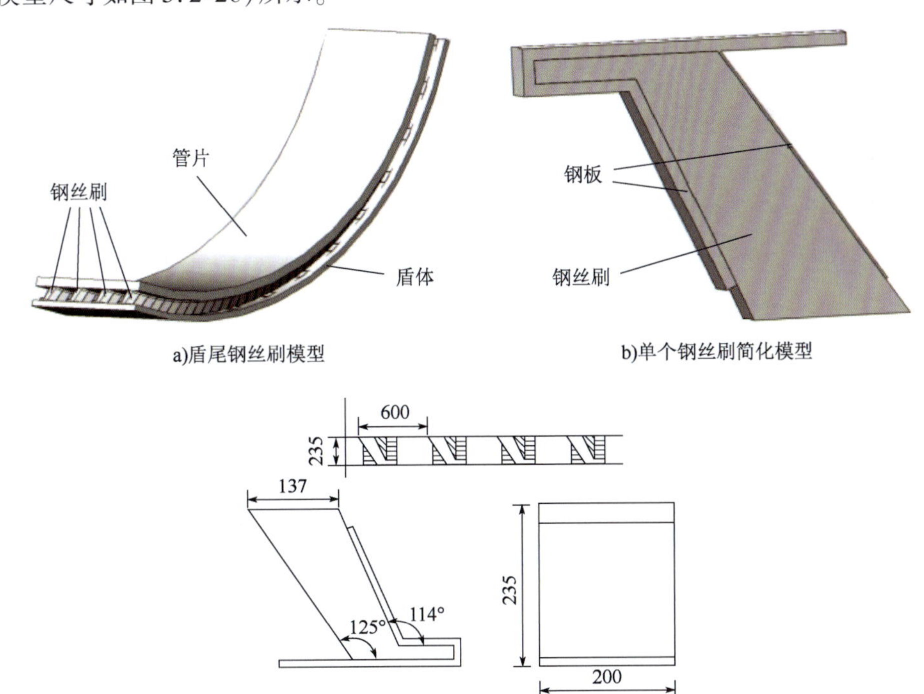

图5.2-2　盾尾密封刷结构(尺寸单位:mm)

2)盾尾密封仿真模型

以图5.2-3盾尾密封第一道钢丝刷单元流体域模型为例,流体域模型最终由钢丝刷流体域以及油脂仓流体域组成,其中钢丝刷区域设置为多孔介质区域来模拟实际情况下的刷丝间隙。

盾尾钢丝刷模型采用结构化网格划分方式,并增加各个流体域轮廓的节点数来提高网格质量以及计算速度,网格划分结果如图5.2-3所示,左边梯形流体域上下边长的节点数为35,宽节点数为48,高的节点数取63多孔介质区三边的节点数分别为40、48、60,右边梯形流体域较大,因此节点数相应增加,其上下边长的节点数为45,宽为48,高为63。根据扭曲率来判断网格质量,结构化网格质量已达0.8以上,网格质量良好,满足数值计算要求,网格数量为600364。

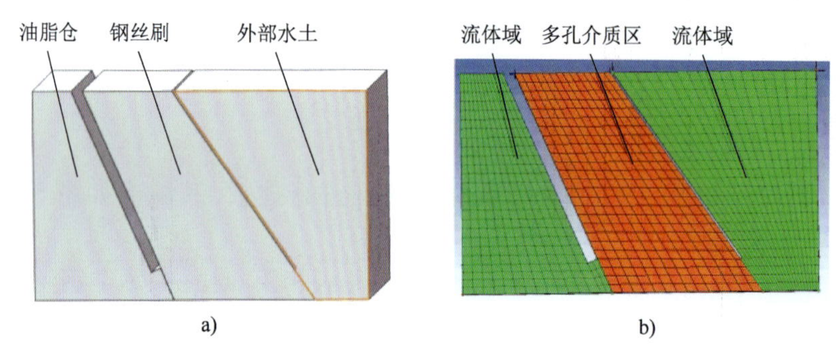

图5.2-3 模型单元网格划分

如图5.2-4所示,整个盾尾钢丝刷模型大致分为多孔介质区域以及一般流体域两个域,钢丝刷区域设置为多孔介质区,油脂仓以及水土压力仓设置为一般流体域。第一道钢丝刷与最后一道钢丝刷分别建立两个面为入口面和出口面,设置为压力入(出)口边界条件,其他壁面均采用无滑移边界条件。

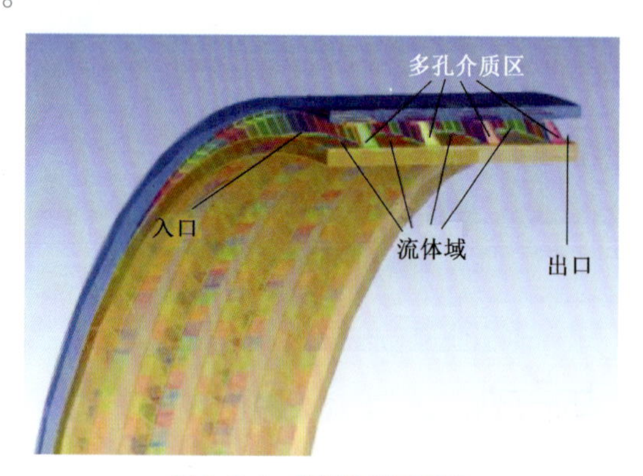

图5.2-4 模型边界示意图

5.2.3 盾尾钢丝刷密封性能研究

泥水平衡盾构机在掘进过程中,盾尾密封性能直接关系到盾构机是否能够正常推进,仿真模拟S1068盾尾钢丝刷的密封效果,检验盾尾密封设计结构在不同工况下的密封性,而后进一步探究钢丝刷两端压差对油脂泄漏量的影响。

1)不同工况下盾尾密封性能

以盾尾刷承受0.3MPa压力为例,工程地质条件下的盾尾钢丝刷两端的水土压力与油脂压力参数见表5.2-1,不同工况下盾尾刷流体速度云图变化规律如图5.2-5所示。

不同工况下水土压力与注脂压力参数表　　表5.2-1

工况	水土压力(bar)	注脂压力(bar)
工况一	0	3
工况二	3	6
工况三	6	9
工况四	9	12

如图5.2-5所示,在压差一致但水土压力与注脂压力不同时,不同工况下的速度云图无明显差别,当油脂经过钢丝刷钢板与管片缝隙时,随着过流面积的减小,速度急剧增大,而经过缝隙后流速则快速减小。不同工况下油脂泄漏速度数值相差较小,受盾体与两钢板压力作用,油脂几乎不向盾体方向流动,而是在紧挨着管片的区域轻微流动。

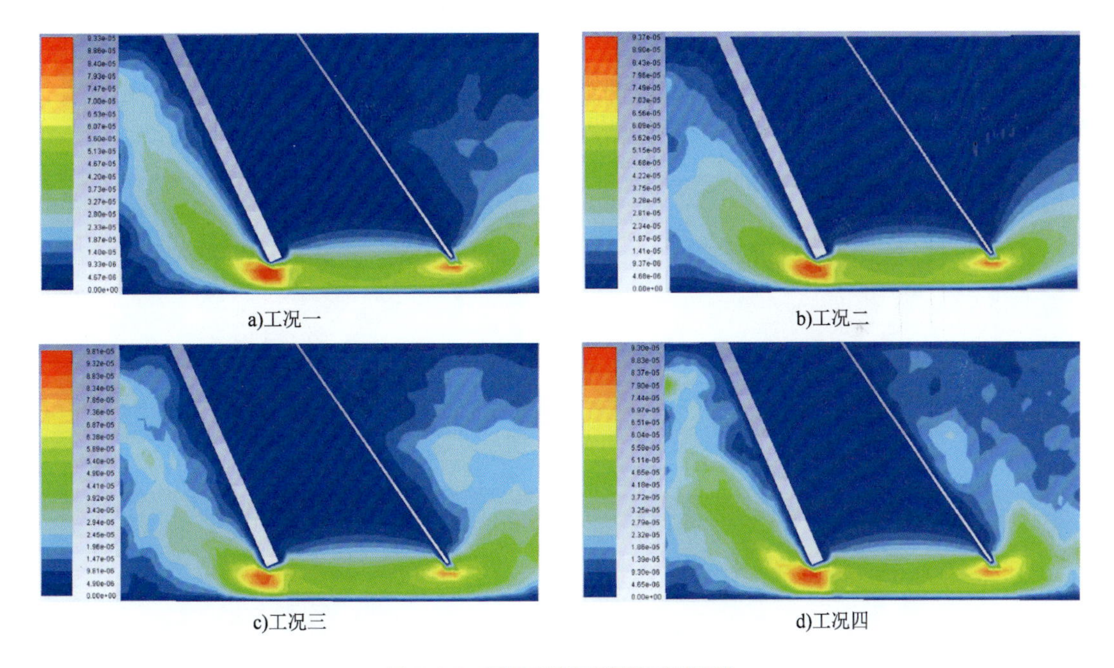

a)工况一　b)工况二

c)工况三　d)工况四

图5.2-5　不同工况下盾尾刷速度云图

图5.2-6为不同工况下钢丝刷区间速度随时间变化曲线图,曲线两端为钢丝刷钢板与管片缝隙区间,速度较大,四种工况速度曲线变化趋势相似,在水土压力与注脂压力压差为0.3MPa的情况下,油脂流速较小,四种工况下钢丝刷区域大部分流速都处于6×10^{-5}m/s以下。如图5.2-7所示,四种工况下油脂每小时泄漏量大致相等,分别为81.76kg、81.17kg、81.91kg、81.46kg,油脂泄漏量较小(一般工程认为油脂泄漏量在120kg以下,即密封效果良好),因此,苏通GIL综合管廊工程盾构机盾尾密封装置设计合理,可获得较好密封效果。

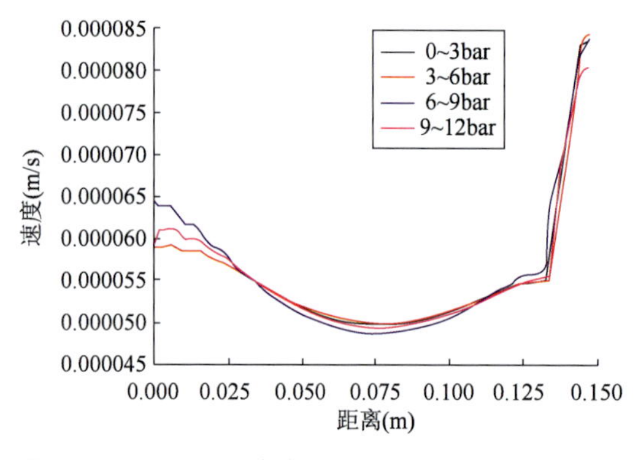

图 5.2-6　不同工况下钢丝刷区间速度随距离变化曲线图

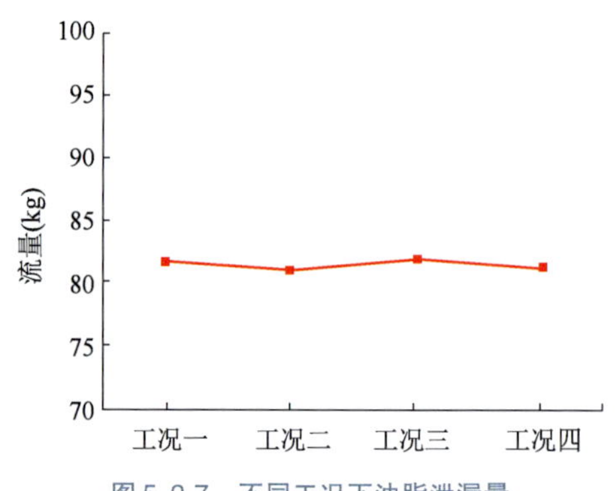

图 5.2-7　不同工况下油脂泄漏量

2)不同压差下盾尾密封性能

以盾尾的 4 道密封刷 +1 道钢丝束的盾尾密封系统为对象,分析钢丝刷两端压力差值对泄漏量的影响,设置了压差为 0.3MPa、0.4MPa、0.5MPa、0.6MPa 的 4 组仿真,分析其速度云图的变化。如图 5.2-8 所示,压差为 0.4MPa、0.5MPa、0.6MPa 下的油脂速度云图分布大致与压差为 0.3MPa 一样,油脂经过钢丝刷钢板与管片缝隙时其流速陡增,经过缝隙后流速快速降低,再次经过缝隙时流速再会增加。随着两道钢丝刷之间压差的增大,最高流速随之增大,同样受到盾体与两钢板压力作用,压差不同情况下的油脂几乎都不会向盾体方向流动。

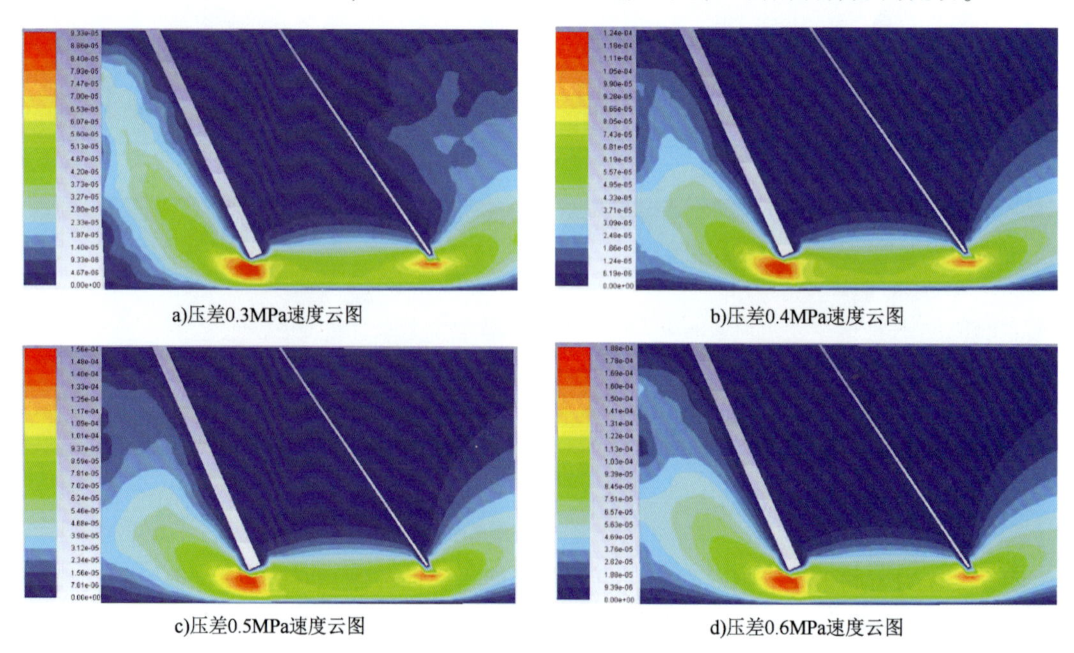

图 5.2-8　不同压差下注脂速度云图

图 5.2-9 为不同压差下钢丝刷区间速度随距离变化曲线,可以看出四种压差下的钢丝刷区间的泄露流速随压差的增大而增大。如图 5.2-10 所示,压差为 0.3MPa、0.4MPa、0.5MPa、0.6MPa 时,油脂每小时泄漏量几乎呈线性增长,可见两道钢丝刷的压差是油脂泄漏流体量的主要影响因素,压差增大,泄漏量也随之增大。

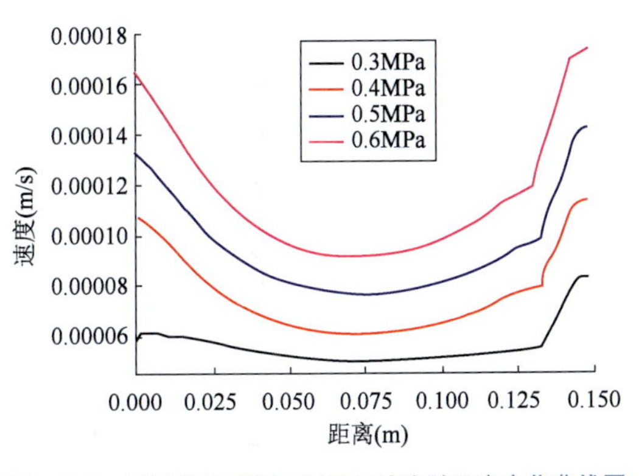

图5.2-9　不同压差下钢丝刷区间速度随距离变化曲线图

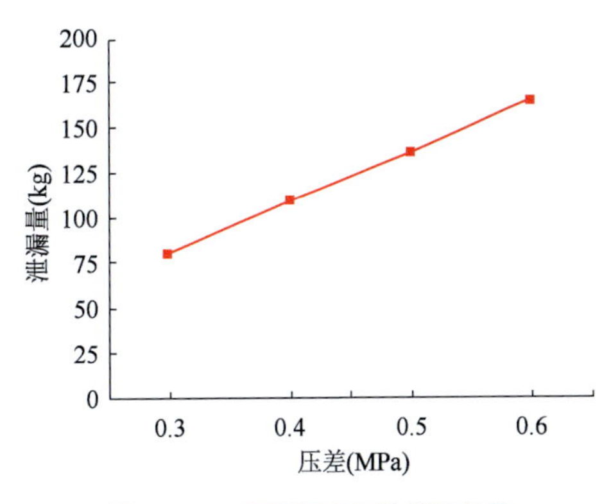

图5.2-10　不同压差下油脂泄漏量

由盾尾密封仿真分析可知，苏通GIL综合管廊工程采用4道盾尾密封刷+1道钢丝束的设计在0.3~0.4MPa压差以内可以获得良好的密封效果，能够有效防止盾构机外部泥水、注浆材料等泄漏进掘进仓，油脂泄漏量合理。

5.3　盾尾刷更换技术

5.3.1　盾尾刷更换时机

在盾构机工程施工中，需要根据盾尾漏水漏浆的具体情况判断是否需要更换盾尾刷。不同的盾尾渗漏情况有可能是由于不同的原因导致的，需要分析盾尾渗漏的原因，确定是否为盾尾刷失效。当发现盾尾渗漏的原因是盾尾刷失效时，需要更换盾尾刷。

当盾尾处刚开始发生少量的漏水漏浆的情况时，不必立即进行盾尾刷的更换，此时，可采取相应的措施进行漏水漏浆的封堵，如在每块管片的纵向及环向粘贴海绵条、加大盾尾密封油脂的注入量、定时监测采取封堵措施后盾尾的漏水漏浆情况等，并分析盾尾渗漏的情况，确定盾尾渗漏的原因。当渗漏出来的是砂浆时，有可能是由于注浆压力或注浆量过大引起的，需要检查注浆压力及注浆量是否异常，如果数值异常，则进行相应的调整，并检查调整后盾尾的渗漏情况；如果渗漏物为泥浆，则有可能是泥浆压力过大，需要检查泥浆压力是否异常，如果数值异常，则进行相应的调整，并检查调整后盾尾的渗漏情况；同理，如果发生渗水，则有可能是注浆压力和注浆量不足，需要进行相应的检查和调整。如果油脂仓的油脂压力及油脂量不足，则都会导致上述各种情况，因此出现上述各种情况，都需要进行盾尾油脂的补注。

当采取上述措施仍无法解决盾尾的漏水漏浆等问题时，则盾尾漏水漏浆的原因很有可能是因为盾尾刷失效。盾尾长期渗漏将会极大地妨碍盾构机掘进，增加盾构机施工工序，影响施工工期，增加施工成本。此时，为恢复盾构机的正常施工，避免漏水漏浆影响隧道施工安全，需要在盾构机到达最近距离较为稳定的地层后检查盾尾刷的损坏情况，如盾尾刷已失效，则需要及时更换盾尾刷。

由于盾尾刷需要在地层条件及所处环境较为良好的条件下进行更换，然而在盾构机掘进路线中，存在一些区间盾构机所处的环境不适合盾尾刷更换，需要避免出现在这些区间内发生盾尾刷失效而导致盾尾渗漏的情况，不适宜更换盾尾刷路段位置如图5.3-1所示。

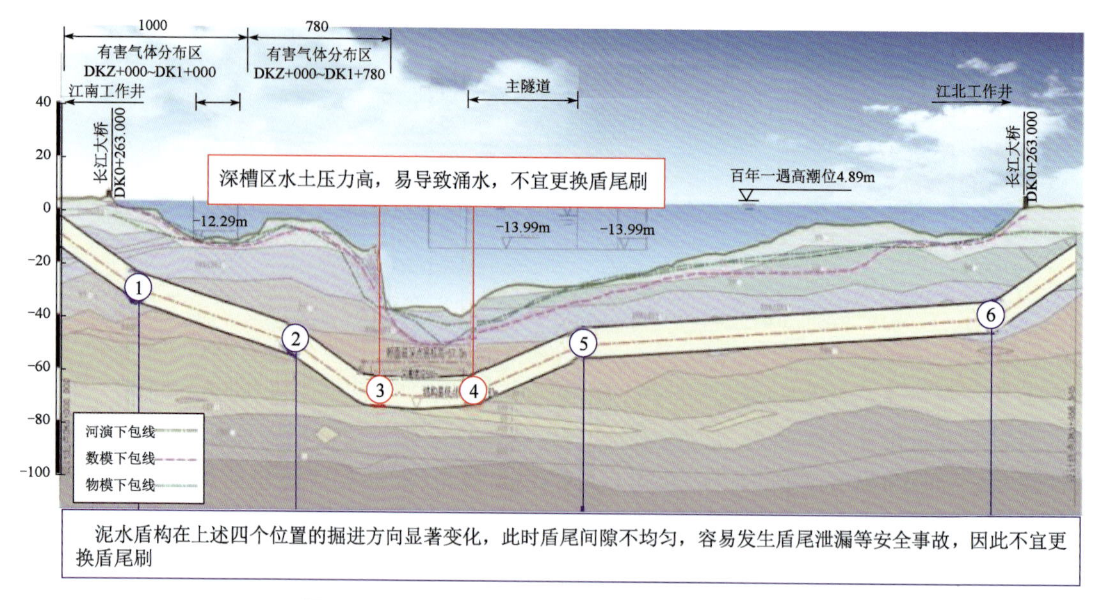

图 5.3-1　不适宜更换盾尾刷路段位置示意图(单位:m)

在区间①处,盾构机线路由5.0%的大坡度向下掘进变为2.3457%的坡度继续下行,在该处为盾构机线路的一个拐点,盾构机的掘进方向发生一定的变化,此时盾尾处的盾尾间隙不均,盾尾刷工作状态不良,容易发生盾尾泄漏。同理,区间②、区间④和区间⑤也是盾构机线路中的拐点,也容易发生盾尾泄漏。在区间③中,盾构机处于整个盾构机线路的深槽处,此时隧道埋深较大,水土压力极高,由于更换盾尾刷期间需要暴露前两道盾尾刷,此时盾尾密封性能较差,在该区间内更换盾尾刷,极有可能导致盾尾出现涌水,更换盾尾刷的安全风险极大,不适合进行盾尾刷的更换。因此,要避开这5个区间进行盾尾刷的更换。

由于盾尾刷失效时机具有不确定性,盾尾刷失效可能发生在盾构机掘进到上述5个不适合盾尾刷更换的区间中。为了避免在这5个区间中更换盾尾刷,需要在盾构机穿越这5个区间前,提前检查盾尾刷的工作状态,确保盾尾刷良好的密封效果,使盾构机顺利通过这5个不适合盾尾刷更换的区间。由于区间②与区间③相隔很近,所以就不需要重复检查,只在区间①、区间②、区间④与区间⑤前进行盾尾刷工作状态检查,根据隧道线路拐点所在位置,得出盾尾刷工作状态检查点的参考位置见表5.3-1。

盾尾刷检查点所在位置列表　　表5.3-1

位置编号	检查点1	检查点2	检查点4	检查点5
里程	DK0 +410	DK1 +410	DK2 +790	DK4 +910

5.3.2　注浆止水技术

1)注浆前准备工作

(1)替换高性能密封油脂

在盾尾刷更换期间,将会刨除前两道盾尾刷,且会除去前两道油脂仓内的油脂,因此,最后两道盾尾刷及相应的油脂仓则成为盾尾密封止水的最后一道防线。由于盾尾密封性能的下降，为了确保盾尾的密封效果，在停机前十环的掘进过程中，需将最后一道油脂仓中的普通油脂更换成黏结性、流动性更好的高性能急密封油脂。

在工程中选取的盾尾高性能密封油脂最好具有以下特点：抗水泥浆侵入，黏结性、止水性良好；耐高水压；流动性能优良、泵压送性良好；钢丝刷间充填容易；对管片中的凹凸处有顺应性；不易附着于管片表面上；不侵蚀管片的接缝密封垫。同时，其具有难燃性的优越性能，能有效降低由于盾尾刷焊接工作导致盾尾油脂燃烧的可能性，增加盾构机中焊接工作的安全性。

(2)添加海绵条

在盾构机停机前的最后十环掘进过程中，同步注浆将加大其注浆量，则浆液有可能会从衬砌管片的接缝间隙中漏出。为了增强隧道衬砌的密封性，减少由于管片接缝间隙出现的渗漏，需要在最后十环管片拼接时，每整环管片贴两道海绵条，保证施工安全。

(3)制作特殊管片

在盾构机日常掘进中，同步注浆通过尾盾的注浆管将浆液注入管片背后以充填间隙，一般同步注浆液的注浆质量有所保障。只有在局部地段，同步浆液凝固过程中，可能存在局部不均匀、浆液凝固收缩和浆液稀释流失的现象。为提高背衬注浆层的防水性及密实度，并有效填充管片后的环形间隙，在必要时才进行二次补强注浆。所以在非盾尾刷更换地段，可根据需要在某些盾构机隧道段的衬砌管片上设计一个预留二次注浆孔。

但是，在盾尾刷更换地段，由于需要暴露出两道待更换的盾尾刷而使密封性能大大减弱，需要采取注浆止水法加强盾尾止水效果，确保止水安全。为方便在需加强密封止水效果处进行注浆，可在该处设置一环特殊的管片，在该管片处设置注浆孔，用于相关浆液的注入。

在该环特殊管片上，新增加了30个预留孔，其中，封顶块F块增加2个孔，标准块和邻接块各增加4个孔。考虑到剪力销、螺栓孔以及真空吸盘位置等因素的影响，孔位尽量遵循平均分布的原则，此特殊管片的孔位依据相对管片中心对称的布置，当预留孔位与主筋位置冲突时可在3cm的范围内进行微调，以避免影响结构强度。

(4)通缝拼装最后一环管片

在日常盾构掘进中，隧道衬砌管片的安装方式主要采用错缝拼装，如图5.3-2所示。当管片进行错缝拼装时，其最大正、负弯矩会有所提高，相对的轴力则会相应降低，单点变形率也会减少。除此之外，错缝拼接安装的纵向接头会促使衬砌圆环发挥咬合作用，从而使强度上升引发的变形问题受到邻近管片约束。因此，内部力量和空间强度都会上升，衬砌圆环的变形率则会降低，有利于实现隧道防水。

然而，盾尾刷更换前最后一环衬砌管片的安装应采用通缝拼装，如图5.3-3所示。通缝拼装施工较错缝拼装容易，施工效率高，且方便该环管片的拆除并及时进行盾尾刷的更换。因此，采用通缝拼装有利于节省工期、简化施工。在拼装封顶块F块时，选取的拼装点位应靠近上方位置以便管片的拆除。

(5)确定停机时泥水仓压力

在盾尾刷更换期间，盾构机无法继续往前掘进，需要在指定位置长时间处于停机状态。为避免由于盾构机长时间停机而造成的盾构机刀头处发生较大沉降,必须严格控制停机处泥水仓的泥水压力。在盾构机停机时,泥水仓的泥水压力略大于正常压力 0.02 ~0.04MPa,具体泥水仓压力根据实际工程情况进行调整。

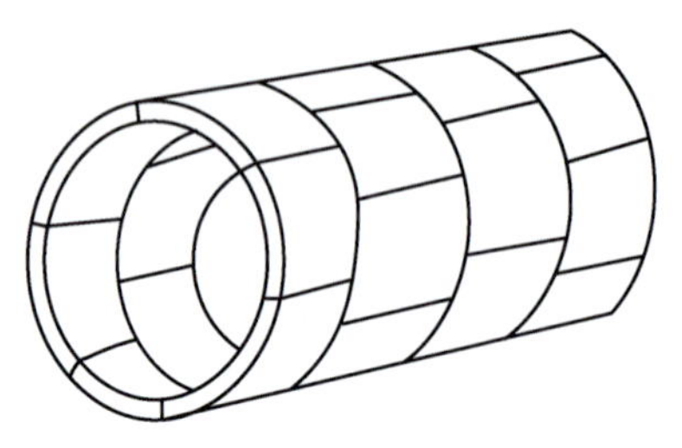

图 5.3-2 错缝拼装示意图

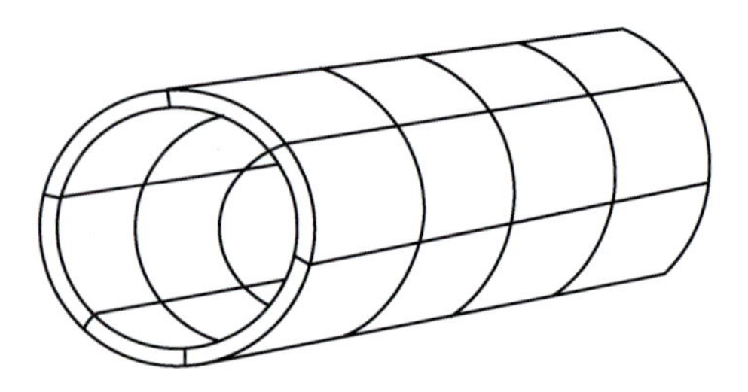

图 5.3-3 通缝拼装示意图

(6)确定千斤顶液压缸行程

在盾构机掘进到盾尾刷更换的指定位置(相应的环数),隧道拼装完最后一环管片后,确定此时千斤顶液压缸的行程,让盾尾处最前面两道盾尾刷的位置处于最后一环管片的背后,在拆除最后一环管片时能顺利地暴露出这两道盾尾刷,给盾尾刷的更换提供工作空间。

2)注浆止水期间浆液类型

(1)止水期间的同步注浆

①注浆量

在盾尾刷更换注浆法止水期间,需加大同步注浆量。此时,同步注浆量按照日常同步注浆量的 1.5 倍进行控制。

②注浆压力

注浆压力取注浆点处水土压力的 1.2 倍。

③浆液调整

在盾构法隧道衬砌管片施工中,管片背后注浆浆液分为单液浆和双液浆两种。单液浆在搅拌机等搅拌器中经过一次搅拌形成流动的浆液,然后历经液体-固体的中间状态,最后凝固硬化。在同步注浆中,单液浆使用较多;双液注浆材料一般用在地层稳定性较差,地层自稳时间短,地下水丰富的条件下。根据类似工程施工经验及区间实际工程地质情况,工程注浆浆液采用单液浆,单液浆为水泥砂浆。

为了增强管片背后注浆体的强度,增强注浆体的防水性能,减少注浆体的初凝时间,在盾尾刷更换期间,在同步注浆中浆液配合比中,需提高水泥的用量,其他注浆材料的配合比进行相应的调整。

④浆液性能指标参数

胶凝时间:一般为 3 ~ 10h,根据地层条件和掘进速度,通过现场试验加入促凝剂及变更配比来调整胶凝时间。

固结体强度:一天不小于 0.2MPa(相当于软质岩层无侧限抗压强度),28d 不小于 2.5MPa(略大于强风化岩天然抗压强度)。

浆液结石率:大于 95%,即固结收缩率小于 5%。

浆液稠度:8 ~ 12cm

⑤注浆时间及速度

盾构机向前掘进的同时,进行同步注浆,同步注浆的速度与盾构机推进速度相匹配。

(2)止水期间的二次注浆

①注浆量

在盾构机开挖掘进过程中,由于在盾构机形成管片间隙的同时立即进行同步注浆,多数地段的地层变形沉降得到控制。在局部地段,同步浆液凝固过程中,可能存在局部不均匀、浆液的凝固收缩和浆液的稀释流失的现象。为提高背衬注浆层的防水性及密实度,并有效填充管片后的环形间隙,需要进行二次补强注浆。二次注浆主要填充的对象是同步注浆体中细小的间隙,但这些间隙是不确定的,间隙量是一个随机分布的数值,无法通过数值计算来确定,充填体积理论上无法计算。因此无法设计出准确的二次注浆量,需要根据实际工程中探测到的间隙和监控量测的结果确定。

②注浆压力

二次注浆主要为了填充同步注浆体中的细小间隙,当注浆压力过小时二次注浆液无法压入细小间隙中,导致无法填充密实同步注浆体,当注浆压力过大时会对注浆管路及注浆设备造成损坏。为确保止水效果与注浆施工的安全,二次注浆压力范围根据水土压力及具体同步注浆材料强度确定。

③浆液类型

在二次注浆中,注浆浆液选取水泥-水玻璃双液浆,这种浆液兼顾两种浆液材料的特点,其凝结时间可根据浆液材料的配合比调控,可根据工程施工的实际需要调整初凝的时间,且其前期的强度高,填充裂隙的效果好。

④钻孔深度

一般管片:二次注浆孔的钻孔深度必须达到穿透同步注浆体的要求,钻孔深度初步设计为1.2m(包括管片厚度0.55m在内),若钻孔后喷涌严重时可控制钻孔深度为1.0m,若钻孔至1.2m无任何泥水流出时可增加深度到1.4m,具体深度根据实际工程情况确定。

特殊管片:特殊管片注浆孔钻孔深度应在一般管片二次注浆孔的基础上增加20~30cm。

(3)止水期间注聚氨酯

①注聚氨酯量

聚氨酯常用作盾构机的止水材料,其具有优良的亲水性能,在浆液遇到水后可以自行分散、乳化并发泡,立即发生化学反应,最终形成一环不透水的弹性胶状的凝胶体,并且能防止盾尾环被浆液抱死。在聚氨酯的注入施工时,通过注酯孔由下往上依次对该环间隙进行聚氨酯的注入,注入结束标准为相邻的上一个孔位有聚氨酯流出。

②钻孔深度

聚氨酯注入处的钻孔深度选取与特殊管片处二次注浆的钻孔深度一致。

3)注浆止水法流程

(1)对停机前最后十环加强同步注浆

由于在盾尾刷更换期间,需要更前两道盾尾刷,两道盾尾刷在盾尾起密封效果,为了确保盾尾刷更换期间的盾尾密封效果,需要在选定盾尾刷更换点位的前十环管片同步注浆中,加强同步注浆,增强在盾尾刷更换附近区段隧道止水能力,盾尾处管片位置如图5.3-4所示。

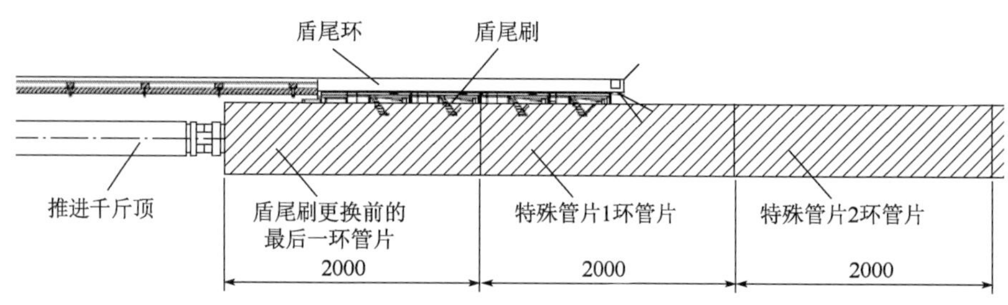

图 5.3-4　盾尾处管片位置示意图(尺寸单位:mm)

(2)对特殊管片 1 环的管片环背后注入聚氨酯

在特殊管片 1 环管片背后的间隙中注入聚氨酯填充,防止盾尾处由于采用注浆止水法止水而抱死。

(3)盾体环背后注入聚氨酯

在盾体背后注入聚氨酯,在盾体外部形成一圈止水帷幕,阻止开挖仓的泥浆在泥水压力的作用下涌入盾尾。

(4)对特殊管片 2 环的管片进行二次注浆

在增设的第二环特殊管片处进行二次注浆,进一步加强盾尾处的密封止水能力。

4)注浆效果监测

在注浆完成后,需进行注浆效果监测,当注浆效果达标时,方可进行盾尾刷更换操作。

注浆效果监测方法:打开特殊管片 1 环上的 8 个二次注浆孔(该孔未进行二次注浆),若注浆孔中无水流出或流出的油脂压力逐步降低,直至断流,即可认为止水达标,可进行最后一环的管片拆除。

5.3.3　盾尾刷更换技术

1)盾尾刷更换具体操作

盾尾刷更换具体操作流程如图 5.3-5 所示。

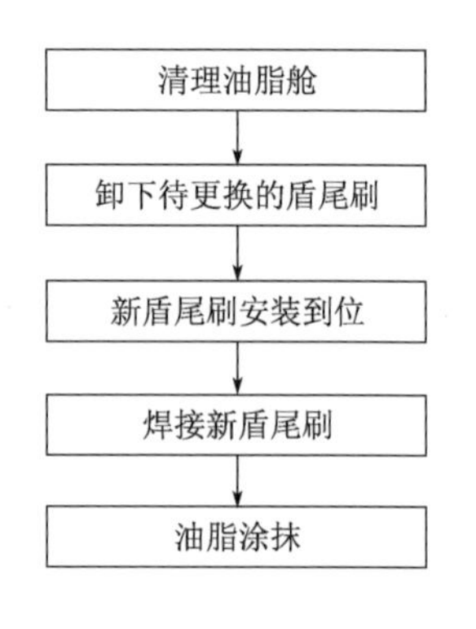

图 5.3-5　盾尾刷更换具体操作流程图

(1)清理油脂仓

在管片卸下露出盾尾刷及油脂仓后,需要把待更换的盾尾刷上和盾尾油脂仓中的油脂及各种外来异物清理干净,位于焊缝处的油脂要特别注意,要求认真清理干净,以防残留,避免这些杂物影响盾尾刷的刨除。

(2)卸下待更换的盾尾刷

用气刨将待更换的盾尾刷刨除,然后用抛光机对盾尾刷焊接面进行重新除锈并打磨平整。

(3)新盾尾刷安装就位

确定新盾尾刷的安装位置,盾尾刷的定位要求平直,盾尾刷的环向间隙要尽量小(不大于 3mm),并避免盾尾刷错位等情况的发生。

(4)焊接新盾尾刷

在盾尾刷定位好之后,用电焊机将其焊接到盾尾上,盾尾刷的前后两侧要满焊。在盾尾刷焊接完成后,要将其相邻的钢丝互相交叉,间隙大的位置要采取补焊的方法消除间隙,防止油脂仓的油脂从该位置处泄漏。

(5)油脂涂抹

在盾尾刷焊接完成后,需要在新的盾尾刷上重新涂抹手抹油脂,油脂涂抹需要符合以下要求:油脂涂抹总共分为四层,盾尾刷前后的外侧钢片处各涂一层,中间的钢丝网两侧也各涂一层,每层手抹油脂均要涂抹到该层底部,在涂抹后可以明显看出整圈油脂饱满均匀。

2)每环盾尾刷中更换顺序

在盾尾刷更换期间,盾构机处于停机状态,为维持开挖掌子面的稳定,防止出现坍塌的情况,刀盘处泥水仓需要保持泥水压力,以平衡掌子面的水土压力,在盾尾处必须保持有千斤顶提供推力,防止盾构机后退。然而,要想拆除最后一环管片以露出前两道盾尾刷,必须先收回千斤顶液压缸,才能将管片卸下。因此,不能同时收回所有千斤顶的液压缸卸下最后一环的所有管片,只能分段卸下管片,分段更换盾尾刷,盾尾刷更换顺序如图 5.3-6 所示。

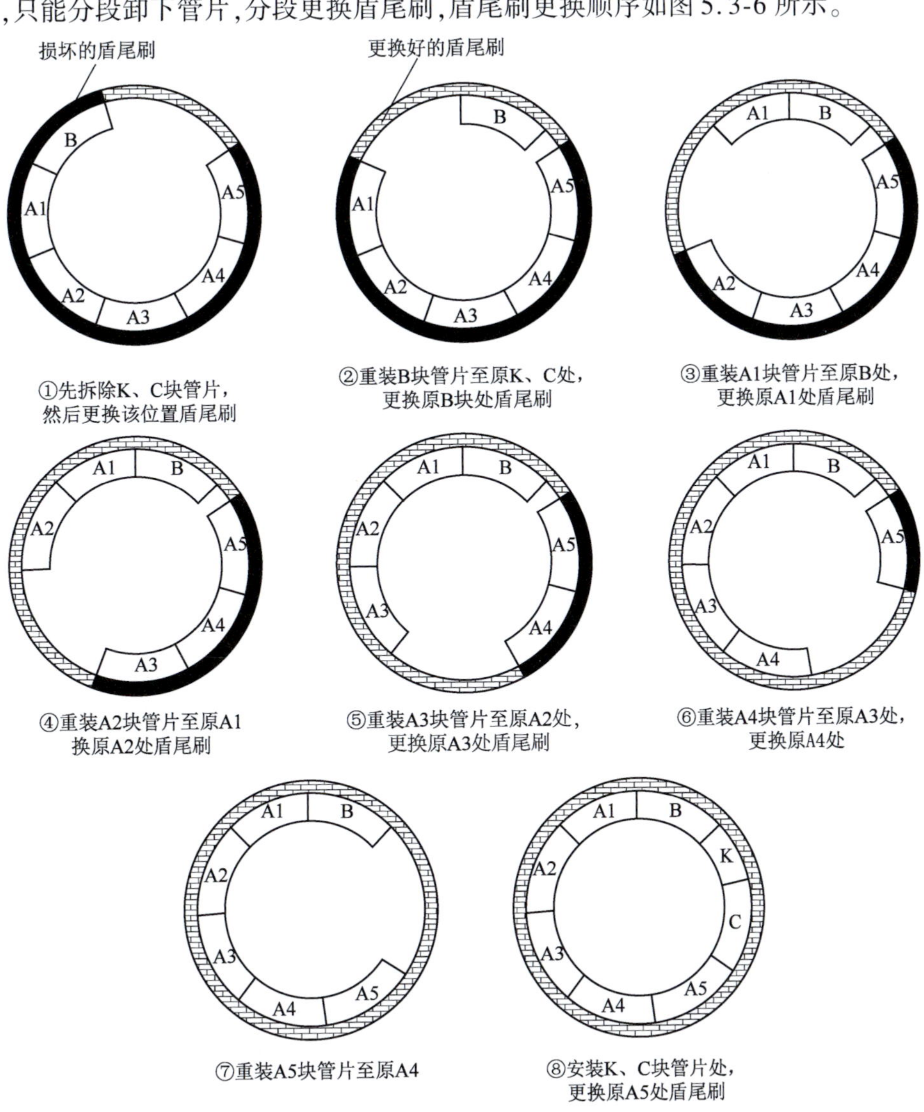

图 5.3-6 盾尾刷更换顺序示意图

盾尾刷的更换顺序如下：

(1)卸下K块(封顶块)管片

先将最后一环的K块管片的吊装螺栓装上，用管片安装机将K块管片抓紧，接着将K块管片与B、C块(邻接块)管片及倒数第二环相连接的管片的连接螺栓拆除，再将抵着K块管片的千斤顶液压缸收回。最后，用管片安装机将K块管片卸下并放置到管片转运小车上。

(2)检测拆除处的封水情况

检查K块位置下盾尾刷损坏情况，观察盾尾部的封水情况，若有流水出现，继续在倒数第二环(特殊管片1环)管片吊装孔注入聚氨酯，直达盾尾位置无渗漏水为止。

(3)拆除C块管片

将C块管片的吊装螺栓装上，用管片安装机把C块管片抓紧，接着把C块管片与A3块管片及倒数第二环管片的连接螺栓拆除，再把抵着C块管片的油缸收回。用管片安装机将C块管片卸下并放置到管片转运小车上。检查C块管片下的渗漏水情况。

(4)更换K、C块管片背后的盾尾刷

根据盾尾刷更换具体操作更换K、C块管片背后的盾尾刷。

(5)重装B块管片

用同样的拆除方法拆除下B块管片，然后重新拼装于原K、C管片处，用推进千斤顶抵紧并上紧连接螺栓，拼装位置要求与A5块(标准块)管片有一定的空隙，确保A5管片背后盾尾刷更换的空间。

(6)循环以上操作

用相同的方法依次更换B、A1、A2、A3、A4、A5块管片背后的盾尾刷，最后重新安装K块管片，完成盾尾刷的更换。

(7)往油脂仓注入油脂

在所有的管片都安装完成且管片螺栓上紧后，开始对盾尾油脂仓压注油脂，注入的油脂量要达到填满沟槽为止。油脂注完后，开始恢复掘进。

3)盾尾刷更换过程中的注意事项

在盾尾刷更换的整个过程中需要注意以下几个事项：

(1)在注浆过程中以控制注浆压力为主，密切注意管片的变形情况，当管片出现破损、错台等现象时必须立即停止注浆。

(2)在注浆结束后达到36h以上时管片才能拆除，拆除管片时移动位置的管片必须确保螺栓连接牢固。

(3)更换盾尾刷时必须要高度注意施工安全。当施工过程中出现了严重的涌水涌砂现象时，必须立即停止施工，同时注入聚氨酯封堵，封堵完成后方可恢复掘进。

(4)在隧道内进行盾尾刷更换时，必须做好隧道内的通风、防火和防涌水等工作。准备好足够的灭火器集中放置于焊接部位旁边，且就近引入水管。当发现物体燃烧时及时用灭火器进行扑灭，在特殊情况下可以使用高压水进行隧道灭火。

(5)施工过程中必须加强对设备的保护，如管片安装机的重点部位(电气元件、控制阀组等)采用石棉布遮盖。在焊接过程中，关闭推进油缸的电机空气开关，且关闭盾构机的PLC电源及传感器电源，防止电源烧坏。

5.4 盾尾渗漏应急措施

由于施工情况的复杂性和多变性，在实际工程施工中存在毫无征兆地发生盾尾渗漏紧急情况的风险。为了能在面临盾尾渗漏紧急情况时积极采取有效措施实现盾尾渗漏的封堵，需进行盾尾渗漏紧急措施设计，以防造成隧道进水的不良后果。

盾尾渗漏紧急措施项目如下：

(1)集中压注盾尾油脂，填塞止水材料

当盾尾处某些点位出现渗水或少量漏水的现象时，盾尾渗漏封堵难度还不是很大。可以针对泄漏部分集中压注盾尾油脂，加大油脂的注入量，同时在盾尾处填塞止水性能材料，在不造成堵管的前提条件下适当地增加注浆液的稠度，适量增加盾尾的抽排水设备。

(2)进行管片背后双液浆压浆

在采取集中压注盾尾油脂后仍无法有效地进行盾尾封堵时，需采用管片背后双液浆压浆进行封堵。双液浆选择水泥-水玻璃双液浆，利用其中水玻璃速凝催化的作用，使得水泥浆实现快速凝结。在水泥浆快速凝结下，涌水涌砂通道可以达到迅速封堵的目的，保证了隧道的安全，避免由于涌水涌砂带来的严重后果。

在涌水涌砂位置进行压注双液浆实现封堵是最为有效最易于实现的措施，在压注双液浆时需注意以下三点：

①压注顺序：在双液浆的压注时，需讲究浆液的压浆顺序。压注双液浆的位置要由远及近，从距离渗漏点较远的点位进行双液浆注入。

②浆液配合比：不同配合比下的水泥-水玻璃双液浆的初凝时间是不同的，需根据实际需要确定初凝时间从而选择相应的浆液配合比。

③注浆压力控制：从较远的注入点注入时，双液浆的注浆压力可以适当提高，但注浆压力不宜过高。

(3)采用聚氨酯进行化学注浆

在透水性能良好的地层中，在采用水泥-水玻璃双液浆压注封堵后，仍需要进行水溶性聚氨酯补注。

聚氨酯亲水性能良好，遇到地下水后能自行实现分散、乳化、发泡，立刻产生化学反应，生成弹性的不透水胶状凝结体。这种材料抗渗性能在680kPa以上，在标准砂浆中其固结体抗压强度为4.9~19.6MPa，膨胀率大，不收缩，对各种水质的适应能力强，不易被流动水冲散，在流动水流速增加时，其封堵面积相应增大，具有良好的止水性能。

采用聚氨酯进行化学注浆，用以封堵地下水，避免出现因地下水压或切口水压击穿盾尾刷。

5.5 本章小结

本章分析了盾尾刷失效原因,采用流体力学计算软件模拟不同工况与不同压差下盾尾刷磨损情况,加强盾尾密封结构设计,有效预防了盾尾渗漏所造成的不良后果,确保了泥水平衡盾构机安全、高效掘进;针对盾构法隧道穿越超高水压(0.98MPa)和富水砂层,通过模拟计算及实验研究,得到了适用于超高水压的盾尾密封系统,保证了盾构机密封耐压能力达到1MPa以上。总结了盾尾刷更换技术并针对盾尾渗漏提出了相应应急措施。

第 6 章

成型隧道稳定控制技术

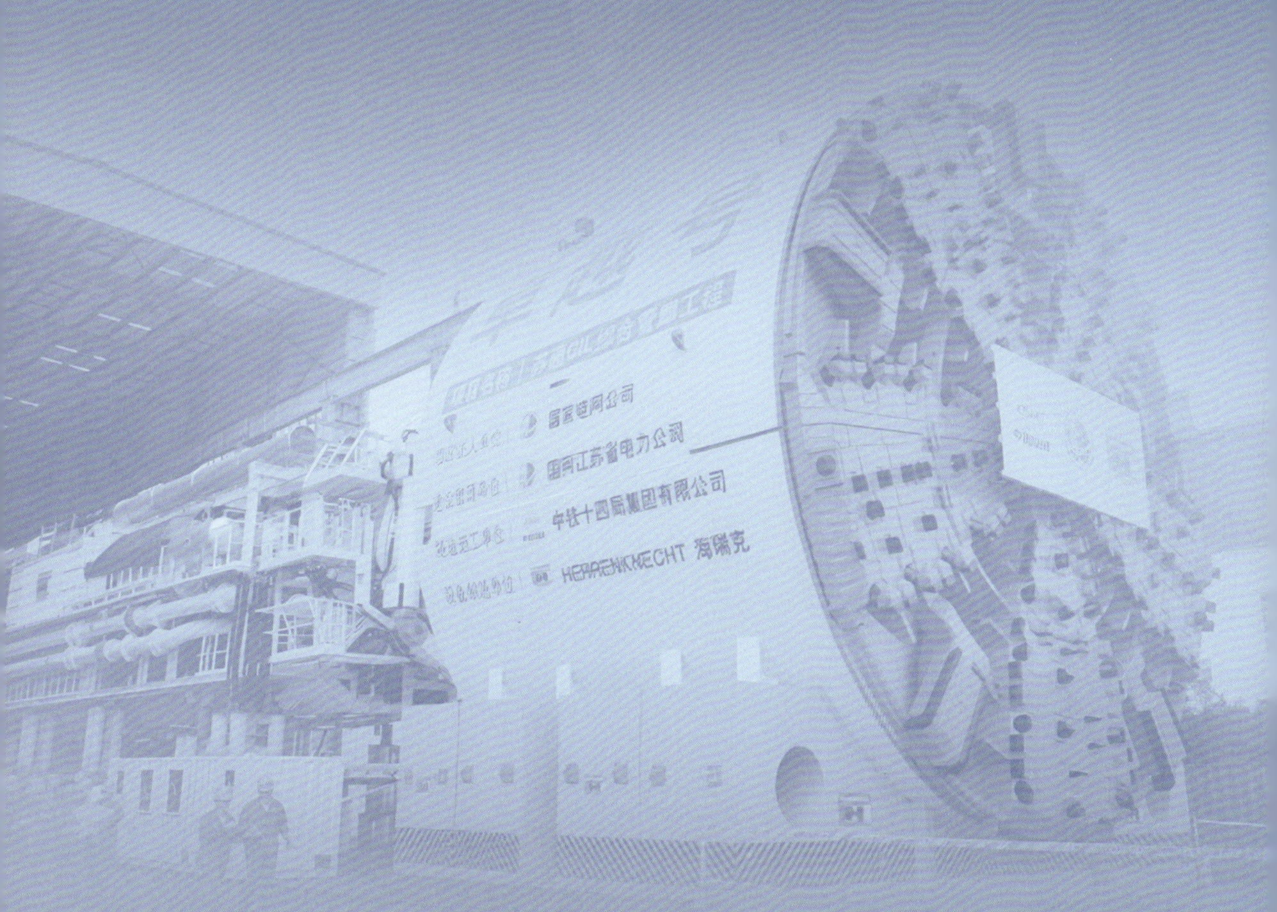

大时代

盾智行

构未来

随着隧道工程建设需求的发展和盾构机掘进技术的不断提高,隧道建设正在向埋深更大的方向发展,高石英含量的砂层作为一种广泛分布于长江中下游江底及其附近地区的典型砂质土层给该区域盾构法隧道施工技术带来了严峻的考验,如何提高苏通 GIL 综合管廊隧道管片结构的稳定性、防水功能及耐久性,避免隧道产生上浮,对苏通 GIL 综合管廊运营安全性起着重要作用。

6.1 盾构隧道接缝防水性能研究

6.1.1 盾构隧道接缝防水设计要求

1)防水性能指标

苏通 GIL 综合管廊工程隧道建成使用后,隧道内部由于长期处于相对高温状态,在密封垫防水设计中,要考虑隧道运营时内部环境温度对隧道的影响。防水性能指标计算公式为:

$$\text{防水性能指标} = \frac{\text{理论水压值} \times \text{安全系数}}{\text{压缩应力保持率}}$$

式中,理论水压值为 0.80MPa;压缩应力保持率与环境温度有关,内外道密封垫有所不同。

综合管廊隧道为长期性地下建筑,设计使用年限为 100 年。外道密封垫环境温度按 20℃计算,根据橡胶老化性能预测公式,三元乙丙橡胶 100 年以后的压缩应力保持率为 65%;而内道密封垫环境温度大于外道,考虑运营过程中温度变化的影响,根据相关计算,平均可按 30℃进行橡胶老化性能预测计算,得到三元乙丙橡胶 100 年以后的压缩应力保持率为 50%。

国际上一般考虑安全系数为 1.2~1.4,苏通 GIL 综合管廊工程为高水压隧道,考虑到外道密封垫是隧道第 1 道防水防线,将外道密封垫的安全系数定为 1.3,而内道为第 2 道防水防线,按 1.2 计算,由此可计算出内道密封垫防水性能指标为 1.92MPa,外道为 1.60MPa。

此外,还需综合考虑接缝防水能力对接缝误差的适应性,即接缝在指定张开量和错缝量的情况下才能达到设定防水值,考虑因素如下:

(1)管片尺寸公差为 ±1mm,直接影响接缝张开量和错缝量。

(2)管片形位公差为 ±2mm,直接影响接缝张开量和错缝量。

(3)机械能力。环向精度直接影响管片错缝量 ±5mm,纵向扭力直接影响接缝张开量 ±2mm。

(4)人为因素、环境影响因素直接影响管片错缝量 ±2mm。

(5)密封垫配合面尺寸公差为 ±1mm,直接影响密封垫的对接错缝量。

因此,得到管片拼装偏差累计值:最大张开量为 8mm,最大错缝量为 15mm。故接缝在张开量为 8mm、错缝量为 15mm 的极限情况下才能满足设计要求。

2)装配力要求

采用双道密封垫接缝防水形式,在接缝渗漏水概率减小的同时,接缝密封垫闭合压缩力增加。苏通 GIL 综合管廊工程所用盾构机的最大装配力为 130kN/m,故该接缝密封垫闭合压缩力需小于盾构机的最大装配力。

6.1.2 盾构法隧道接缝防水密封垫设计

该工程内道和外道密封垫沟槽设计不同,如图 6.1-1 所示。结合管片接缝防水性能数值模拟相关研究,通过理论分析、初选断面、模型验证,最终筛选出较优的密封垫形式,如图 6.1-2 所示。参考相关工程经验,选用具有良好耐老化性能的三元乙丙橡胶(EPDM)作为密封垫的主体材料。

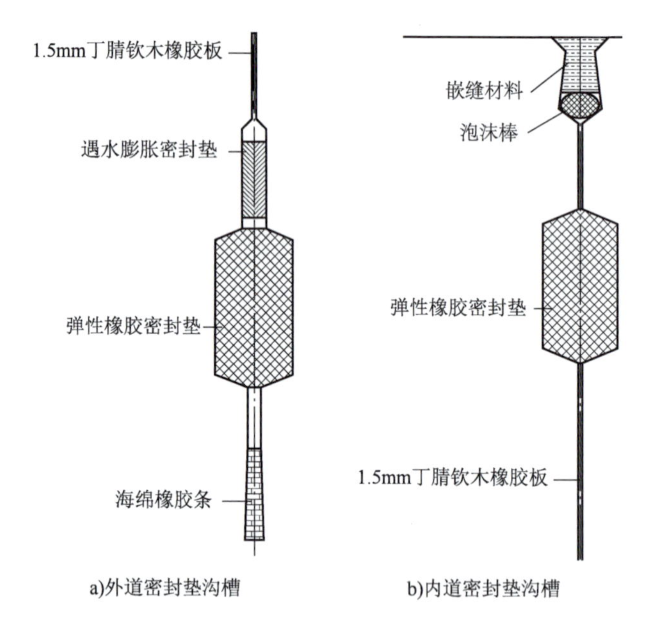

图 6.1-1　密封垫沟槽设计示意图

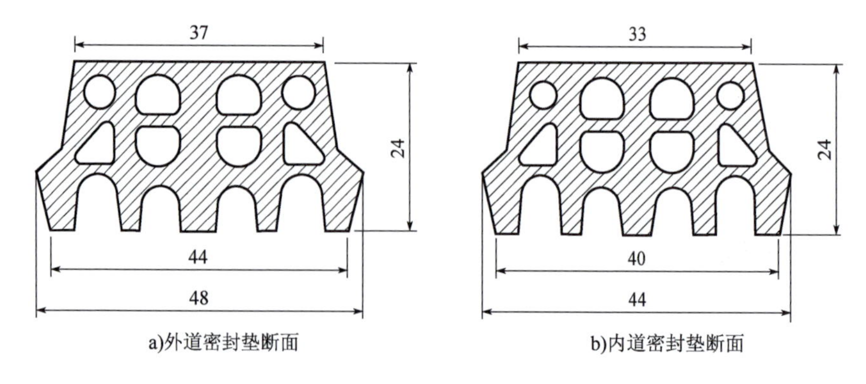

图 6.1-2　密封垫断面示意图(尺寸单位:mm)

6.1.3 密封垫装配压缩性能试验

为满足密封垫装配力要求,接缝密封垫不仅需要具备良好的耐水压性能,而且应在盾构机最大装配力作用下压缩闭合。考虑到橡胶材料硬度对密封垫压缩性能较大,对硬度为60度和67度(硬度邵尔A,后简称硬度)的内外道密封垫进行压缩试验。

1)试验装置

根据《高分子防水材料　第4部分:盾构法隧道管片用橡胶密封垫》(GB 18173.4—2010)的相关规定,密封垫压缩性能试验装置如图6.1-3所示。

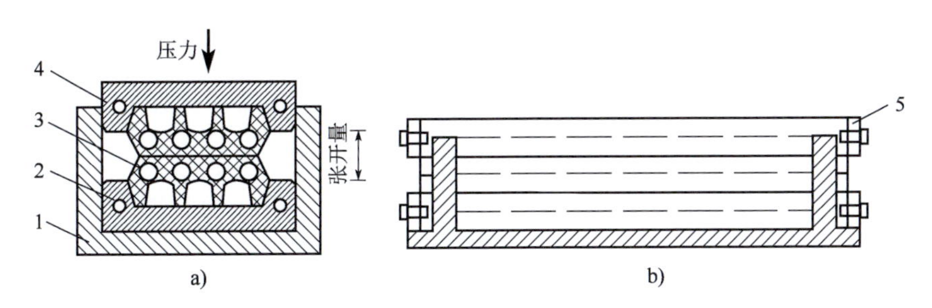

图6.1-3　密封垫压缩性能试验装置

1-导向套;2-沟槽下模块;3-橡胶密封垫;4-沟槽上模块;5-端面封板标准密封垫试件,长度为200mm,试验时导向套与沟槽上模板之间接触光滑

弹性密封垫装配压缩性能试验采用HUALONG多功能拉压试验机加载,如图6.1-4所示,仪器可自动读取压缩力和密封垫压缩量。

图6.1-4　密封垫装配压缩性能试验仪器

2)试验方法

试验过程严格按《高分子防水材料　第4部分:盾构法隧道管片用橡胶密封垫》(GB 18173.4—2010)要求,采用位移控制的方式,加载范围为0～22mm,竖向压缩增量为1mm,密封垫每压缩1mm记录1次竖向压缩力数据。1次试验结束后卸载,观察密封垫的回弹情况,将同一组密封垫重复进行2次试验,以观察密封垫的2次压缩性能和反复承受荷载的能力。密封垫试件在压缩过程中的变化如图6.1-5所示。

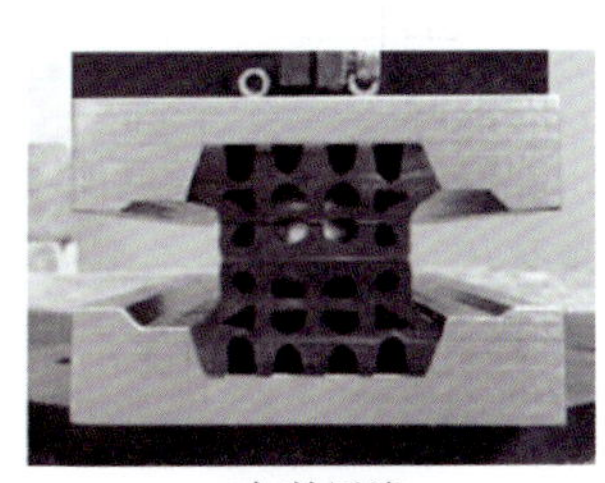

a)初始压缩

b)压缩过程中

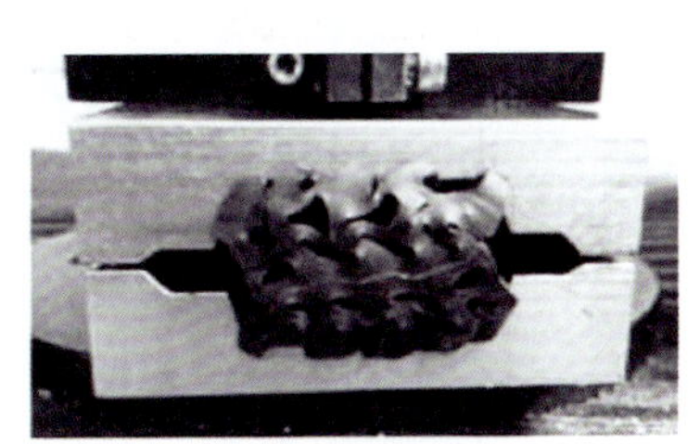

c)压缩至接缝闭合

图6.1-5　弹性密封垫压缩性能试验过程图

(1)外道密封垫

外道密封垫压缩性能曲线如图6.1-6所示,由图可知,对于外道密封垫而言,在相同压缩量下,硬度为60度的试件压缩力均小于硬度为67度的试件。当密封垫硬度为67度、张开量压缩至2mm(对应压缩量为20mm)时,压缩力为65kN/m;而当外道密封垫硬度为60度、张开量压缩至2mm(对应压缩量为20mm)时,需要的压缩力为55kN/m,较硬度为67度时减小约15%。降低硬度对降低闭合压缩力的效果明显。

(2)内道密封垫

内道密封垫压缩性能曲线如图6.1-7所示。内道密封垫硬度同样对密封垫闭合压缩力存在较大影响,且更为明显。当内道密封垫硬度为67度、接缝张开量压缩至2mm(对应压缩量为20mm)时,需要的压缩力为60kN/m;而当外道密封垫硬度为60度,张开量压缩至2mm(对应压缩量为20mm)时,需要的压缩力为43kN/m,较硬度为67度时减小约28%。

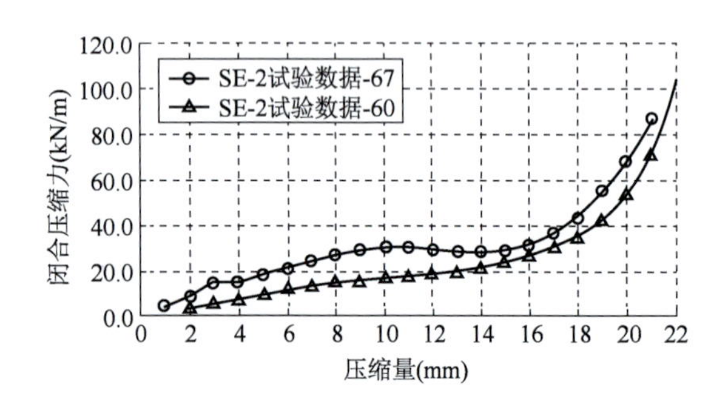

图6.1-6 外道密封垫压缩性能曲线

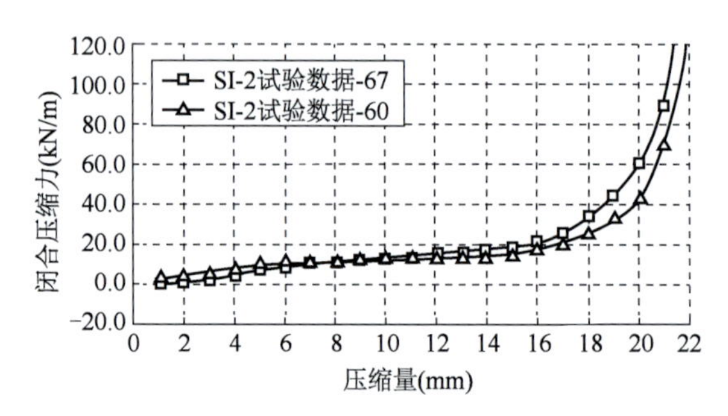

图6.1-7 内道密封垫压缩性能曲线

密封垫压缩性能试验结果见表6.1-1,内道和外道密封垫在相同压缩量下,硬度为60度的试件压缩力均小于硬度为67度的试件压缩力,且内道密封垫闭合压缩力小于外道密封垫闭合压缩力,因为内道密封垫宽度较小。就密封垫压缩性能而言,在130kN/m的盾构机装配力条件下,所设计的内道和外道密封垫均可将接缝张开量压缩至2mm以内。考虑管片接缝间实际还存在一定厚度的传力衬垫,此时该接缝已接近于闭合状态。此外,也可通过紧固螺栓等方式将接缝安装至满足要求。

密封垫压缩性能试验结果 表6.1-1

工况	密封垫位置	代号	硬度(度)	张开量为2mm时的压缩力(kN/m)
1	外道	SE-2	67	65
2	外道	SE-2	60	55
3	内道	SI-2	67	60
4	内道	SI-2	60	43

6.1.4 管片接缝防水性能模拟试验

1)试验方法

采用同济大学研制的可三向自动加载的高水压盾构法隧道管片接缝防水性能试验系统进行试验,如图6.1-8所示。防水性能试验主要步骤如下:

(1)通过位移加载,控制接缝到指定张开量、错缝量。

(2)加载水压,直至密封垫防水失效。

(3)彻底卸载,待密封垫恢复到最初状态,重新加载到下一个工况指定的接缝变形量进行防水性能试验。

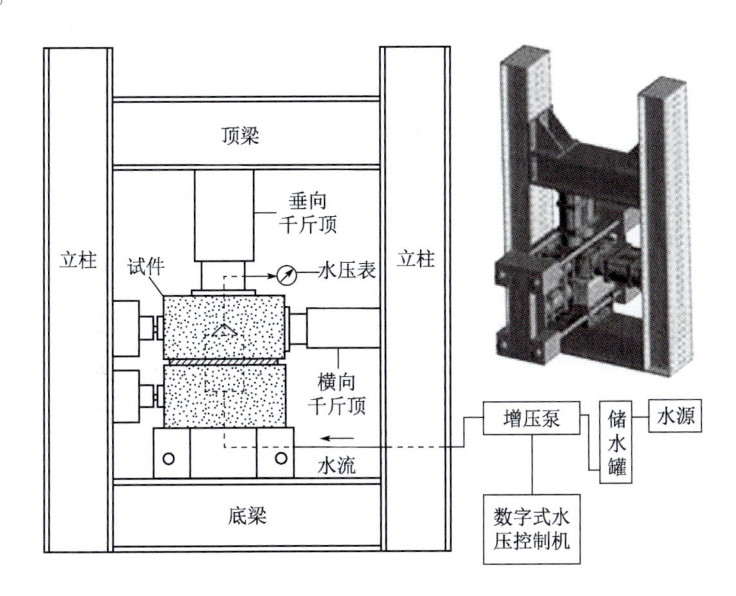

图6.1-8 可三向自动加载的高水压盾构法隧道管片接缝防水性能试验系统

2)试验结果

密封垫的防水能力受密封垫形式、硬度和错缝量的影响。在相同错缝量和硬度的条件下,内道密封垫防水能力均高于外道密封垫防水能力,其原因在于断面形式的差异导致接触应力分布不同。同一个断面在相同硬度下,接缝错缝量越大,密封垫防水性能越低,因为错缝导致密封垫有效接触面积和宽度减少,不利于接触应力的有效分布,从而使防水性能降低。同一断面在相同错缝量条件下,密封垫硬度越高,其防水性能越高,因为硬度越高,相应的压缩力越大,接触应力越高,越利于接缝防水。

综合密封垫压缩性能和防水性能试验结果可知:

(1)当密封垫硬度为67度时,双道密封垫闭合压缩力为125kN/m,满足130kN/m的装配力要求。

(2)在张开量为8mm、错缝量为15mm的条件下,外道密封垫防水能力为1.80MPa,内道密封垫防水能力为1.94MPa,可满足外道1.60MPa、内道1.92MPa的防水性能指标要求。

综上所述,设计的接缝密封垫可满足苏通GIL综合管廊工程超高水压盾构隧道接缝防水要求。

6.2 管片上浮稳定控制技术

6.2.1 管片上浮原因

根据力学原理可知，当衬砌环脱出盾尾时的衬砌环受力处于不平衡状态，衬砌环有发生运动的趋势。对软弱地层中的隧道，衬砌环脱出盾尾时受到地层作用，当地层向上作用力的合力与衬砌自重的差值大于地层对衬砌环的摩擦力时，衬砌环将发生上浮。影响管片上浮原因主要如下：

1）地质条件

隧道周围的土质一般都具有变异性，在三维空间上呈非线性变化。水土应力、有无地下水、围岩的状态、软硬程度的变化都可能是隧道上浮的原因。一般来说，隧道在冲击黏土、洪积黏土地层上浮较大，在软岩、砂质土层上浮较小。根据统计分析，各地层中管片产生上浮程度依次为：全风化及中风化辉绿岩、中风化钙质板岩复合地层 > 砂岩、砂砾岩复合地层 > 富水砂卵石层 > 淤泥质黏土层 > 风化泥岩 > 残积土层、强风化砂砾岩、微风化砂岩复合地层 > 粉质黏土、粉土、粉细砂复合地层 > 无水砂卵石 > 粉砂、圆砾复合地层 > 泥岩 > 淤泥、粉砂、粉质黏土夹粉砂复合地层 > 黏土层 > 淤泥质黏土、粉质黏土夹粉土复合地层 > 砂层。盾构机穿越均匀地层时，上浮较小。而在实际施工中，盾构机往往处于上软下硬的地层中，各地层在横纵断面上有着复杂的变化，盾构机在推进过程中，切削下面的软土比切削上方坚硬土层更加容易，从而会导致超挖现象，如果处理不当，就会导致隧道上浮。

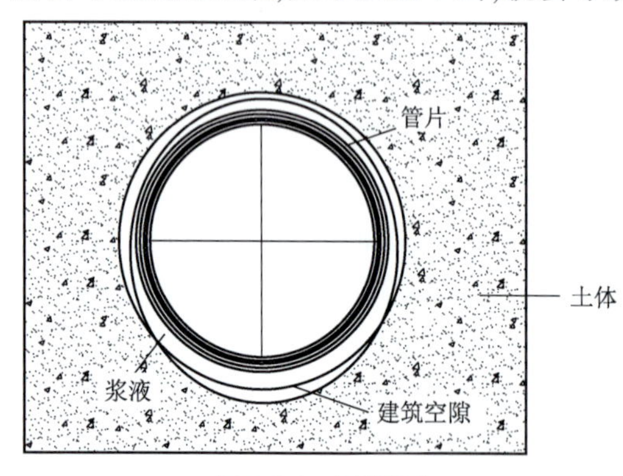

图 6.2-1　间隙形式

2）盾构工法特性及施工参数

一般盾构机的开挖直径 D > 盾壳外径 > 管片外径 d，所以盾构机开挖的洞身与管片外径间存在建筑间隙 $\Delta = D - d$。间隙形式如图 6.2-1 所示，如不能及时有效地被填充，将会造成两个后果：一是地面下沉，二是隧道位移。盾构机的开挖直径越接近管片外径越有利于隧道的稳定。控制和调整盾构机的掘进参数是控制管片上浮的重要环节。例如掘进速度过快、日掘进进尺和贯入度过大，浆液没有足够的时间达到预期的强度，管片会因受到比水泥浆浮力更大的浆液浮力而上浮。除此之外，泥水的浓度较大、超挖、推力和注浆压力不平衡、浆液的密度过大等都可能会使管片上浮。

3）盾构姿态

由于盾构机刀盘较重，掘进过程中如操作不当盾构机可能处于"栽头"状态，从而间接导致管片上浮的问题。管片不均匀受力情况如图 6.2-2 所示。当 $P_1 < P_2$时，管片表现为上浮；当 $P_1 = P_2$时，管片保持稳定；当 $P_1 > P_2$时，管片表现为下沉。此外，在复杂地质条件下，盾构姿态控制难，为保证成型隧道与设计轴线吻合，需要对盾构机进行纠偏，为防止管片上浮，应逐步纠偏,不得猛纠硬调。

4)覆土厚度

上覆土厚度直接影响着抗浮,当浅覆土时易产生冒顶通透水流,严重时会导致伤亡事故的发生;当上覆土厚度较大时,致使上覆土中受到扰动的土体出现挤压变形,从而也有可能导致隧道局部或总体上浮,盾构机出洞过程中的上浮问题最为严重。一般最小覆土厚度为$\frac{2}{3}D$(D为隧道开挖直径)。众多学者对最小覆土厚度进行了理论推导。其中,叶飞在分析注浆压力分布模式的基础上推导了最小覆土厚度计算公式。

$$h=\frac{2PR_0\sin\theta-\pi(R_0^2-R_i^2)\gamma_c}{2R_0\gamma'} \tag{6.2-1}$$

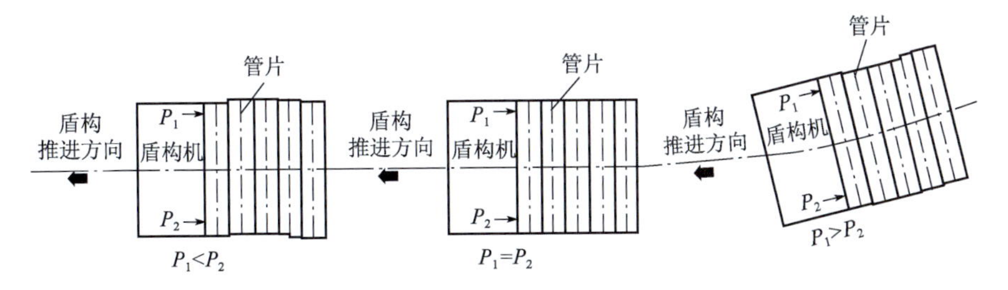

图6.2-2　管片不均匀受力情况

张庆贺从盾构机开挖面平衡状态及隧道水底抗浮平衡条件分析得到盾构机安全推进所需的最小覆土厚度计算公式[式(6.2-2)]和阻止隧道上浮所需的最小覆土厚度公式[式(6.2-3)]。

$$h=\frac{\frac{4P_g}{\delta D^2}-2c\sqrt{K_p}-H_w\gamma_w}{\gamma_w+\gamma'K_p}-\frac{D}{2} \tag{6.2-2}$$

$$h=\frac{\delta R_0^2\gamma_y-\delta(R_0{}^2-R_i^2)\gamma_c}{2R_0\gamma'} \tag{6.2-3}$$

上述式中:R_0——管片外径;

R_i——管片内径;

γ'——上覆土的浮重度;

γ_c——混凝土重度;

γ_y——壁后注浆重度;

P——注浆压力;

θ——注浆浆液分布区域边界与竖向的夹角;

P_g——盾构机正面挤压力;

H_w——水深;

K_p——被动土压力;

D——盾构机外径;

c——土的黏聚力。

5)管片接头

无论是衬砌间还是衬环间的接头都会影响整个隧道的刚度和防水性能,增大隧道的刚度,从而增强了抗浮和防水性能。大量的研究和实践证明,螺栓接头中的斜螺栓连接对自动化施工的适应性强,具有良好的抗剪性能,能有效抑制管片上浮。

6)浆液特性

浆液特性对控制与减小隧道周围土体的位移、提高抗渗性等方面起着决定性作用。盾尾同步注浆浆液的早期强度不够会导致刚出盾尾的管片上浮,为了提高早期强度,可以适当降低浆液的坍落度、稠度值和流动性。降低粉煤灰和增加黄砂的含量可以降低浆液的流动性,增加膨润土的含量可降低浆液的泌水率。超大直径隧道由于开挖面大,浆液必须要有良好的流动性和填充性,为了能获得较高的早期强度而又不影响浆液坍落度和流动性,可以通过试验对比和现场监测来进行分析总结,从而确定平衡点。此外,浆液密度与龄期和浮力的大小存在反比关系。浆液的选择也影响着抗浮性,一般其抗浮性从小到大为:单液惰性浆(无水泥) < 单液惰性浆(有水泥) < 双液浆(水玻璃 + 水泥)。

6.2.2 同步注浆

1)同步注浆技术

(1)注浆目的

盾构机施工引起的地层损失和盾构隧道周围受扰动或受剪切破坏的重塑土的再固结以及地下水的渗透,是导致地表以及建筑物沉降的重要原因。为了减少和防止地表沉降,在盾构机掘进过程中,要尽快在脱出盾尾的衬砌管片背后同步注入足量的浆液材料,充填盾尾与管片间环形建筑间隙。工程同步注浆目的主要有以下三个方面:

①及时填充盾尾建筑间隙,支撑管片周围岩体,有效控制地表沉降。

②凝结的浆液将作为盾构隧道的第一道防水屏障,增强隧道的防水能力。

③为管片提供早期的稳定并使管片与周围岩体一体化,有利于盾构机掘进方向的控制,并能确保盾构隧道的最终稳定。

(2)施工方法

盾构机向前掘进的同时通过盾构机的同步注浆系统,进行同步注浆工作,浆液在管片间隙形成的瞬间及时起充填间隙的作用,从而使周围的岩体获得及时的支撑,是填充地层与管片圆环间的建筑间隙和加快隧道快速稳定的主要手段,也是盾构机推进施工中的一道重要工序(图 6.2-3)。盾构机的后配套台车上配有两台砂浆罐和三台三活塞注浆泵。盾构机掘进过程中,同步注浆采用盾尾内置的注浆管在盾尾处分 6 路同时注入,对形成的间隙进行充填,同步注浆的速度与盾构机推进速度相匹配。

注浆作业时对注浆量(充填系数 130% ~180%)和注浆压力同时管理,当注浆压力达到设计压力(掘进面水土压力为 0.1 ~0.2MPa)、注浆量达到设计注浆量的 80% 以上时注浆结束。

注浆模式可根据需要采用自动控制或手动控制,自动控制方式即预先设定注浆压力,由控制程序自动调整注浆速度,当注浆压力达到设定值时,自行停止注浆;手动控制方式则由人工根据掘进情况随时调整注浆流量,以防注浆速度过快,影响注浆效果。

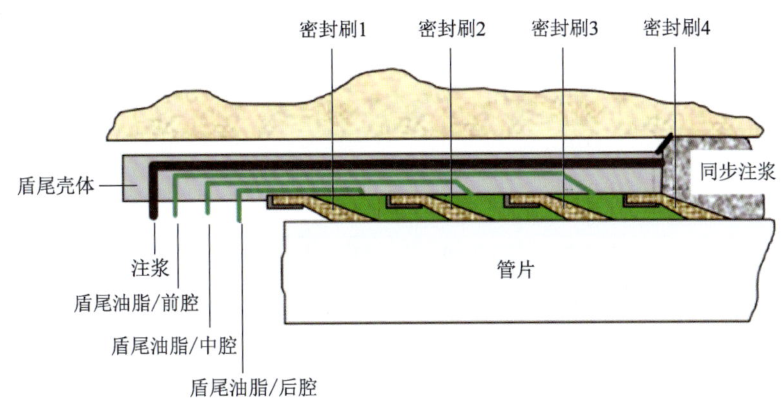

图 6.2-3　4 道盾尾刷组成的密封系统同步注浆原理示意图

2)同步注浆浆液配合比

(1)浆液原材料要求

①水泥:采用 P·O42.5 普通硅酸盐水泥,符合《通用硅酸盐水泥》(GB 175—2023)的要求。

②细集料:采用细砂,粒径≤4mm。

③粉煤灰:采用Ⅱ级,符合《用于水泥和混凝土中的粉煤灰》(GB/T 1596—2017)的要求。

④钠基膨润土:含水率<10%,黏度 20~22s。

⑤外加剂根据现场进行试配,掺量按 2.0%~3.0%。

(2)浆液质量要求

①浆液工作性能好,易泵送,3h 可泵性好(流动度>180mm)。

②浆液稳定性好,不离析,不分层,抗水分散,体积泌水率为宜,密度≥1.85g/cm^3。

③具有一定的早期强度,1d 强度>0.2MPa,28d 强度≥1.0MPa。

④浆液的凝结时间可以控制,初凝时间 4~6h,终凝时间 10~12h;在盾构机始发与接收阶段,浆液凝结时间调整为 8~10h。

⑤浆液无毒、无害、无刺激性气味、原材料来源广泛,可通过掺入膨润土、粉煤灰的措施达到同步注浆材料的性能要求。

⑥固结收缩率<5%,可掺一定量的微膨胀剂。

稠度 100~120mm,坍落度 180~200mm,扩展度大于 40mm。

(3)配合比

根据地层条件及泥水平衡盾构机特点,在施工中采用表 6.2-1 中的配合比。

浆液配合比(1m^3)　　表 6.2-1

材料名称	水泥	砂	水	粉煤灰	膨润土	保塑剂
用量(kg)	153	970	400	242	85	3.0%

3)克泥效和同步注浆相互作用的验证

该工程同步注浆系统采用单液注浆方式,通过 6 点注浆口注入土体,理论建筑间隙为 17.46m^3/环,防止地面沉陷及对衬砌管片起到握裹、固定作用。同时根据不同阶段沉降控制需求,在盾壳外部设置两处克泥效注入点同步注入克泥效。

注浆量按照监测数据及时进行调整，试掘进段当充盈系数为1.05时，基本可控制地表微微隆起，同步注浆量与沉降关系见表6.2-2。

同步注浆量与沉降的关系

表6.2-2

环号	注浆量（m^3）	充盈系数	最大日隆沉（mm）	累计隆沉（mm）	环号	注浆量（m^3）	充盈系数	最大日隆沉（mm）	累计隆沉（mm）
1	0	0.00	5.21	12.40	53	19	1.09	-4.62	-0.58
4	25	1.43	12.72	22.09	56	16.8	0.96	-12.63	-1.01
6	25	1.43	21.22	33.30	58	19	1.09	-14.5	-1.26
9	21	1.20	33.1	45.13	61	19.5	1.12	-8.23	-0.39
11	17.1	0.98	22.22	43.29	63	19.4	1.11	1.58	-2.67
14	22	1.26	22.06	32.63	66	19.8	1.13	3.87	10.09
16	20	1.15	21.5	27.11	68	19	1.09	14.69	18.53
19	20	1.15	17.21	21.44	71	19	1.09	6.88	12.81
29	20	1.15	7.68	8.28	74	19.5	1.12	6.39	11.38
31	20	1.15	39.32	55.73	76	19.1	1.09	6.42	11.71
34	20	1.15	42	51.23	79	18.5	1.06	5.34	11.07
36	19	1.09	39.75	46.68	81	18.6	1.06	-4.63	9.08
39	19	1.09	22.12	28.43	84	18.6	1.06	-4.75	5.72
41	19	1.09	5.24	10.43	86	18.5	1.06	-6.44	4.63
44	19	1.09	2.9	5.68	89	18.5	1.06	-6.63	-4.91
46	19	1.09	17.72	17.09	91	18.6	1.06	-3.47	3.68
49	19	1.09	3.22	2.20	94	18.5	1.06	-4.18	1.77
51	19	1.09	3.02	1.97	96	18.5	1.06	-2.09	-1.82

试验段掘进过程中，当注浆量按照充盈系数1.50（26.6m^3）注入时，地表隆起超过50mm；按照1.30（22m^3）注入时，地表隆起超过20mm。为了控制隆起，同步注浆注入率持续下调，从1.50（26.6m^3）下调至1.05（18.3m^3），出于谨慎考虑，同步注浆量依据反馈结果逐步下调，试掘进后期达到平衡点，盾构机前方、上方、后方监测点位均为1～2mm微隆起，沉降基本得到有效控制，但是由于隧道埋深较浅，土层较软，地表对沉降灵敏度较高，导致个别监测点日监测指标超出设计值，同时地表隆起代表施工过程中同步注浆是饱满的，对隧道本身的防水、稳定、控制上浮都是极为有利的；但是隧道累计沉降50环以后基本趋于稳定，累计沉降量在－30～10mm范围内，符合设计及规范要求。

同时，为最大限度阻止地层中的有害气体与管片发生直接接触，采用在盾体注入克泥效的新型工法，进一步向管片周边土体渗入形成致密渗透带，这一功效可降低周边地下水对砂浆的稀释，有利于同步注浆浆液的正常凝结，达到更好地填充间隙、密封防水的效果。同时在有害气体地层，其本身可起到一定的填充空隙、密封防水的效果。

克泥效同步由盾构机的径向孔向盾构机的盾体外注入，及时填充开挖直径和盾体之间的空隙，注入率为1.20～1.30，同时控制注入压力和注入量。

根据监测数据，每环注入克泥效3.5～4m^3时，地表无明显沉降，说明能克泥效很好地渗入地层中去，有效隔绝有害气体，同时保证了同步注浆的饱满、密实，有利于同步注浆浆液的正常凝结，达到填充间隙、密封防水的效果。

6.2.3 注浆质量监测

1)衬砌壁厚注浆监测

苏通 GIL 综合管廊工程采用地质雷达法沿管片纵向布置 8 条测线(分别为拱底、左 1/4 拱腰、左边墙、左 1/4 拱脚、拱顶、右 1/4 拱腰、右边墙、右 1/4 拱脚)和每间距 15 环布置一条测线,监测显示隧道衬砌同步注浆区域密实情况良好,如图 6.2-4 所示。

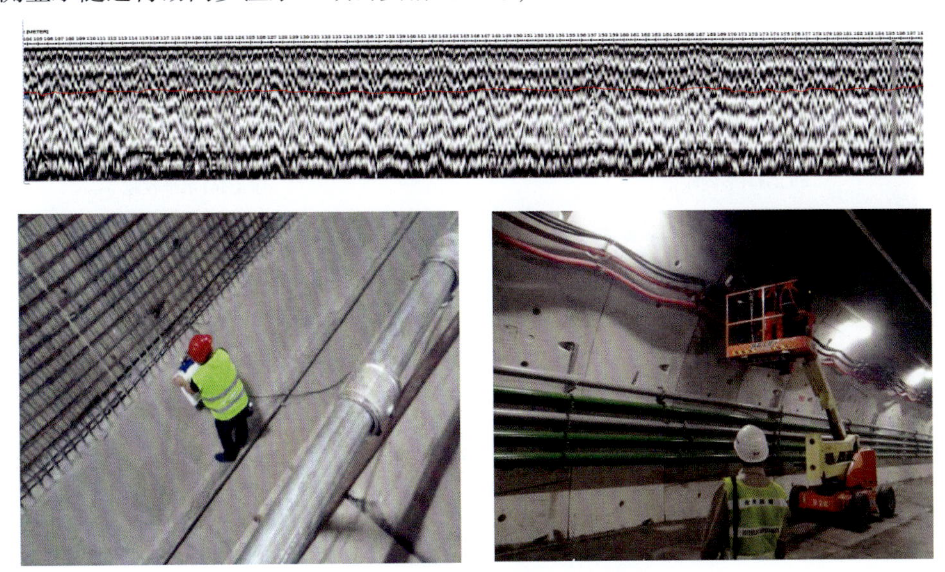

图 6.2-4 地质雷达监测

2)管廊监测结果

管廊施工过程中,盾构机参数精确可控,每个断面从管片脱出盾尾后开始监测,5d 后数据趋于稳定,且稳定后无数据突变情况,盾构姿态调整和掘进过程中对周围土体和管片结构造成的扰动小,稳定快,0 环、1000 环和 2000 环管片结构竖向及水平收敛监测数据累计变化时程曲线如图 6.2-5 ~ 图 6.2-7 所示。

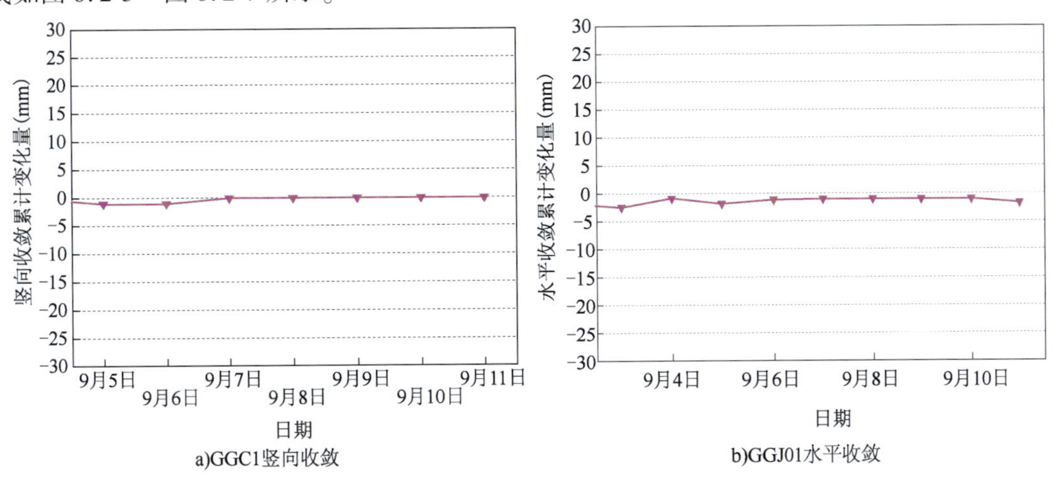

图 6.2-5 0 环管片结构竖向及水平收敛监测数据累计变化时程曲线图

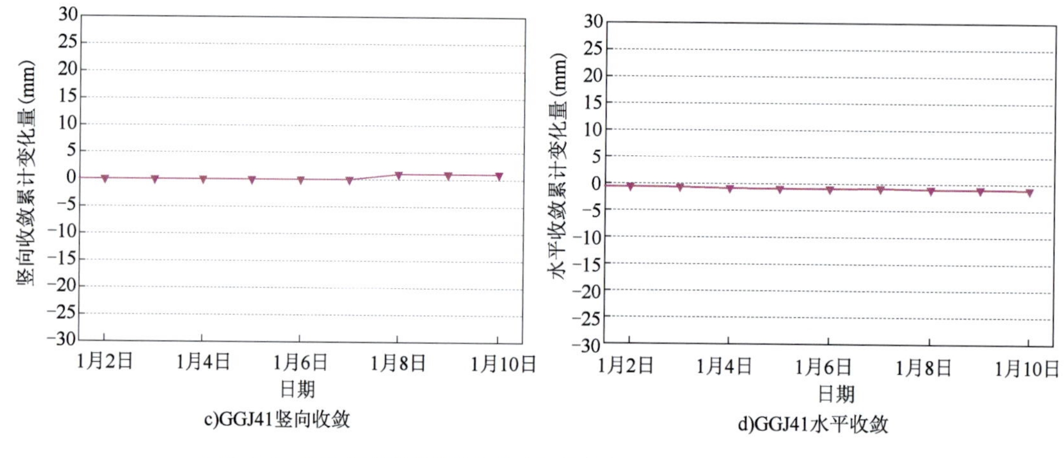

c)GGJ41竖向收敛

d)GGJ41水平收敛

图 6.2-6 1000 环管片结构竖向及水平收敛监测数据累计变化时程曲线图

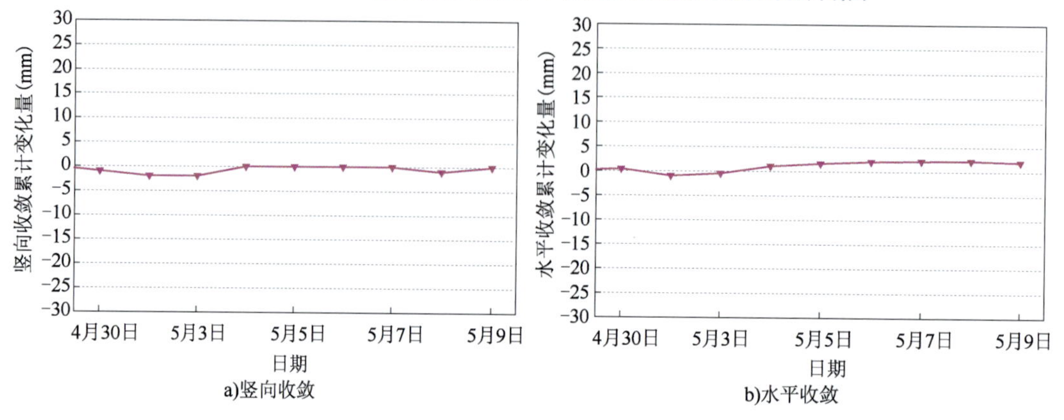

a)竖向收敛

b)水平收敛

图 6.2-7 2000 环管片结构竖向及水平收敛监测数据累计变化时程曲线图

6.3 本章小结

本章结合苏通 GIL 综合管廊工程的难点，针对高水压防水设计要求以及高温运行环境的影响，进行了密封垫优化设计以及防水性能、装配性能的试验研究。通过对同步注浆参数和方式的试验优化研究，形成了富水砂层抑制管片上浮参数匹配技术，有效控制隧道管片上浮，确保了 5.5km 隧道不渗不漏，实现了隧道结构快速稳定，确保苏通 GIL 综合管廊工程高精密（误差 ±2mm）安装要求和长期运行安全。

第 7 章

长距离大断面快速同步施工技术

大时代

盾智行

构未来

大直径电力管廊隧道内部结构的同步施工组织在国内尚无先例,现有的盾构法隧道施工中,由于受到隧道内部空间的限制,隧道内部结构多采用现浇混凝土施工,这种工艺工序多,施工周期长,施工速度慢,施工质量难以控制。为了提高施工效率,缩短施工周期,国内许多隧道均采用预制与现浇相结合的施工方法。本章针对苏通 GIL 综合管廊工程内部结构施工内容多、工程量大的工程难点,介绍了长距离隧道内部结构同步施工和物料运输组织技术,保证洞内相关物料运输的流畅性和同步性。

7.1 内部结构施工

7.1.1 施工难点

1)内部结构施工难度大,安全风险高

内部结构施工涉及预制箱涵底部混凝土填充及水沟、两侧内衬、排风腔顶板、行车道板等多个结构的现浇,洞内多个工作面同时施工。随着线路增长和工作面的增加,内部结构施工原材料运输效率成为制约施工进度的主要原因,施工组织难度不断增大。

区间内部结构施工步序多,需要立体交叉作业,施工难度大,安全风险高,需合理组织流水作业,做好安全防护措施。

2)内部结构施工与盾构机掘进相互干扰大

盾构机掘进涉及管片、砂浆运输、密封油脂运输,需要内部结构施工与掘进任务做好协调,以盾构机掘进为主。

3)工人劳动强度大,内部结构施工空间小

无法动用施工机械,多采用人工。

7.1.2 隧道内部结构同步施工内容

1)预制箱涵施工

箱涵采用预制加工,与管片一起运至洞内,利用盾构机上特制的吊装支架将中箱涵直接安装固定。中箱涵的安装伴随盾构机掘进、管片拼装同步进行,预制箱涵拼装完成后,箱涵节段之间的环缝内外嵌缝槽采用防火密封胶填塞密实。箱涵施工如图 7.1-1 所示。

2)箱涵两侧弧形内衬

箱涵两侧弧形内衬施工时,为保证填充混凝土的施工质量,施工前首先将管片表面的杂物清理干净。由于箱涵两侧混凝土填充后造成箱涵顶面以下的管片隐蔽,故在箱涵两侧混凝土填充前应对如下项目进行专项检查,并做相应记录:管片螺栓的紧固情况、拼装完成的管片表面损坏或者裂缝情况、管片表面存在的渗漏水情况。对于存在问题的情况及时进行处理后,方允许进行混凝土填充

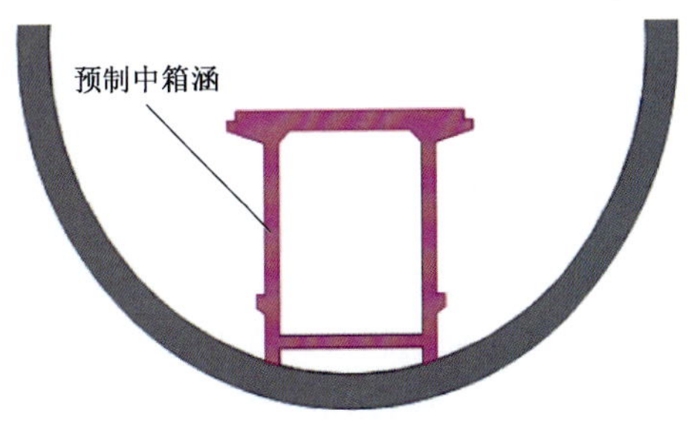

图 7.1-1 箱涵施工图

施工。

为保证弧形内衬的浇筑质量及外观,采用预加工好的定型模板作为弧形内衬浇筑模板。支设模板前进行断面测量,根据断面测量数据确定模板位置,保证隧道净空。为方便施工,采用预加工好的定型模板作为堵头模板,在管片和小钢模之间固定,利用小钢模作为堵头模。沿弧形内衬方向的模板,采用在模板与箱涵之间的支撑固定,支撑 80cm 设一道。将支撑和箱涵上预先埋设好的背勒进行连接,保证模板稳定。混凝土浇筑采用混凝土罐车自卸。每延米混凝土需求约 0.9m³。混凝土罐车从南岸工作井运至工作面后利用溜槽直接倾倒至定型钢模内。箱涵两侧弧形内衬施工如图 7.1-2 所示。

3)现浇排风腔顶板施工

中间箱涵两侧为预留的电缆廊道,在电缆管廊道的下方利用富余空间设置 SF_6 排风腔。排风腔顶板采用 C40 混凝土现浇施工,厚度为 150mm,利用 T 形钢 + 薄钢板作为模板,模板在混凝土浇筑完成后不拆除。

混凝土浇筑采用混凝土罐车自卸。单侧每延米混凝土需求量约为 0.24m³。混凝土罐车从南岸工作井运至工作面进行浇筑。混凝土浇筑时采用插入式振捣器充分振捣。每层的浇筑顺序应从混凝土已施工端开始,以保证混凝土施工缝的接缝质量。混凝土灌注过程中应始终有技术人员和有经验的技术工人现场值班,组织好放料、停料及振捣时机。根据洞内混凝土硬化时的强度增长规律和施工经验,混凝土一般在 12h 后进行养护,采用专人洒水,养护时间不少于 14d。现浇排风腔顶板施工如图 7.1-3 所示。

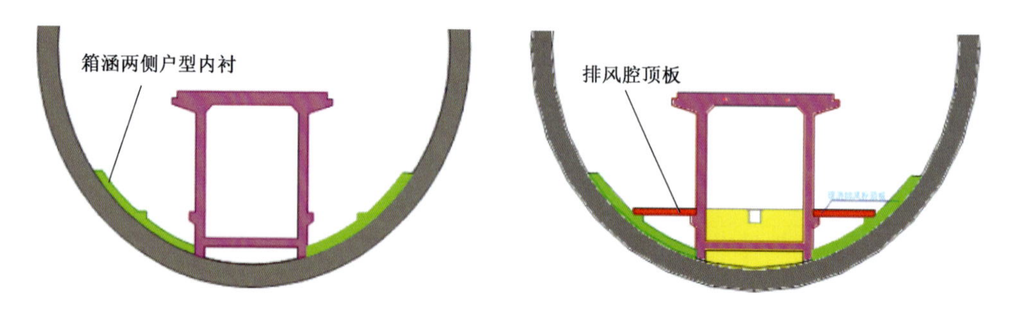

图 7.1-2　箱涵两侧弧形内衬施工图

图 7.1-3　现浇排风腔顶板施工图

4)现浇车道板及剩余弧形内衬施工

中间箱涵两侧车道板厚度为 30cm,采用 C40 钢筋混凝土现浇施工,抗渗等级为 P6,现浇车道板与预制中间箱涵利用预埋钢筋接驳器连接。为加快现浇车道板及剩余弧形内衬施工进度,委托专业厂家加工现浇车道板及剩余弧形内衬施工台车,台车长 20m,底部设置走行轮,顶部采用定形钢模板,支架设置液压系统,用以拆模、合模。

由混凝土罐车从南岸工作井运至工作面后直接浇筑至模板内。施工中应加强振捣,保证混凝土浇筑密实,无漏振现象。浇筑完成后及时覆盖土工布洒水养护,防止混凝土产生开裂,尽快提高强度,保证后续结构的施工。浇筑前应清除模板和钢筋上的杂物。浇筑时按照分层、均匀、对称的原则进行。待混凝土强度达到设计强度的 75% 时,台车拆模,先将边墙模板往中间收,再将台车慢慢往下落,避免边墙粘模。车道板及剩余弧形内衬浇筑的同时在隧道里做好混凝土抗压试块的留置工作,与车道板进行同条件养护。工程车道板为后期车辆避让平台,模板拆除时强度须满足规范要求要求。现浇车道板及剩余弧形内衬施工台车形式如图 7.1-4 所示。

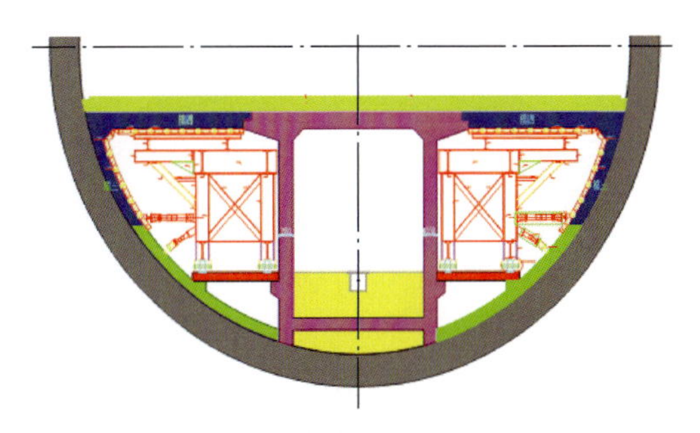

图 7.1-4　内衬施工台车示意图

5)排水管敷设

施工时在现浇车道板上预埋 ϕ50mm PVC 排水管,弧形内衬明敷 ϕ50mm PVC 排水管,同时 SF_6 排风腔顶板预埋 ϕ50mm PVC 排水管通过箱涵中间预留的排水孔把水流引到箱涵中间的排水沟,形成一个完整的排水管路,排水管每 500m 敷设 1 道,两侧对称敷设。排水管设计如图 7.1-5 所示。

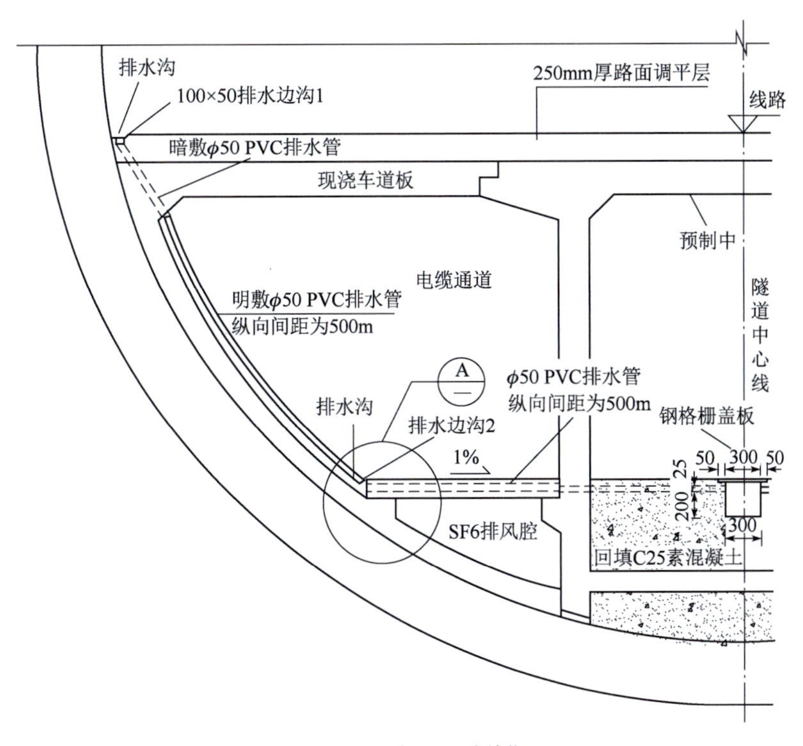

图 7.1-5　排水设计图(尺寸单位:mm)

7.1.3　同步施工组织流程

隧道内部结构施工主要包括中间箱涵安装、箱涵两侧弧形内衬施工、现浇排风腔顶板、现浇车道板、箱涵底部排水沟施工、现浇路面调平层施工等 6 部分,分为盾构机掘进和隧道贯通后两阶段施工。施工顺序为:中间箱涵→中心素混凝土填充及排水沟→弧形内衬→SF_6 排风腔顶板。现浇车道板及剩余弧形内衬→路面调平层。区间内部结构施工流程如图 7.1-6 所示。

1)盾构机掘进阶段施工流程

箱涵为混凝土预制构件,伴随盾构机掘进同步安装。

箱涵排水沟以下混凝土在弧形内衬施工前开始浇筑,使箱涵和管片黏结为整体。排水沟

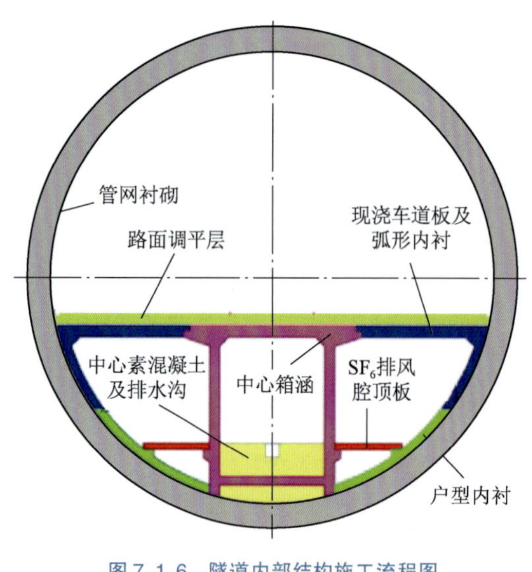

图 7.1-6 隧道内部结构施工流程图

两侧素混凝土利用同步施工间隙填充。素混凝土填充共分两部分进行：排水沟以下素混凝土填充、排水沟两侧素混凝土填充。

箱涵两侧弧形内衬，待中箱涵排水沟下混凝土浇筑完 48h 后，开始利用定制的小钢模施工浇筑混凝土。

现浇排风腔顶板，待箱涵两侧弧形内衬施工完成后，利用 T 形钢 + 薄钢板作为模板进行立模现浇施工。

现浇车道板及弧形内衬利用定制施工台车作为施工平台。待现浇排风腔顶板强度达到设计强度后，台车就位，开始钢筋焊接成型，然后浇筑混凝土。

2）隧道贯通后施工部分流程

隧道内部的路面调平层采用现浇钢筋混凝土结构，待盾构区间掘进贯通后采用铺轨机施工，轨道铺设完成后整体浇筑路面调平层。

7.2 洞内运输组织

目前，隧道施工过程中常用的水平运输方式分为有轨运输和无轨运输，与有轨运输相比，无轨运输没有固定轨道，运输车辆在洞内具有灵活性大、运输效率高和维修方便的优点，对于长距离大直径泥水平衡盾构隧道来说，采用无轨运输的方式合适。该工程采用无轨运输的形式进行洞内物料运输，车辆采用双节双头车的设计方案，车型为 DYC60 管片箱涵双头运输车，其技术参数见表 7.2-1。

双头运输车辆主要技术参数表　　表 7.2-1

项目	参数	项目		参数
整车质量(t)	26	最小转弯半径(mm)		≥12000
最大载重(t)	60	行走转向模式		直行、八字转向、斜行
尺寸(mm)	22000×2300×2600	排放标准		国Ⅳ
载货区长度(mm)	10000	设计最高速度(km/h)	满载上下坡	6.6
最小离地间隙(mm)	≥200		空载上下坡	12
满载最大爬坡(%)	6		满载平地	10
动力系统	276kW/2100r/min		空载平地	15

1）运输条件

如图 7.2-1 所示，洞内运输主要分为三个断面区间，各断面区间运输条件如下：

①盾构机尾部至箱涵安装台车位置：主要通行盾构管片、泥浆、水气管及污水管路等，沿管

片内侧底部空间通行,通行距离约300m,通行宽度约2.4m,最大安全通行高度约2.6m。

②箱涵安装台车至内部结构施工完成(边箱涵及中箱涵找平层达到设计强度,满足通行条件)区域:主要通行盾构管片、砂浆、预制中箱涵、泥浆及水气管路等,通行距离800~1200m,通行宽度4m左右;此区间单次只可通行一辆车,最多可有一辆双头车和一辆砂浆车顺次进入,双头车驶入卸货区,砂浆车停放于转运平台。直到前一辆双头车驶出此区间,下一辆双头车才能驶入,其余满载车辆全部停放于同步施工完成区域。

③洞口至内部结构施工完成区域:通行盾构法施工及内部结构施工物料,最大通行距离约5468m,通行宽度10.3m,通行限高3.2m。此区间可实现全部车辆错车,内部结构施工车辆与盾构法施工运输车辆相互影响较小。

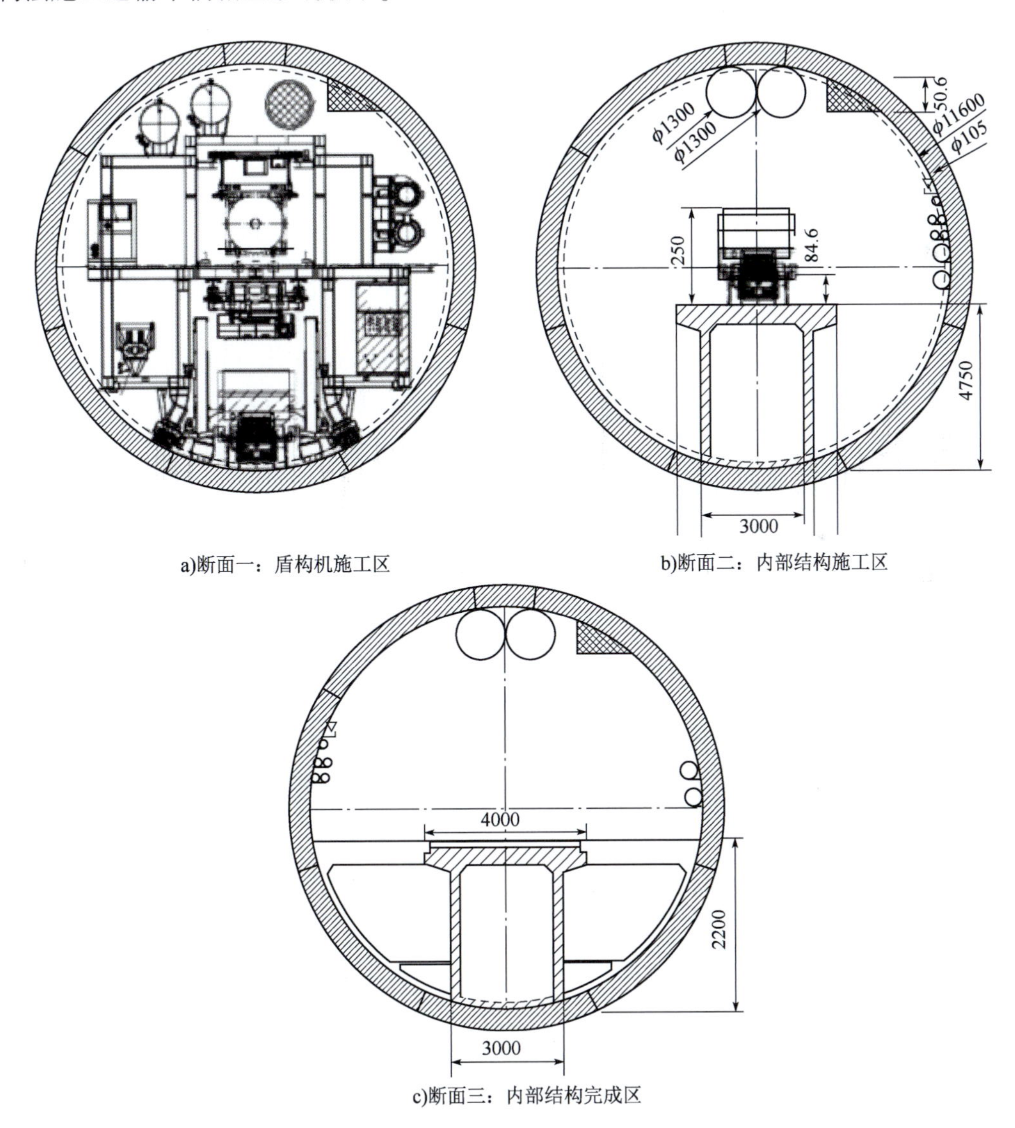

a)断面一:盾构机施工区

b)断面二:内部结构施工区

c)断面三:内部结构完成区

图7.2-1 洞内运输主要通行断面(尺寸单位:mm)

车辆在隧道内部运输主要分为两个行驶区间:单车道行驶区间和三车道行驶区间。其中,箱涵安装台车至内部结构施工完成区域为单车道行驶区间,洞口至内部结构施工完成区域为三车道行驶区间。根据车辆在各区间运输条件,车辆在盾构机后部的行驶位置如图 7.2-2 所示。

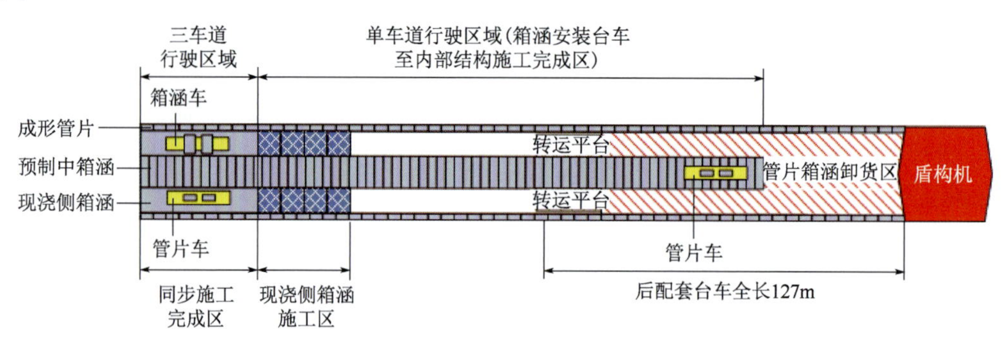

图 7.2-2　车辆行驶位置平面示意图

2)运输内容

(1)盾构机掘进物资运输

盾构机掘进所需物资包括每环 8 块管片、26 ~ 32m^3 砂浆以及油脂等耗材,每 4 环两根泥浆管、5 根水气管、污水管及支架,每隔一段距离运输进洞的通风管及高压电缆等。通风管及高压线缆每隔一段时间集中运入,对正常掘进下的物料运输不产生大的影响;油脂等耗材随管片运入洞内,对运输方案影响不大;泥浆管、水气管及支架利用箱涵运输车辆运输进洞,运输方案中考虑其影响。在洞内运输方案中,应重点考虑管片及砂浆的高效运输。

(2)内部结构施工物资运输

内部结构施工主要运输的物料包括预制箱涵、预制排风腔盖板、预制中心水沟盖板、现浇结构混凝土、钢筋及模板支架。模板支架采用定型钢模及台车,运输量较小,对运输方案影响不大;预制水沟盖板及排风腔盖板较小,利用盾构机施工间隙运输,对运输方案影响不大;钢筋采用小型平板车运输,运输较为机动,对运输方案影响较小。

(3)施工人员进出洞

洞内施工人员主要包括盾构机施工作业人员及内部结构施工作业人员,预计每班盾构机施工作业人员 30 人,内部结构施工人员约 50 人。人员进出主要发生在交接班期间,对整体运输方案影响较小。

3)洞内无轨运输流程

根据现场盾构机施工实际情况,盾构机完成一个单环掘进施工循环最快需要 100min,其中掘进时间为 60min,管片拼装时间为 40min,可以满足盾构机正常工作状态下日进尺 24m/d 的掘进要求。对现场单辆车洞内运输循环的时间进行分段统计,单辆车在洞内一个运输循环内所需要的时间主要包括卸货时间、洞内运输时间、洞外运输和装车时间,具体流程如图 7.2-3所示。

t_1:管片车在盾构机尾部的卸货时间,平均用时 20min。

t_2:箱涵车在盾构机尾部的卸货时间,平均用时 20min,每辆箱涵车装载两块箱涵,第一块箱涵起吊、安装完毕后,才能起吊第二块箱涵,此时车辆才可以离开卸货区。

t_3:管材在盾构机尾部的卸货时间,平均用时10min,泥浆管可存放于4号台车。

t_4:车辆洞外运输、吊装时间,共22min,其中:隧道洞门至吊装区的空车行驶时间为5min;空车装车的时间取10min;吊装区至隧道洞门的满载行驶时间为7min。

t_5:空车自卸货区驶出隧道的总时间。

t_6:满载驶入隧道至卸货区的总时间。

t:车辆滞留时间,当车辆提前运输到盾构机卸货等待区时,此时并不能进入台车尾部进行卸货,车辆会滞留一段时间。

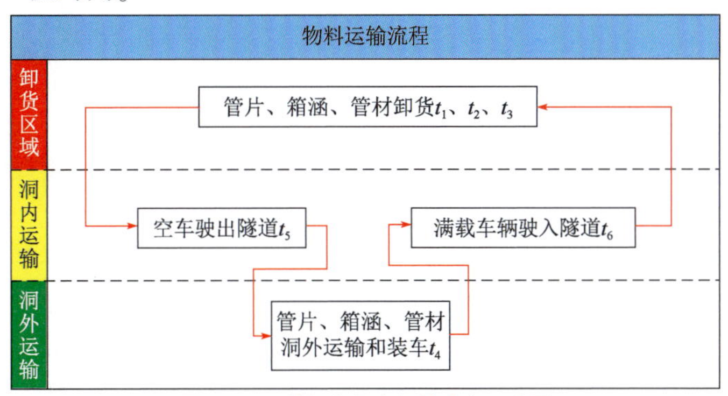

图7.2-3　单辆车洞内运输流程示意图

4)隧道内车辆运输方式及车辆选择

如果盾构法施工仅仅是盾构机掘进和管片拼装,而不采用同步拼装预制中间箱涵、同步施工内部结构的施工方式,那么有轨运输将更为可行,也更加高效和安全。但是对于进行同步箱涵拼装和洞内结构同步施工的长距离大直径盾构法隧道来说,由于运输条件的限制,无轨运输比有轨运输更有优势,根据以往的工程经验,无轨运输在运输效率、安全性(轨道车的安全性、稳定性、成熟度不及标准化生产的轨道车,同时,对于大坡度隧道,轨道车的安全性是极大的挑战,一般轨道车适用的坡度不超过3%,该工程达到了5%)、灵活性和经济性上具有突出的优点。隧道内物料运输车辆具体型号、尺寸及用途如下:

(1)管片运输车

受盾构台车及箱涵运输台车影响,管片车满载后高度要求在2.6m以内,采用特制的双头平板液压车运输管片。如图7.2-4所示,管片车全长21.5m,满载最大高度2.51m,车宽1.74m,底盘高0.785m,适应坡度10%。承载能力70t,单次运输4块管片,两车运输一环管片。满载最大爬坡速度5km/h,满载最大下坡速度10km/h,空载运行速度15km/h。

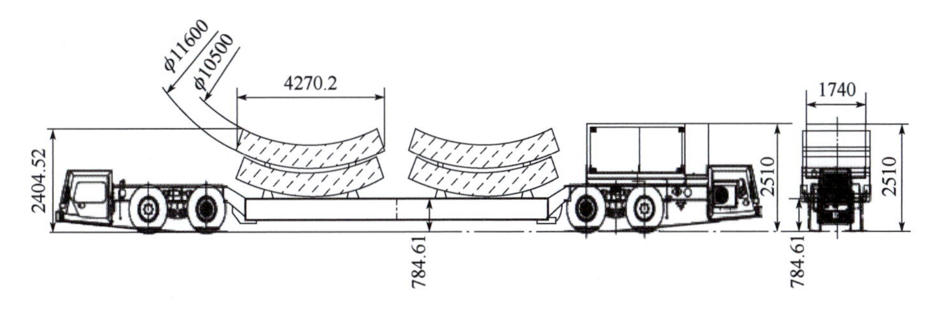

图7.2-4　特制管片运输车(尺寸单位:mm)

管片运输车进洞时较矮一侧向前，出洞时较高一侧在前，驾驶员始终位于前进方向驾驶室内。管片运输车在隧道内不可调头，在内部结构施工完成区域可与其他车辆错车，在箱涵安装台车尾部设置错车平台，可实现与管片车及砂浆车错车。

(2)箱涵运输车

受箱涵安装台车影响，如图 7.2-5 所示，箱涵运输采用与管片车同类型车辆。箱涵车全长 13.5m，满载最大高度 2.3m，车宽 2.5m，底盘高 0.96m，适应坡度 10%，承载能力 60t，单次可运输两块箱涵。运行速度与管片车一致。

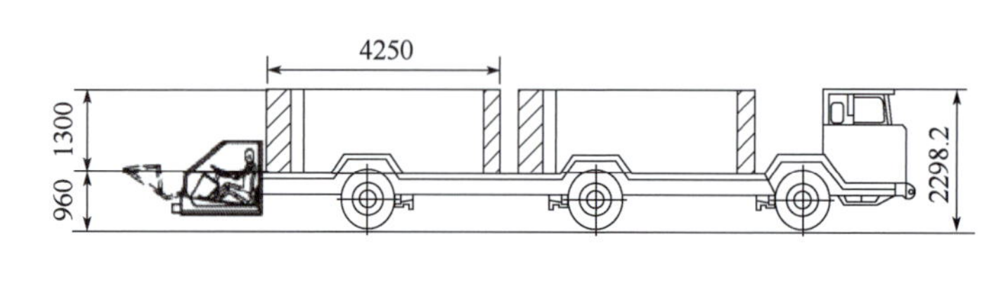

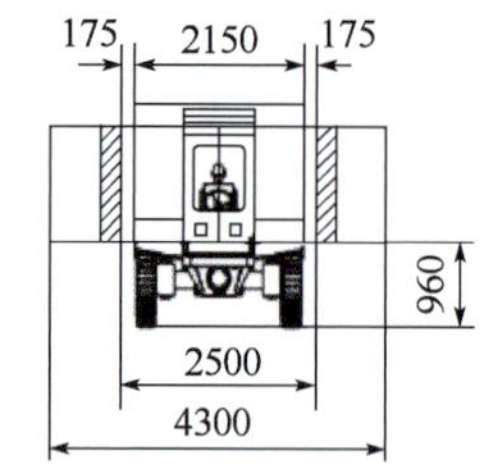

图 7.2-5　特制箱涵运输车(尺寸单位:mm)

箱涵运输车进洞时较矮一侧向前，出洞时较高一侧在前，驾驶员始终位于前进方向驾驶室内。运输车在隧道内不可调头，在内部结构施工完成区域可与其他车辆错车；在错车平台位置可与管片车交错，不可与砂浆车交错；箱涵安装期间安装位置管片车无法通行。

(3)砂浆运输车

砂浆采用倒运作业，在箱涵安装平台后部设置转运砂浆泵，砂浆运输车只负责将砂浆运输至箱涵安装台车后部；砂浆车采用轮胎式运输车，由斯太尔车头改造而成。如图 7.2-6 所示，砂浆车长 7.7m，总宽 2.46m，车头高 3.1m；砂浆罐采用 U 形卧式，罐体内长 3.6m，内宽 2.2m，罐高 1.8m，容量 10m^3。

箱涵车驾驶室在前进洞，在箱涵台车尾部平台调头(图 7.2-7)，并有充足的空间进行错车，最多可容纳三辆砂浆车。倒运砂浆后出洞，砂浆车在洞内行进速度按照 20km/h 考虑。

图 7.2-6　砂浆运输车

图 7.2-7　转运平台砂浆车作业区间

5)混凝土运输车

混凝土采用常规的 6m^3 混凝土运输车运输至内部结构施工区后部，由卧式混凝土输送泵泵送至施工区域。运输车在内部结构施工完成区域可进行调头作业,运输车不占用内部结构施工区至盾构机的运输区间,对盾构机掘进物料运输影响较小。

内部结构施工运输采用车辆的型号、尺寸及用途见表7.2-2。

区间运输车辆一览表　　表7.2-2

序号	车辆名称	数量	外形尺寸 (长×宽×高)	主要用途	运行方式	状态
1	双头 平板车	7辆	18m×2m×2.2m; 运箱涵时高3m	运输管片、箱涵、 施工材料	双头运行	新购
2	混凝土 运输车	4辆	6.1m×2.5m×2.2m	运输混凝土	隧道内可倒车	新购
3	砂浆车	5辆	7.7m×2.46m×3.1m	运输砂浆	盾构机尾部转运 平台错车、掉头	新购

盾构机掘进阶段洞内交通采用编组运行的方式进行,施工前期区间内部结构施工用材料利用管片和箱涵运输车辆运入洞内。当区间掘进至一定长度后,在洞内设置同步施工材料堆放场和错车平台,并利用小型叉车作为材料倒运工具,从而保证同步施工不影响到盾构机正常掘进。混凝土浇筑采用水泥罐车,水泥罐车可在洞内实现调头,施工中根据不同工序对洞内运输及时进行调整。

7.3　本章小结

大直径电力管廊隧道内部结构复杂,内部结构施工对盾构机施工将不可避免地产生较大影响。为了提高施工效率,缩短施工周期,本章针对苏通GIL综合管廊工程开展了长距离隧道内部结构同步施工方案和物料运输组织进行了研究,根据无轨运输设计方案,以优先考虑重要物料、减少车辆等待时间为基本原则,对同步施工工序及配套物料调度进行合理优化,指导了隧道管廊内部同步施工快速作业。

第 8 章

沼气地层长距离独头掘进安全穿越技术

大时代

盾智行

构未来

苏通 GIL 综合管廊工程隧道穿越常熟段专用航道至长江深槽南缘区段的地层中存在沼气。沼气在土层中呈蜂窝状不连续分布,气与水同层。在该段地层中,有害气体成团块状、囊状局部集聚分布,虽无大面积连通,但普遍存在,赋存地质主要为粉质黏土混粉土、砂土。该地质单元有较厚黏土覆盖,有害气体在自然条件下很难溢出,因此盾构法施工可能遇到有害气体。此外,该工程盾构机独头掘进,通风距离长,大部分均位于长江航道范围内,中部无法设置井道进行通风;同时,采用无轨运输,内燃机汽车尾气排放量大,对隧道通风设计提出了相对较高的要求。

8.1 沼气地层

长江深槽南缘区段(综合管廊)下部地层存在生物成因浅地层天然气(沼气),沼气主要成分:甲烷(CH_4),占比 85% ~88%;氮气(N_2),占比 8% ~10%;氧气(O_2),占比 2% ~3%。该段地层拥有良好的沼气储、盖条件,储层为砂、粉土层④$_1$、④$_2$、⑤$_1$、⑦$_2$,盖层为黏性土层③、④$_1$。试验测得关井气体压力为 0.25 ~0.30MPa,估算沼气压力不大于其上覆水土压力之和,符合正常压力系数范畴,预计为 0.4 ~0.6MPa,地层内沼气未大面积连片,而是成团块状、囊状局部集聚分布。静力触探测定单个气藏最大储气量约 5m^3,沼气有向上且向盖层底部集中的趋势。

总之,1020m 长的施工地段地层内含有有害气体,确切地说,这是位于工作井盾构机施工不到 2000m 范围内的有害气体作业区。管廊内及地面泥浆系统内会排出有害气体。盾构法施工与煤矿井下作业不同,此处地层与管廊完全隔离封闭。超过 2000m 段之后属于正常施工通风区域。因此,根据有害气体的探测报告,管廊施工分为 2 个区域,如图 8.1-1 所示:①长江南岸工作井起至前进 2000m(DK1 +1000)处,为稀释有害气体通风区域;②DK1 +1000 起至长江北岸接收井,为正常施工通风区域。

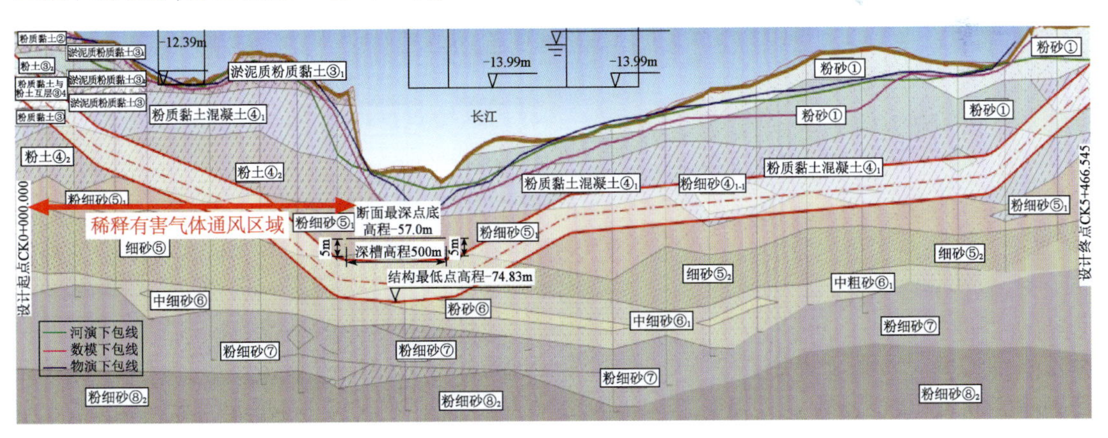

图 8.1-1　苏通 GIL 综合管廊通风分区图

8.1.1 沼气地层危害

(1)有害气体对施工人员的影响

沼气对盾构机的施工影响极大,沼气浓度一般为 5% ~16%,即达到爆炸极限。一旦与空气中的氧气混合,并遭遇足够能量的点火源,极易引起燃烧和爆炸,从而对施工人员的人身安全构成极大的威胁。

气体在软土中的渗透速度是水中的 70 倍,如果隧道有微裂缝,沼气将会沿此缝隙进入隧道空间,导致现场施工人员呼吸困难甚至中毒,从而严重危及施工人员的生命安全。

(2)有害气体对土体稳定性的影响

气体强烈释放会引起土体失稳。随着有害气体释放(特别是强烈释放),会引起土层体积变形,土体自身强度急剧下降,对隧道影响非常大,导致隧道发生变形、歪曲,管片接头断开,进水进气,甚至发生断裂。

(3)有害气体对盾构法施工的影响

有害气体的释放也会影响到盾构机刀盘前土体的稳定性,从而影响到盾构推进施工及施工过程中周围地层的稳定性。

同时,地层中沼气的存在对施工设备的防爆性能提出新的要求,设备选型时必须充分考虑到沼气存在的影响。

(4)有害气体对注浆效果的影响

盾构施工期间的注浆效果,以及后期隧道后注浆成效,都会受到地层中沼气存在的影响,关乎地层与结构的稳定性。因此,需要评估沼气存在对注浆效果的影响,保证盾构法施工的安全,并评价隧道结构稳定性的构建效果。

8.1.2 有害气体进入盾构机途径

如图 8.1-2 所示,开挖时微小气泡溶于泥浆,在由气垫仓流向出浆口的过程中,部分气泡可能会在气垫仓内上升,部分有害气体进入气垫仓内的压缩空气;当气垫仓压力经 Samson 系统自动调控排气时,该部分气体会进入隧道内部。

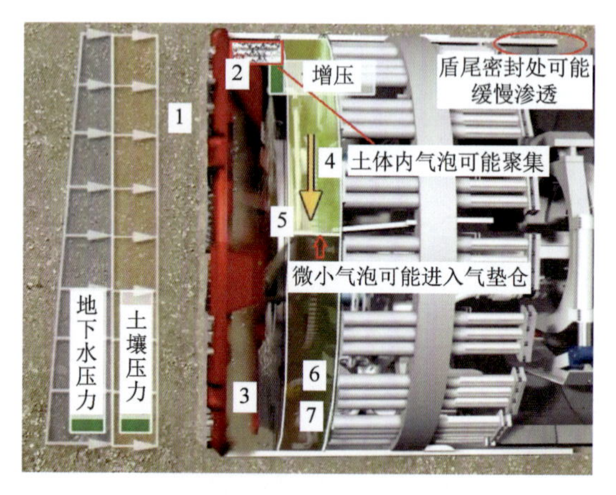

图 8.1-2　有害气体进入隧道内部的途径

1~7-气体进入隧道内部的顺序

在掘进过程中,虽然开挖仓内泥水压力略高于外部,泥浆始终在刀盘周边土体内形成渗透带,提前将原状土内的空隙水、气排出一定范围,但实际开挖过程中受多种因素共同影响,若不能完全实现预期状态,开挖时释放出的气体将在开挖仓顶部聚集。根据气垫平衡式泥水平衡盾构机的原理,开挖仓顶部不能有大范围气体聚集,为此,盾构机在开挖仓顶部设置一条放气管道(防止气垫仓气体向开挖仓缓慢泄漏),周期性检查该处是否有气体聚集,若有,则采取放气措施,若不采取放气措施,有害气体将会进入隧道内部。

8.2 有害气体阻隔技术

8.2.1 有害气体阻隔效果分析

1)试验材料与试验装置

(1)试验装置

使用自主研发的克泥效试验装置进行试验,如图 8.2-1 所示。试验仓高 180mm,内径 75mm。顶盖与试验仓采用 8 个螺母进行密封连接,并在两者中间加气垫进行密封处理。顶盖上设有进气口和压力表,进气口连接气泵,可以对试验仓进行加压操作,待试验仓内气压稳定后关闭阀门保持仓内压力,压力表则显示试验仓内压力大小。试验仓底部设有 9 个直径为 7mm 的透气孔(图 8.2-2)。

图 8.2-1　试验装置

图 8.2-2　试验仓底部

(2)试验步骤

①在试验仓底部加一块直径为 65mm 的透水石,防止试验过程中砂土颗粒从底部气孔内挤出,然后向试验仓内加 130mm 厚的砂土。

②用天平称取 900g 粉末状克泥效,用量筒量取 1654mL 水,将两者混合并充分搅拌得到克泥效溶液(图 8.2-3)。待搅拌均匀后取 200mL 克泥效溶液,再取 10mL 水玻璃,将两者混合并充分搅拌得到试验用克泥效(图 8.2-4)。

③向试验仓内加满克泥效并抹平(图 8.2-5),在顶盖和试验仓之间加一片垫片,拧紧试验仓与顶盖连接螺栓,封闭试验仓。使用气泵加压到 0.7MPa,待气压稳定后关闭顶盖加压阀门,持续加压 10min(图 8.2-6),利用气压压紧克泥效,模拟实际工况中克泥效的注入压力。

④卸压，打开试验仓顶盖，取出部分克泥效并抹平试验仓内剩余克泥效，使试验仓内剩余克泥效覆盖厚度为10mm，重新封闭试验仓，加压到0.7MPa，待气压稳定后关闭顶盖加压阀门，保持仓内压力。若一段时间后观察到气压表示数下降，说明克泥效上部有压气体击穿克泥效，记录此过程持续加压的时间，记为试验一击穿时间。

⑤取出试验仓内克泥效，重新向试验仓内加满并抹平克泥效，再进行一组覆盖厚度为10mm的试验，得到试验二击穿时间，取两个时间平均值为该厚度下气压击穿时间。

⑥依次进行克泥效覆盖厚度分别为15mm、20mm、25mm、30mm、35mm的试验，得到不同覆盖厚度下气压击穿时间。

图8.2-3　搅拌克泥效溶液

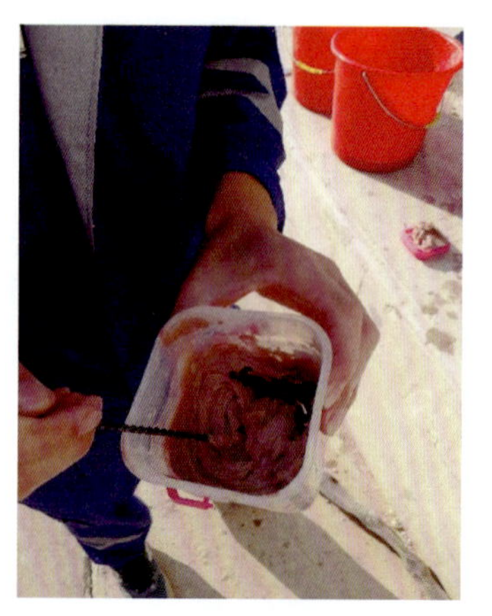

8.2-4　加水玻璃后搅拌

图8.2-5　抹平克泥效

图8.2-6　持续加压

2）试验结果

在加压到0.7MPa后，不同克泥效覆盖厚度下击穿时间不同，随着克泥效覆盖厚度的增大，击穿时间也随之增加。试验得到不同覆盖厚度条件下克泥效抵抗0.7MPa压力的时间，见表8.2-1。

不同克泥效厚度条件下的试验击穿时间　　表 8.2-1

克泥效覆盖厚度（mm）	击穿时间（min）		
	试验一	试验二	平均值
10	11	10	11
15	24	22	23
20	30	35	33
25	39	43	41
30	53	50	52
35	58	70	64

试验结束后打开试验仓发现，与试验之前抹平的克泥效（图 8.2-7）相比，每次试验后克泥效并非中部被击穿，而是四周开裂（图 8.2-8）。随着持续加压，克泥效四周裂缝不断扩展，当扩展至砂土层时，气体穿过砂土层从试验仓底部逸出。

图 8.2-7　试验前克泥效抹平

图 8.2-8　试验后克泥效开裂

8.2.2　施工控制

施工中，需保持泥浆持续向地层渗透，确保泥膜（即渗透带）在“边生成、边切削破坏”的状态下,始终保持泥膜维持一定厚度,即其生成速度要略大于开挖速度;同时确保盾尾密封保持良好状态。泥膜工作原理与渗透效果如图 8.2-9、图 8.2-10 所示。

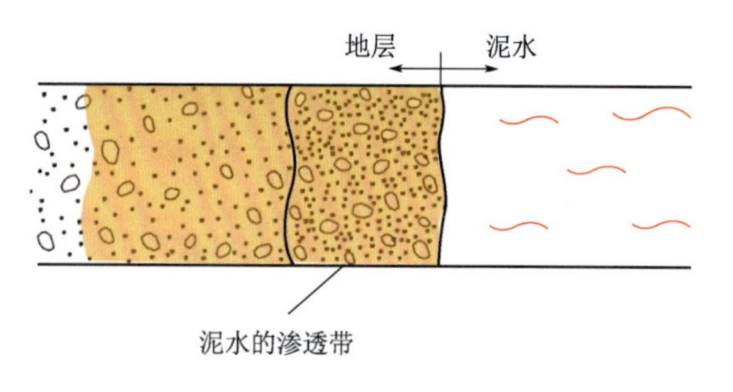

图 8.2-9 开挖过程泥膜工作原理

图 8.2-10 泥膜渗透效果

利用注浆止气及气密性混凝土封闭等方法做好特殊部位的密封处理,如注浆孔、管片接缝、盾尾管片与地层间隙,防止可燃气体、有害气体的溢出。具体可采取如下措施:

(1)做好盾尾同步注浆的及时与饱满注入。

(2)管片嵌缝及时施工。

为最大限度阻止地层中的有害气体与管片发生直接接触,采用在盾体注入克泥效的方法,进一步向管片周边土体渗入形成致密渗透带;同时,克泥效也可以有效提高同步注浆浆液的质量(通过在盾体中部形成止水环箍隔绝泥浆与砂浆)。

克泥效是近几年引入国内的一种新型盾构法施工辅助材料,原本用于控制地表沉降,在盾构施工地表沉降的 5 个发展阶段中(图 8.2-11),它用于防止第 3 阶段"通过时沉降",因此,它通常在盾体中部注入周边土体,具有以下两点额外作用:

(1)隔绝开挖仓泥水和盾尾同步注浆浆液

盾构机一般采用开挖直径最大、盾尾直径最小的倒锥形设计,在泥水平衡盾构机施工时,开挖仓泥水在压力作用下沿锥度空间向后方扩散,对盾尾处的同步注浆浆液起到稀释的作用,导致部分浆液溶于泥浆,这是同步注浆充盈系数偏高但有时效果不佳的原因。

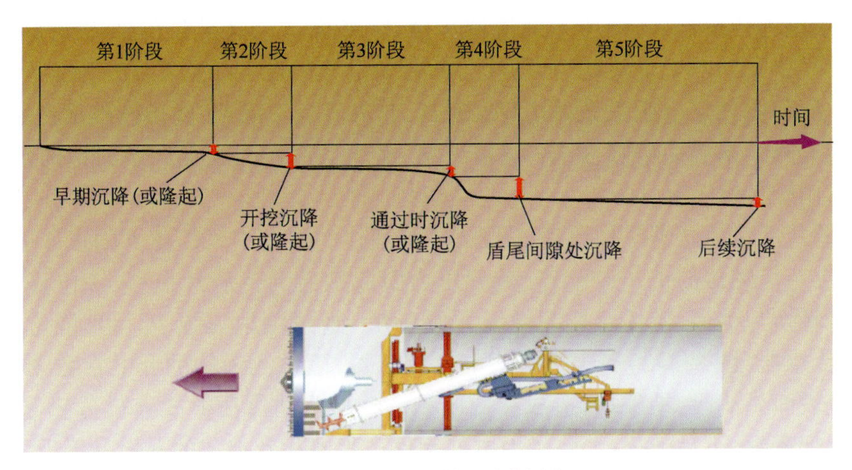

图 8.2-11　沉降控制阶段划分

如图 8.2-12 所示,在盾体中段注入克泥效后,由于其不溶于泥浆,保持原状特性,在前方泥浆和后方砂浆之间形成了良好的隔绝层,有利于同步注浆浆液的正常凝结,达到填充间隙、密封防水的效果。

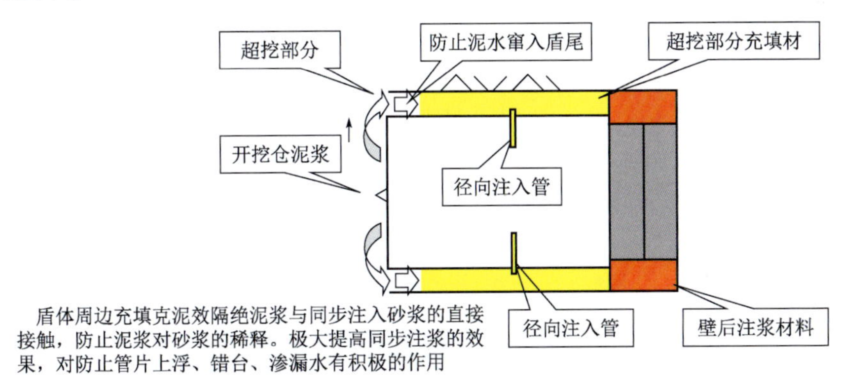

图 8.2-12　克泥效注入示意图

(2)在砂层中可向周边土体渗透形成一定效果的隔水层

这一功效可防止周边地下水对砂浆的稀释,有利于同步注浆浆液的正常凝结。同时,在有害气体地层,其本身可起到一定的填充间隙、密封防水的效果,对今后隧道的永久结构也会有积极的作用。

8.3　设备针对性设计

8.3.1　防爆传感器的设计应用

通过分析施工过程中沼气渗漏进入盾构机内部和隧道内部的所有途径,针对开挖时微小气泡溶于泥浆,在由气垫仓流向出浆口的过程中,部分气泡可能会在气垫仓内上升导致有害气体在气垫仓内聚集,首次将气垫仓内的压力传感器、绳式液位传感器、点式液位传感器等分别替换为防爆式压力传感器、防爆压差式液位传感器、防爆式音叉液位传感器等非电间接传感器，消除了在气垫仓内产生电火花的可能性，具有安全和隔爆双重效果；新型传感器采用进口不锈钢材料，压力腔外层采用激光焊接双层密封，与外界完全隔绝，防爆性能优良，相比传统用电传感器，其监测结果更为精确、可靠，适应高温、高压、有害、强腐蚀介质的特殊环境，能有效防堵塞，可适用于特殊工况。

防爆压差式液位传感器工作原理（图 8.3-1）：液体的压力引入传感器的正压腔，再将液面上的大气压力与传感器的负压腔相连，流程压力引起敏感元件膜片位移，该位移与差压成正比，通过信号转换与整流，使传感器测得压力为 ρgH。通过测取压强 P，得到液位深度。原有的绳式液位传感器（图 8.3-2）属于接触式电容传感器，因被测液体的介电常数不稳定会引起一定误差，且表面易沾污，易破损，造成读数困难。替换为防爆压差式液位传感器（图 8.3-3）后，信号线全部密封，不易破损，消除了因电气元件产生电火花造成的易燃易爆现象，规避了电容式传感器受密度及测量范围的改变造成的误差影响。

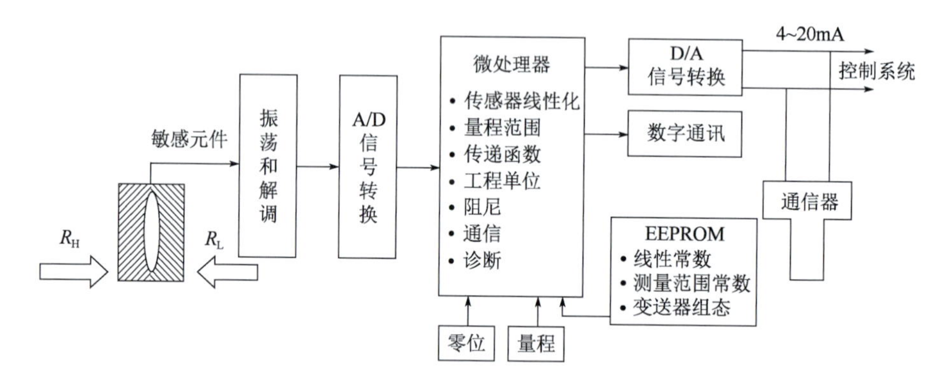

图 8.3-1　防爆压差式液位传感器工作原理图

图 8.3-2　原绳式液位传感器

防爆式音叉液位传感器工作原理：采用压电器件实现叉体的振动驱动与监测。当叉体与被测液体接触时，叉体振动频率的变化会直接反映在压电监测器件的输出信号上，使监测电路对频率的变化进行判别并输出一个开关信号。防爆式音叉液位传感器开关的叉体轻巧，可安装于狭小空间(如管道)内。防爆式音叉液位传感器安装如图8.3-4所示。原有的点式液位传感器属于接触式电容传感器,同样存在上述绳式液位传感器的问题。

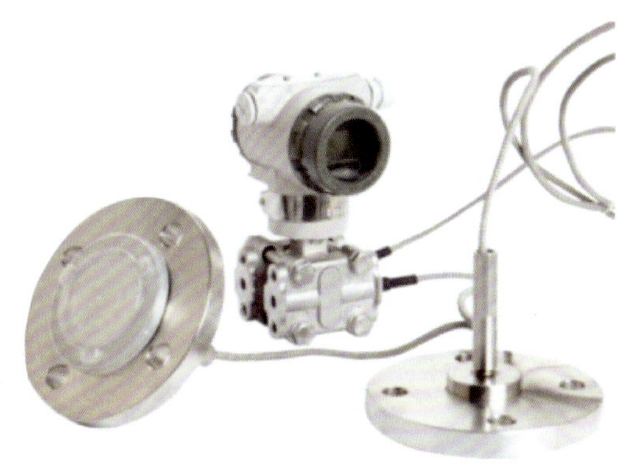

图8.3-3 防爆压差式液位传感器

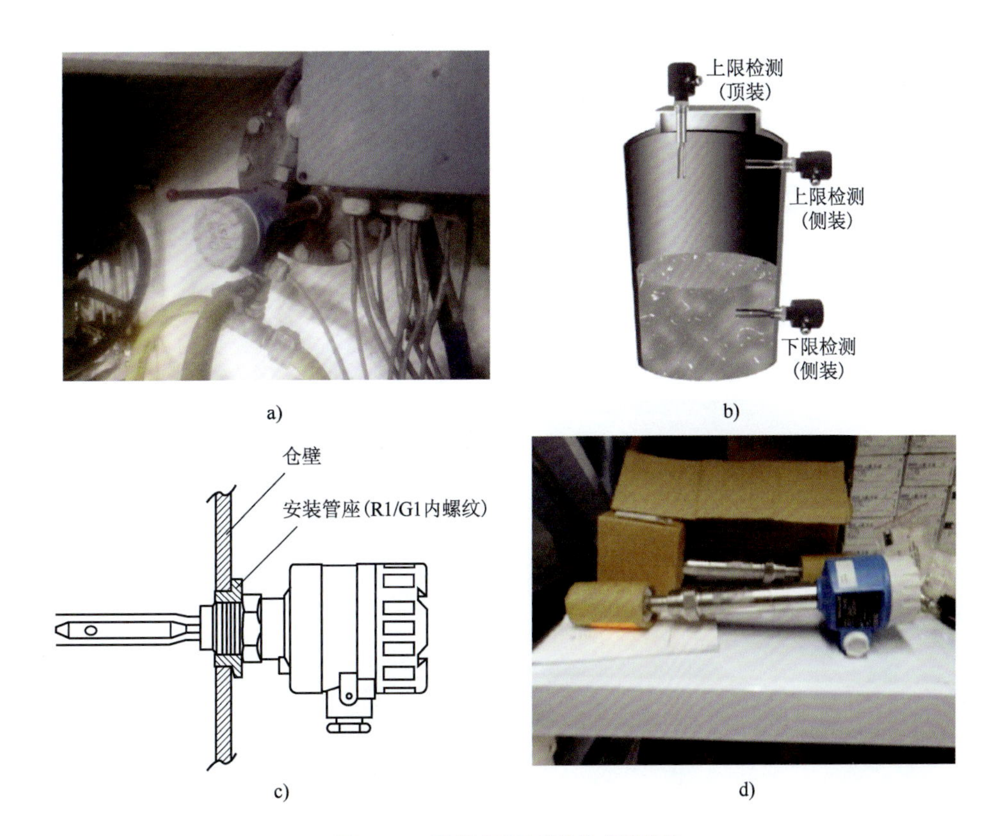

图8.3-4 防爆式音叉液位传感器安装

防爆式压力传感器(图8.3-5~图8.3-8)工作原理:与普通压力传感器工作原理基本相同,但内部感应膜片和放大处理电路经过精密防爆设计,壳体经防爆隔离处理,被测介质压力通过感应膜片传送放大处理电路,放大处理电路对变化的振荡频率信号进行集成处理,处理后输出4~20mA的电流信号传输至控制室处理器。

图 8.3-5　防爆式压力传感器

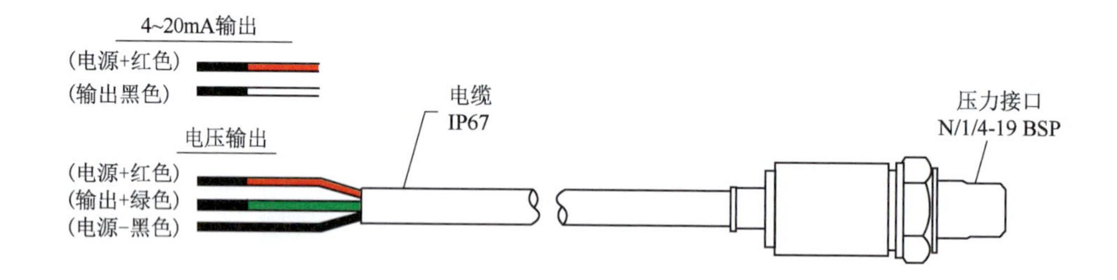

图 8.3-6　防爆式压力传感器接线示意图

图 8.3-7　防爆式远程遥控装置示意图

8.3-8　VMT 隧道掘进系统的防爆不间断电柜示意图

稳定性分析：

(1)在软土、粉砂地层，因仓内渣土的堆积，有可能导致原有的绳式液位传感器失效，无法准确监测气泡仓内液位。防爆压差式液位传感器通过检压电器件实现叉体的振动驱动与监测，将液位的高度转化为电信号的形式进行输出，对电信号进行处理进而输出液位的高度。

(2)在存在有害气体的地质中,前仓配置防爆式有害气体检测装置、防爆传感器,大大降低了电气设备发生火花的概率,可防止有害气体在密闭的高压前仓聚集,避免发生危险程度较高的安全事故。

8.3.2 有害气体实时监控系统

选用一套 KJ101N 安全监控系统,对掘进隧道内施工环境以及各主要施工设备运行状态进行实时监测,使相关人员能够及时了解掘进隧道内环境状况,做到对各类灾害的早期预测,防止事故的发生。

1)系统构成

KJ101N 安全监控系统主要由监控主机、分站、传感器及传输缆线等组成。系统网络结构见图 8.3-9,监控系统网络见图 8.3-10。

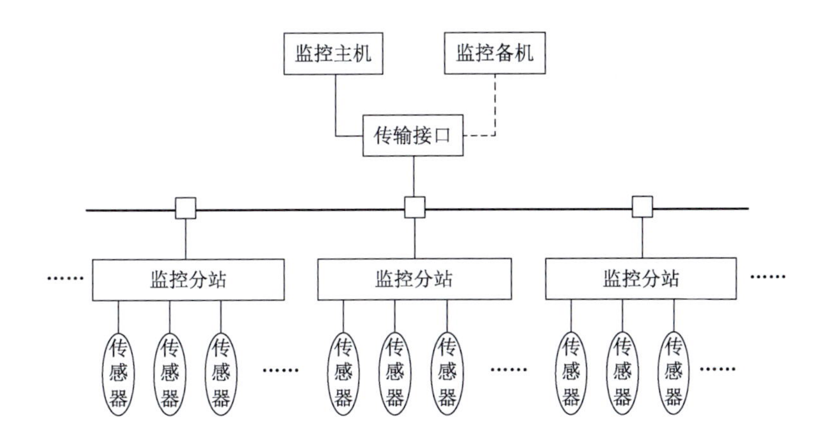

图 8.3-9　安全监控系统网络结构图

中心站置于地面工程指挥部内,中心站设备采用双回路供电,并装设可靠的接地装置和防雷装置。监控主机选用高性能、高稳定的工控机 2 台,当主机发生故障时,备机由热切换控制器自动投入运行。配置传输接口 1 台,打印机 2 台,3kV · A 不间断电源 1 台(保证不小于 2h 在线式不间断电源),录音电话 1 台。

在隧道内设置分站 2 台,在地面设置分站 1 台,分站所带各类传感器包括甲烷传感器、一氧化碳传感器、温度传感器、风速传感器、开停传感器、馈电传感器、风筒传感器等。中心站具有手动遥控断电功能,分站具有风电甲烷闭锁功能。

2)系统主要功能

KJ101N 安全监控系统具有良好的开放性和可伸缩性。地面监控中心在标准的 TCP/IP 网络环境中运行,操作系统平台为中文 Windows 操作系统,可方便实现网上信息共享和网络互联。监控分站具有甲烷断电仪及甲烷风电闭锁装置的全部功能,同时具有故障闭锁功能。监控分站具有完善的数据保存能力,能确保监测数据和设置数据信息不丢失,当通信线路断线后,分站能保存 2h 以上的数据,待通信线路恢复后,自动将数据补传至中心站。分站模拟量和开关量端口可任意互换，并支持多种信号制，有实时数据存储能力。具有三级断电控制和超强异地交叉断电能力(中心站手控、分站程控和传感器就地控制)。

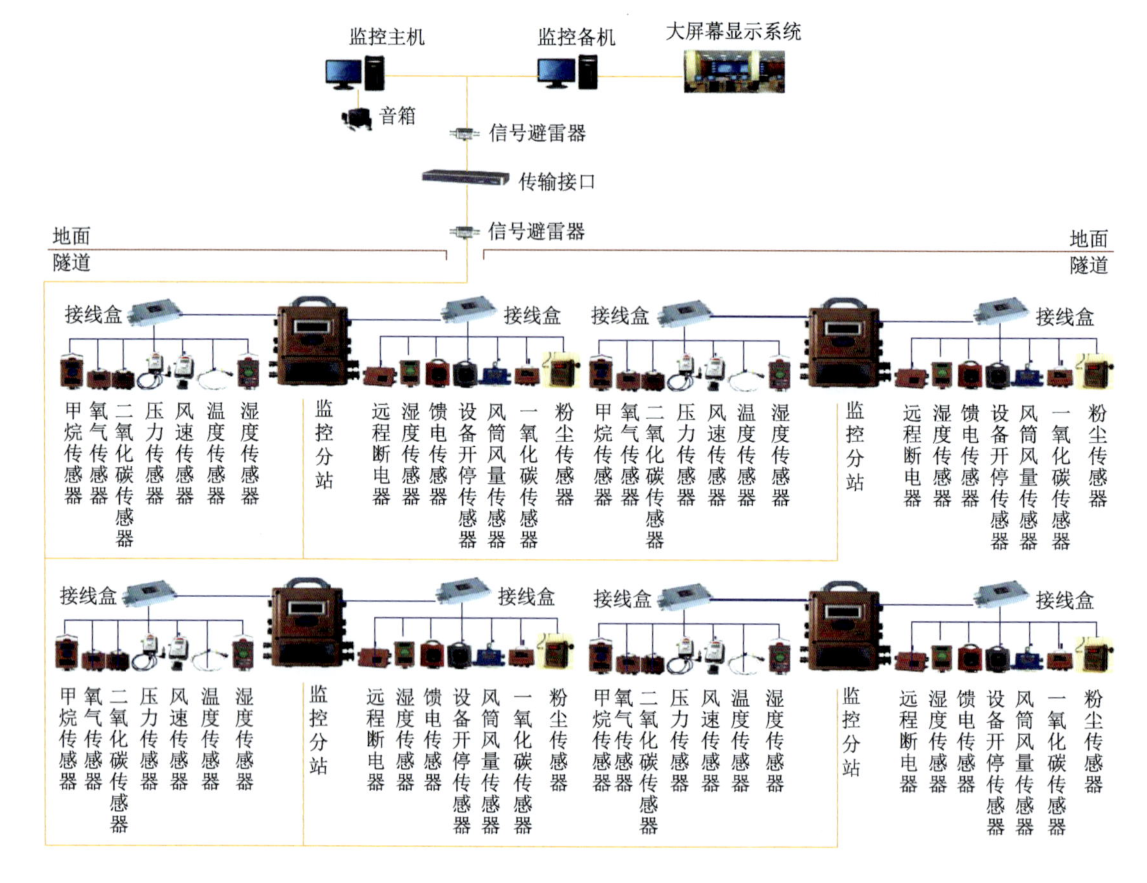

图 8.3-10　安全监控系统网络图

3)传感器设置

(1)甲烷传感器设置

①在距隧道掘进工作面小于 5m 处设置甲烷传感器，当甲烷浓度大于(包含)1.0% 时报警，当甲烷浓度大于(包含)1.5% 时断电，当甲烷浓度小于 1.0% 时复电。

其中断电范围为掘进隧道内全部非本质安全型电气设备电源及车辆动力。

②在掘进隧道靠近局扇 10 ~ 15m 的范围内设置甲烷传感器，当甲烷浓度大于(包含)1.0% 时报警且断电，当甲烷浓度小于 1.0% 时复电。

其中断电范围为掘进隧道内全部非本质安全型电气设备电源及车辆动力。

③在掘进隧道测风站内设置甲烷传感器，当甲烷浓度大于(包含)1.0% 时报警且断电，当甲烷浓度小于 1.0% 时复电。

其中断电范围为掘进隧道内全部非本质安全型电气设备电源及车辆动力。

④在隧道盾构机上设置甲烷传感器，当甲烷浓度大于(包含)1.0% 时报警，当甲烷浓度大于(包含)1.5% 时断电，当甲烷浓度小于 1.0% 时复电。

其中断电范围为盾构机电源、掘进隧道内全部非本质安全型电气设备电源及车辆动力。

⑤在无轨胶轮车上设置甲烷传感器，当甲烷浓度大于(包含)0.5%时报警且断电，当甲烷浓度小于0.5%时复电。

其中断电范围为掘进隧道内全部非本质安全型电气设备电源车辆动力。

⑥在泥浆泵上设置甲烷传感器，当甲烷浓度大于(包含)0.5%时报警且断电，当甲烷浓度小于0.5%时复电。

其中断电范围为掘进隧道内全部非本质安全型电气设备电源及车辆动力。

⑦在盾构机排气孔管道上设置甲烷传感器，当甲烷浓度大于(包含)1.0%时报警，当甲烷浓度大于(包含)1.5%时断电，当甲烷浓度小于1.0%时复电。

其中断电范围为掘进隧道内全部非本质安全型电气设备电源及车辆动力。

(2)其他传感器设置

①在局部通风机风筒末端设置风筒传感器。

②在局部通风机上设置开停传感器。

③在被控开关的负荷侧设置馈电传感器，监测被控设备在甲烷超限时是否断电。

④在掘进隧道测风站内设置甲烷传感、一氧化碳传感器及风速传感器。

⑤在掘进隧道内作业人员集中地点设置氧气传感器、一氧化碳传感器。

⑥在盾构机操作室内设置氧气传感器、一氧化碳传感器、甲烷传感器、温度传感器及湿度传感器。

8.3.3 视频监控与通信系统

选用一套矿用防爆视频监控系统，对掘进隧道内重要施工岗位状况进行实时图像监测，控制设备及显示终端放置在地面工程指挥部内。视频监控系统由前端摄像单元、传输线、视频光端机、硬盘录音机、视频服务器等组成。摄像单元选用矿用防爆摄像机，设置在隧道掘进面等处。

选用一套32门的程控数字交换设备，实现调度通信。在地面工程指挥部及掘进隧道内相关施工岗位设置调度电话，实现地面至隧道内施工岗位的调度通信。两条矿用通信电缆MHYBV-10×2×0.8分别沿隧道两侧引至掘进面分线盒，经分线盒分线后，引至掘进面施工岗位。

选用一套矿用无线通信系统(图8.3-11)，在地面工程指挥部和隧道掘进面安装基站，给工程管理及施工人员配备本安型手机，实现隧道内及地面移动通信。无线通信系统通过相应接口与调度通信系统程控交换机相连，实现有线调度与移动通信联网。

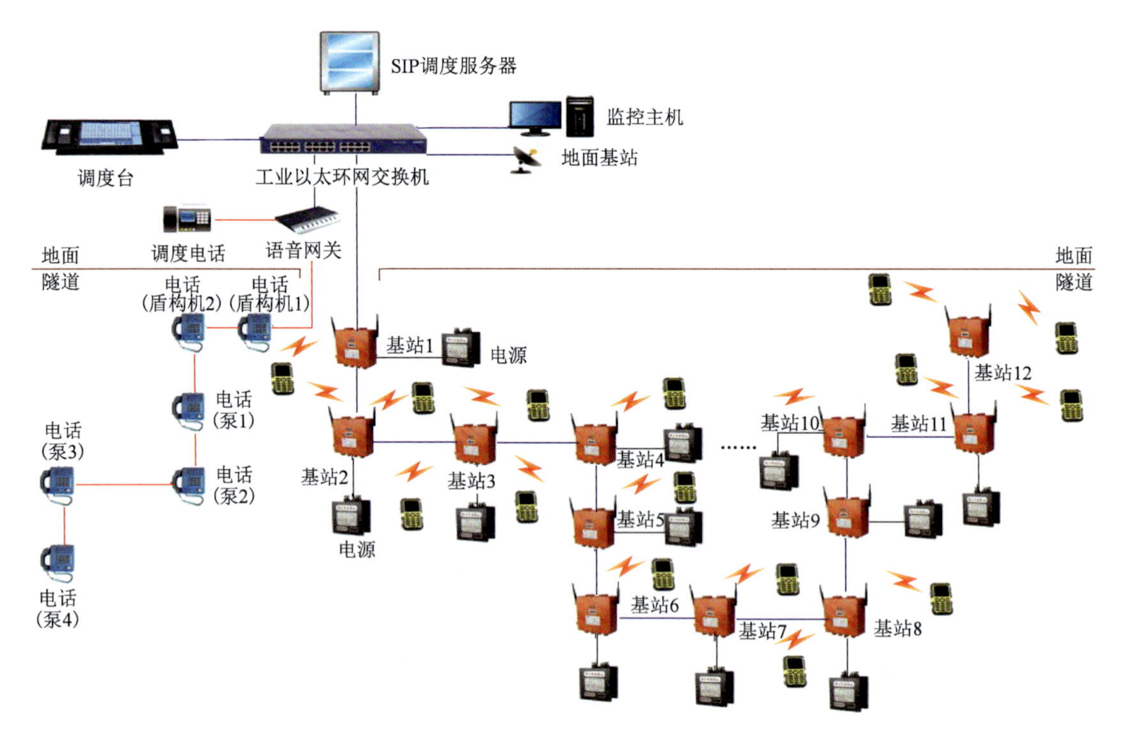

图 8.3-11　无线通信系统图

8.4　地面有害气体抽排技术

在地面建立有害气体抽排泵站,通过敷设的管路和盾构机放气孔连接,并装设阀门和监控系统抽排掘进中的有害气体。

1)抽排有害气体管路的选择及计算

为了抽排有害气体,必须敷设完整的抽排管路系统,以便把积聚的有害气体排放到地面,减小施工中的安全隐患。

(1)管路系统的组成

管路系统由支管、干管和抽排管路附属装置(放水器、测压、测流量和调节、抑爆等装置)等组成。

(2)管路敷设路线

管路敷设路线为:盾构机工作面气包埋管(支管)→隧道(综合管廊)(干管)→地面抽排有害气体泵站。

(3)管路管径选择

管路管径选择是否合理,对抽排有害气体系统的建设投资及抽排系统效果有很大影响。直径太大会导致投资费用增加,直径过细则会导致管路阻力损失大。同时需要参照真空泵的实际能力使之留有备用量。

管路管径按下式计算：

$$D = 0.1457\sqrt{\frac{Q}{v}} \tag{8.4-1}$$

式中：D——抽排管内径（m）；

Q——抽排管内混合有害气体流量（m^3/min）；

v——抽排管内有害气体平均流速（m/s），一般 $v = 5 \sim 12m/s$。

埋管管口到抽排泵站段抽排管路称为负压段，抽排泵站到出口排空段抽排管路称为正压段。依据回采工作面抽排有害气体量预计结果，按式（8.4-1）计算，管路管径选择见表8.4-1。

管路管径选择结果　表8.4-1

管路段	纯瓦斯流量（m^3/min）	有害气体浓度（%）	混合流量（m^3/min）	流速（m/s）	计算管径（mm）	选择内径（mm）	选择外径（mm）	壁厚（mm）
泵出口（干管）	0.25	10	2.5	10	89	100	108	4.0
管口到泵（干管）	0.25	10	2.5	10	89	100	108	4.0
插管（支管）	0.25	10	2.5	10	89	100	108	4.0

抽排管路干管、支管均选用无缝钢管，选型时兼顾安装便捷性与采购效率，确保干管、支管采用统一管径安装，以充分满足抽排有害气体的需要。最终确定各管路的具体规格如下：负压段与正压段管路规格均为 $D108mm \times 4.0mm$ 的无缝钢管，管路间及管路与管件间均采用法兰进行连接。

2）抽排有害气体管路阻力计算

抽排有害气体管路阻力包括摩擦阻力和局部阻力。计算管网阻力应在抽排管网系统敷设线路确定后，按其最长的线路和抽排最困难时期的管网系统进行计算。

根据隧道布置情况，抽排最困难时期，负压段（埋管/插管到地面抽排有害气体泵站）管路长约5500m，正压段（地面抽排有害气体泵站到排空管管口）管路长约40m。

（1）摩擦阻力（H_m）计算

摩擦阻力按下式计算：

$$H_m = 69 \times 10^5 \left(\frac{\Delta}{d} + 192.2\frac{\nu_0 d}{Q_0}\right)^{0.25} \frac{L\rho Q_0^2}{d^5}\frac{P_0 T}{P T_0} \tag{8.4-2}$$

式中：H_m——阻力损失（Pa）；

L——直管长度（m）；

Q_0——标准状态下的混合有害气体流量（m^3/h）；

d——管路内径（mm）；

ν_0——标准状态下的有害气体运动黏度（m^2/s）；

ρ——管道内混合有害气体密度（kg/m^3）；

Δ——管道内壁的当量绝对粗糙度（mm）；

P_0——标准状况下的大气压力（Pa）；

P——管道内气体的绝对压力（Pa）；

T——管道中的气体温度为 t 时的绝对温度(K),$T=273+t$;

T_0——标准状态下的绝对温度(K),$T_0=273+20$;

t——管道内气体的温度(℃)。

经计算,负压段管路的摩擦阻力为27544.06Pa。

(2)局部阻力(H_j)计算

局部阻力(H_j)按管道总摩擦力阻力的15%考虑,则负压段局部阻力为:

$$H_j=0.15\times H_m=4131.61\text{Pa}$$

(3)总阻力(H)计算

总阻力为摩擦阻力和局部阻力之和,即:

$$H=H_m+H_j \tag{8.4-3}$$

故抽排有害气体管网系统的总阻力 $H=31675.67$Pa。

选用的真空泵能满足抽排最困难时期所需抽排负压,选取抽排有害气体系统管路最长、流量最大、阻力最高的抽排管线来计算抽排系统总阻力。管线阻力计算结果见表8.4-2。

工作面抽排有害气体管路最大阻力计算结果　　表8.4-2

系统类型	管段	ρ(kg/m³)	Q_0(m³/h)	ν_0(m²/s)	d(mm)	L(m)	H_m(Pa)	H_j(Pa)
低负压抽排有害气体	负压段	96000	150	1.53×10^{-5}	100	40	276.98	41.55
	正压段	68733	150	1.53×10^{-5}	100	5500	27267.08	4090.06
	合计						31675.67	

计算得抽排有害气体管路部分最大阻力为31675.67Pa。

3)抽排有害气体真空泵流量计算

抽排有害气体真空泵流量必须满足抽排系统在施工期间内最大抽排有害气体量的需要。

$$Q=100\times Q_z\times K/(X\times\eta) \tag{8.4-4}$$

式中:Q——抽排有害气体真空泵所需额定流量(m³/min);

Q_z——抽排系统最大抽排有害气体流量(m³/min);

X——抽排有害气体真空泵入口处有害气体浓度(%);

K——抽排有害气体真空泵的综合系数(备用系数),取 $K=2$;

η——抽排有害气体真空泵的机械效率,$\eta=0.80$。

低负压抽排系统设计抽排量为0.25m³/min,抽排浓度按10%计算,则标准状态下抽排有害气体真空泵所需额定流量 Q 为6.25m³/min。

4)抽排有害气体真空泵压力计算

抽排有害气体真空泵压力必须能克服抽排管网系统总阻力损失且保证管口有足够的负压,并能满足抽排有害气体真空泵出口正压的需求。抽排有害气体真空泵压力按下式计算:

$$H_{泵}=K\times(H_{zk}+H_{rm}+H_{rj}+H_c) \tag{8.4-5}$$

式中:$H_{泵}$——抽排有害气体真空泵所需压力(Pa);

K——压力备用系数,$K=1.3$;

H_{zk}——抽排管路管口负压(Pa),取 $H_{zk}=7000$Pa;

H_{rm}——隧道管网的最大摩擦阻力(Pa);

H_{rj}——隧道管网的最大局部阻力(Pa);

H_c——抽排管路出口正压力(Pa),取 $H_c=3000$Pa。

根据前文得知,抽排有害气体管路阻力损失为 31675.67Pa,抽排管路管口负压 $H_{zk}=7000$Pa,抽排管路出口正压 $H_c=3000$Pa(直接排空),则低负压抽排有害气体真空泵压力为:

$$H_{泵}=1.3\times(31675.67+7000+3000)=54178.36\text{Pa}$$

5)抽排有害气体真空泵真空度计算

抽排泵安装时,当地大气压为 103000Pa。泵的绝对压力为 103000 − 54178.36 = 48821.64Pa,因此,实际取泵入口的绝对压力为 49kPa。

6)抽排有害气体真空泵参数

目前我国真空泵性能曲线都是按工况状态下的流量绘制,所以还需要按下式把标准状态下的有害气体流量换算成工况状态下的流量。

$$Q_{工}=Q_{标}\times P_{标}\times T_1/(P_1\times T_{标}) \tag{8.4-6}$$

式中:$Q_{工}$——工况状态下的有害气体真空泵流量(m^3/min);

$Q_{标}$——标准状态下的有害气体流量(m^3/min);

$P_{标}$——标准大气压力(Pa),取 $P_{标}=101325$Pa;

P_1——抽排有害气体真空泵入口的绝对压力(Pa);

T_1——抽排有害气体真空泵入口有害气体的绝对温度(K),$T=273+t$;

$T_{标}$——按抽排有害气体行业标准规定的标准状态下的绝对温度(K),$T_{标}=273+20$;

t——抽排有害气体真空泵入口有害气体的温度(℃),取 $t=20$℃。

抽排有害气体真空泵工况流量为:

$$Q_{工}=6.25\times101325/48821.64=12.97\text{m}^3/\text{min}$$

因此根据上述计算结果,要求所选抽排有害气体真空泵的吸气量为 12.97m^3/min,吸气压力为 49kPa。

7)抽排有害气体真空泵选型

根据抽排有害气体真空泵选型计算并结合工程项目情况,最终选用 ZWY20/37-G 煤矿用井下移动式抽排泵站作为该工程抽排有害气体真空泵。为保证抽排设备正常运行,设计配备两台抽排有害气体真空泵,其中一台工作,另一台备用。本设计所选用抽排有害气体真空泵的相关参数见表 8.4-3。

所选用的抽排有害气体真空泵的详细参数　　表 8.4-3

项目	技术参数	项目	技术参数
真空泵型号	ZWY20/37-G	最大抽气量(m^3/min)	20
数量(套)	2	电机功率(kW)	37
吸气压力(kPa)	49	电压(V)	660

根据抽排有害气体真空泵的性能曲线,最终确定低负压系统工况参数:吸气压力 49kPa,最大抽气量 20m^3/min > 12.97m^3/min,因此真空泵的运行工况参数可以满足要求。

8)抽排有害气体泵站主要附属设备

抽排有害气体泵站除应配置管路系统的控制阀门、测压嘴、流量计和监测系统等设备外,还应配置下列附属设备:

(1)抽排管路正压端低洼处要安装正压放水器,抽放管路负压端低洼处要安装负压放水器。

(2)在抽排有害气体泵站内抽排管路上(进、入口)配置控制阀门、流量计和监控装置,对抽排有害气体系统进行计量和测定。

(3)抽排有害气体泵站内除配置有害气体检定器、气压计等检测仪表外,还应配备抽排有害气体真空泵监测系统,设立监测分站,对抽排有害气体真空泵的供水、真空泵的轴温进行监控,同时对 CH_4 浓度、CO 浓度、负压、流量和温度等进行监测,抽排有害气体泵站监测系统由厂家提供成套设计并负责安装。

(4)抽排有害气体泵站的进、排气端的主管道上,分别设置水封阻火泄爆装置和自动喷粉抑爆装置。遵循“阻火泄爆、抑爆阻爆、多级防护、确保安全”的基本原则。自动喷粉抑爆装置安装应符合《煤矿低浓度有害气体管路输送安全保障系统设计规范》(AQ 1076—2009)相关要求。

(5)抽排有害气体泵站建筑和排空管应按照《建筑物防雷设计规范》(GB 50057—2010)的要求,采取防雷措施,分别装设避雷带或避雷针装置。其中泵房按照第一类防雷建筑物设计。通往井下的抽排管路应按照《煤矿瓦斯抽采工程设计标准》(GB 50471—2018)的要求,采取防雷和隔离措施。

(6)地面有害气体输送管道应采用埋地敷设方式。

(7)地面低浓度有害气体输送管道与地面或地下建(构)筑物或其他管线应保持一定的安全距离,见表 8.4-4。

安全距离表　　表 8.4-4

名称	厂房(地基)	动力电缆	水管、水沟	热水管	铁路	电线杆
距离(m)	>5	>1	>1.5	>2	>4	>2

9)抽排有害气体监测及控制

(1)抽排有害气体监测系统

根据《煤矿瓦斯抽排规范》(AQ 1027—2006)规定,抽排有害气体监测系统必须对抽排泵站抽排有害气体管道内的 CH_4 浓度、CO 浓度、有害气体流量、温度、进气管负压、排气管正压以及环境有害气体浓度、循环冷却水温、真空泵轴温等进行连续监测。整个系统主要由抽排泵站监测分站、各种传感器及管理软件组成。

(2)隧道内抽排管路部分

①隧道抽排监测地点

设置 1 个抽排监测点。

②抽排监测设备

设置 1 个管道本安型流量传感器、1 个管道负压传感器、1 个管道温度传感器、1 个管道红外甲烷浓度传感器和 1 个管道一氧化碳浓度传感器。

(3)地面抽排泵站监测

①抽排泵站监测地点及要求

a. 抽排泵站进、出气管路需设抽排监测点,监测有害气体参数。

b. 设置2台真空泵,监测设备的轴温及工作状态。

c. 设置2台真空泵,监测供水状态。

d. 监测供水管道的水流量。

e. 在抽排有害气体泵段设置1个监测点,监测抽排有害气体泵站的环境有害气体浓度的变化情况,进行有害气体、电锁控制。

②抽排泵站监测设备

设置2组抽排参数监测传感器对抽排管路抽排参数(流量、负压、温度、CH_4浓度和CO浓度)进行监测。设置轴温传感器,对2台真空泵与2台电机的轴温进行监测,设2个开停传感器对真空泵的开停状态进行监测,设2个供水传感器对真空泵的供水状态进行监测。设置2个温度传感器对抽排有害气体泵末段环境温度进行监测。

抽排有害气体监控系统可对上述参数进行实时、连续监控监测,将采集到的各种数据进行分析处理、显示存储、超限报警,下发断电、启动、通信线路管理等指令,同时将数据发送给各台终端及进行各种报表的打印。

抽排软件将抽排数据存入数据库中,可使用曲线图、点状图、折线图、面积图等多种方式显示各点记录。实行分级登陆,有效保证安全控制。

利用声音报警和弹出菜单报警相结合的方法,完成传感器的设置和设置值的修改。

8.5 隧道通风技术

8.5.1 隧道通风方案

1)通风目标

(1)为隧道内作业人员提供足够的新鲜空气。

(2)稀释并排出各种有害气体和粉尘。

(3)调节隧道内空气的温度、湿度。

(4)创造良好的作业环境,为施工安全、质量、进度奠定基础。

(5)根据《盾构法隧道施工与验收规范》(GB 50446—2008)规定,施工作业环境气体必须满足下列规定:

①空气中氧气含量不得小于20%。

②瓦斯含量应小于0.75%。

③一氧化碳浓度不得超过30mg/m^3。

④二氧化碳含量不得超过0.5%(按体积计)。

⑤氮氧化物换算成二氧化氮浓度不得超过5mg/m^3。

(6)施工通风必须符合下列规定：

①应采取机械通风(通常选用压入式通风)。

②按隧道内施工高峰期人数，每人需供应新鲜空气流量不得小于 $3m^3/min$，隧道最低风速不得小于 0.25m/s。

2)通风难点

根据地质条件和隧道施工安排，苏通 GIL 综合管廊工程隧道施工过程的通风设计存在以下难点：

(1)盾构隧道独头掘进长度达 5468m，施工距离长且位于水下，隧道中部无法设置通风竖井。随着掘进距离的持续增大，对通风系统性能的要求不断提高。

(2)隧道开挖断面大，且隧道穿越的地层主要为砂层，具有良好的透水透气性，为有害气体的聚集提供了运移通道，且有害气体涌出量未知。因此，在通风设计过程中必须考虑有害气体渗入隧道的紧急情况，并采取有效措施杜绝有害气体造成的安全隐患。

(3)根据现有规范计算通风量较大，国产风机性能较差，必须采取有效措施降低长距离通风的风阻及漏风率。

(4)隧道施工采用无轨运输方式，并且隧道内运输量大，内燃机动力汽车尾气产生量大，必须对隧道通风设计进行优化。

3)通风方案

苏通 GIL 综合管廊工程隧道采用掌子面开挖与内部结构同步施工的方式，因此通风系统末端存在大量的施工作业面，风管极易受到损害，需经常检查更换。盾构段全长约 5468m，隧道纵断面最大落差有 70 多米，隧道主体采用压入式通风方案。

当掘进距离较长时，因风量、风阻较大，采用国产风机和风筒无法满足施工需要，因此采用进口风机和风筒的方式。采用分阶段的通风方案，分段(0～1000m、1000～2000m、2000～3000m、3000～4000m、4000～5000m、5000～5468m)计算隧道掘进过程中需风量和风压情况，然后选择风机型号和通风方案，初步方案如下：

(1)根据施工长度分阶段考虑通风方案，优先采用以柔性长管路压入式通风方案。

(2)在施工前中期(前 2000m)，盾构法隧道正常施工段采用国产风机和风筒供风。

(3)在施工中后期，国产风机无法满足通风需求，采用进口风机和风筒通风。

(4)由于前期混凝土构件封闭，箱涵端头无法形成回风通道，可能导致箱涵内风流较少以及有害气体在箱涵顶部聚集。因此，在箱涵端头预留孔洞，后期进行抽出式通风。

通风系统原理图如 8.5-1、图 8.5-2 所示。

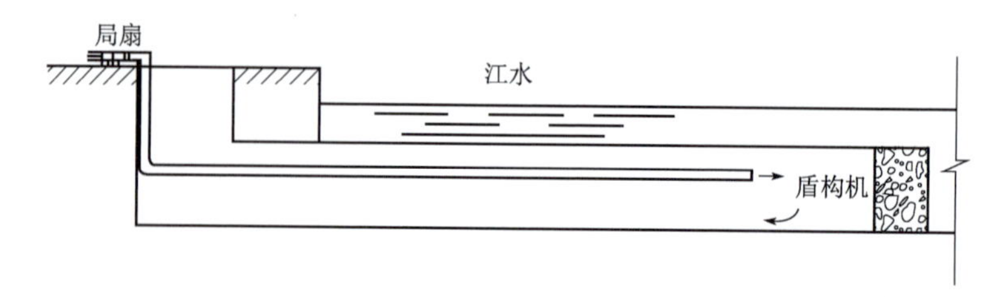

图 8.5-1　压入式通风系统原理图

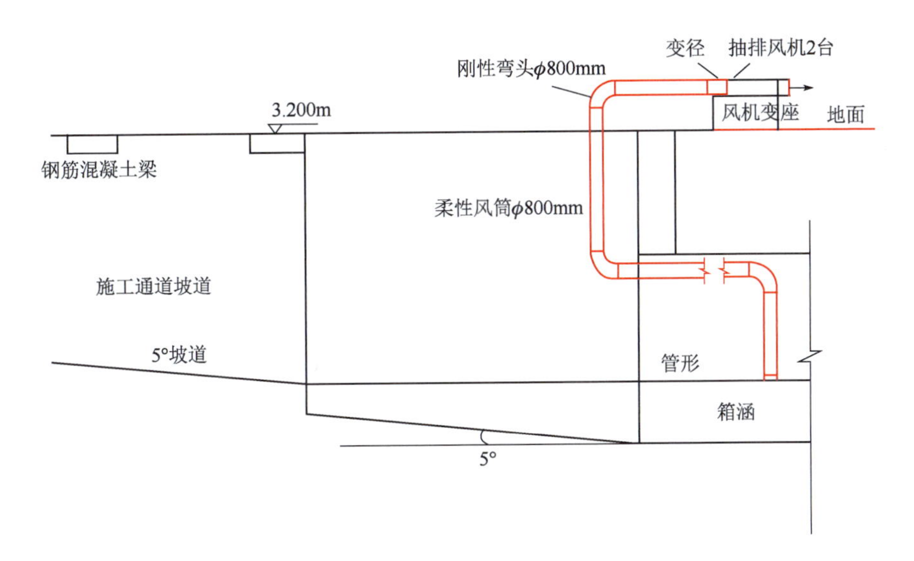

图 8.5-2　箱涵通风示意图

4)通风系统

为了解决水下隧道沼气地层掘进时地面有害气体抽排困难的技术难题,通过分析大直径泥水盾构法长距离施工通风规律及沼气局部聚集区通风特性,采用沼气地层盾构机“纵向 + 局部横向”施工通风系统,在靠近盾尾、P.2.1 泵吸口、管道延伸器等有害气体易聚集且局部通风不畅之处增加局部风机,稀释局部死角部位的有害气体浓度,确保薄弱环节有害气体浓度始终处于安全范围。风机布置如图 8.5-3 所示。

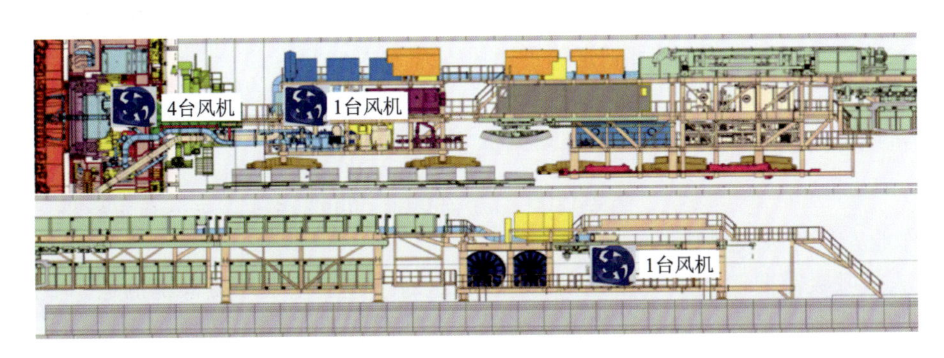

图 8.5-3　风机布置示意图

8.5.2　隧道通风计算

1)通风条件

工程采用盾构机掘进与内部结构同步进行施工的施工方式。其中,内部结构的施工包括预制中箱涵的拼装、侧箱涵的现浇和中底部找平。鉴于箱涵端部由前端斜坡混凝土构件密封,因此箱涵内部无法架设风管。

箱涵高度 4.4m,上部运输车辆最大高度 3.1m,上部剩余高度最大约为 3m,可用于架设通风管道以及悬挂风机,因此,通风管道可悬挂于隧道上部,避免对下部车辆运输造成干扰,施工

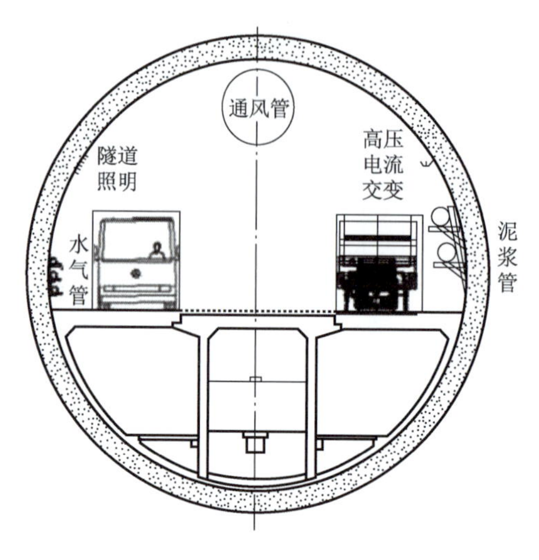

图 8.5-4　施工断面上的风管布置图

断面上的风管布置如图 8.5-4 所示。

通风系统分为主通风系统和二次通风系统两部分。主通风系统是指盾构机后部的通风系统，为二次通风系统与内部结构同步施工工作人员提供新鲜风流；吹散无轨运输内燃机械产生的尾气等。二次通风系统是负责盾构机内部的通风，在盾构机尾部安装风机，满足盾构机内部工作人员和机械的通风需要。

由于端部密封，回风不畅，箱涵内部空气流通不畅，顶部可能聚集有害气体。因此，需要对箱涵进行排风处理，保证整个箱涵断面内不会出现有害气体聚集的现象。

2）二次通风系统风量

二次通风系统的风量要综合考虑盾构机内施工人员、盾构机构造特征和盾构机掘进速度，由盾构机生产单位在生产设计时确定。二次通风系统的需风量不需要单独计算，并且可以作为主通风系统工作面需风量的计算依据。

根据海瑞克公司提供的盾构机各部件详细参数表，盾构机二次通风系统采用 2 台轴流风机，每台风机流量为 $20m^3/s$、功率为 30kW、风管直径为 1000mm。

3）主通风系统风量

风量的计算主要是对各种情况下需风量进行分析，如作业人员呼吸、稀释和排出地层中有害气体、盾构机二次通风系统需风量、稀释和排出内燃机械废气、排尘等。以其中最大需风量作为通风系统设计风量标准，即可满足隧道通风需求。

（1）盾构机尾部需风量

盾构机尾部需风量即二次通风系统需风量，即

$$Q_1 = 1200 \times 2 = 2400\text{m}^3/\text{min}$$

（2）作业人员呼吸需风量

作业人员呼吸需要消耗氧气，产生二氧化碳，这对于隧道空气环境来说也是一种污染。我国隧道施工中作业人员需风量的计算公式为：

$$Q_2 = qmk \tag{8.5-1}$$

式中：q——单人呼吸所需风量［m^3/（min · 人）］，在《盾构法隧道施工与验收规范》（GB 50446—2008）中要求 $q \geqslant 3m^3$/（min · 人）；

m——隧道内最多作业人员数量（人）；

k——风量备用系数，常取 1.15。

隧道的工作面主要分为盾构机掘进和内部结构施工两个部分。其中，盾构机掘进最多作业人员数量按 30 人考虑，内部结构施工最多作业人员数量按 50 人考虑。因此隧道内作业人员最多作业人员数量为 80 人。作业人员呼吸需风量为：

$$Q_2 = 3 \times (30 + 50) \times 1.15 = 276\text{m}^3/\text{min}$$

(3)排尘需风量

排尘是通风系统的重要功能之一,但是粉尘的来源较多,粉尘的发生量难以确定,以粉尘为对象的需风量计算比较困难。因此国内外均采用限制洞内最低风速的方式来控制粉尘浓度。而隧道内最低风速需风量计算公式为:

$$Q_3 = 60vAQ \tag{8.5-2}$$

式中:v——隧道内最低风速(m/s);

A——隧道断面面积(m^2)。

《盾构法隧道施工与验收规范》(GB 50446—2008)中规定,盾构隧道内部的最低风速不得小于0.25m/s。隧道外径11.6m,内径10.5m,隧道过风断面面积为净断面面积。由于风管送风途中会漏风,因此隧道总通风量大于掌子面供风量,因此在过流面积相同的情况下,隧道掌子面的风速最小。若仅考虑隧道掌子面的最低风速需风量,则隧道全长风速均大于最低风速。因此,最低风速需风量为:

$$Q_3 = 60 \times 0.25 \times 3.14 \times (10.5/2)^2 = 1299\text{m}^3/\text{s}$$

(4)稀释和排出内燃机械废气需风量

使用内燃机械时,隧道通风应该能够将机械排出的废气全部稀释并且排出,使隧道内空气质量满足相关规范中的要求。根据隧道施工规范,稀释和排出内燃机械废气的需风量为:

$$Q_4 = K\sum_{i=1}^{N} N_i T_i \tag{8.5-3}$$

式中:K——功率通风计算系数[m^3/(min·kW)],我国暂行规定为3m^3/(min·kW);

N_i——各台柴油机械设备的功率(kW);

T_i——内燃机设备利用系数,一般取0.5。

隧道采用无轨运输方式,无轨运输车辆均由内燃机提供动力。由于汽车配备数量充裕,且隧道内运输通道有限,隧道内汽车总数小于现场车辆总数。并且,隧道内有砂浆储存器,砂浆和内部结构同步施工,可以考虑在管片运输空闲时进行材料运输。根据隧道内初步运输方案,隧道内运输车辆数量及稀释和排出内燃机械废气需风量见表8.5-1。

隧道内运输车辆数量及稀释和排出内燃机械废气需风量　　表8.5-1

距离(m)	0~2000	2000~4000	4000~5468
管片/箱涵运输车(276kW/辆)	2	3	5
砂浆运输车(150kW/辆)	1	2	3
混凝土运输车(98kW/辆)	1	2	3
内燃机总功率(kW)	800	1324	2124
总需风量(m^3/min)	1200	1986	3186

需要注意的是,稀释和排出内燃机械废气需风量是隧道内所需的总风量,而不是工作面需风量,所以在计算工作面的最大需风量时,不能以此作为最大风量进行计算。

(5)稀释和排出地层中有害气体需风量

盾构机施工过程中,盾体封闭,外部有害气体无法进入,采用泥浆循环出渣时,泥浆管道通过隧道内部。因此,隧道内泥浆管路存在持续泄漏,而管片、换刀、盾尾处有害气体泄漏属于非连续或者极端情况。

目前,有害气体需风量的计算方式有两种:

一是通过单位面积围岩中泄漏的瓦斯量进行计算,计算公式如下:

$$Q_5 = \frac{q_{CH_4}}{C_a - C_0} K \tag{8.5-4}$$

式中:q_{CH_4}——工作面瓦斯涌出量(m^3/min);

C_a——工作面允许瓦斯浓度(%),取 $C_a = 0.75\%$;

C_0——送入工作面的风流中瓦斯的浓度(%),取 $C_0 = 0\%$;

K——瓦斯涌出不均衡系数,取 $K = 1.5$。

工程有害气体呈团聚状分布,在岩层中分布不均匀。在岩土勘察报告中,并没有给出单位面积围岩的瓦斯涌出量。由前文可知,泥浆管路的瓦斯可能存在持续泄漏,因此主要考虑泥浆管路中的有害气体溢出。

假定泥浆管有害气体溢出量与泥浆泄漏量相等(无相关实测数据,方案考虑管路泄漏的流体全部为有害气体)。每小时泄露在管廊内的有害气体体积为管路总流体容量的1%(参照城镇供热规范中供热管道的漏水量计算漏气量),另因压力由0.9MPa减小至0.1MPa且温度不变,由理想气体状态方程可知,其体积扩大9倍),因此,单位面积围岩中泄漏的瓦斯量为:

$$q_{CH_4} = 9 \times 1\% V = 0.09 \times 3.14 \times 0.2^2 \div 60 = 2.09 m^3/min$$

$$Q_5 = 2.09 \times 1.5/(0.75) = 418 m^3/min$$

二是通过控制隧道内风速来防止瓦斯积聚。《铁路瓦斯隧道技术规范》(TB 10120—2002)规定:瓦斯隧道施工中防止瓦斯积聚的风速不宜小于0.5m/s。计算公式如下:

$$Q_5 = 60vA \tag{8.5-5}$$

式中:v——瓦斯隧道施工中防止瓦斯积聚的最低风速(m/s),取 $v = 0.5m/s$;

A——隧道断面面积(m^2)。

因此最低风速需风量为:

$$Q_5 = 60 \times 0.5 \times 3.14 \times (10.5/2)^2 = 2598 m^3/s$$

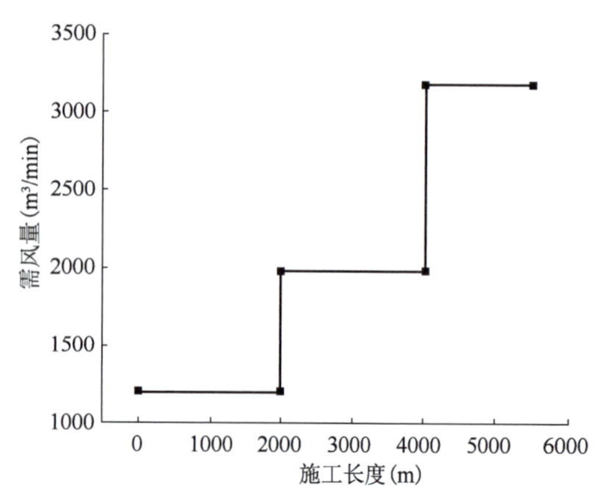

图8.5-5　隧道全纵断面需风量曲线

综上所述,盾构机尾部需风量、作业人员呼吸需风量、排尘需风量以及稀释和排出有害气体需风量为工作面需风量,故工作面最大需风量(主通风系统末端风量)$Q_5 = 2598 m^3/s$。

稀释和排出内燃机械废气需风量为隧道全纵断面需风量,可将风管漏风量计算在内,得到全纵断面需风量如图8.5-5所示。

(6)风机供风量计算

在隧道开挖过程中采用压入式通风,极有可能遇到有害气体。因此,为了防止安全事故的发生且出于经济性和适用性考虑,工程选用PVC拉链式高强度阻燃软风管,百米漏风率为0.4%。

隧道行业一般采用日本青函隧道公式计算风机供风量,计算公式如下:

$$P_{L}=1-(1-P_{100})^{\frac{L}{100}} \tag{8.5-6}$$

$$Q_{f}=P_{L}Q \tag{8.5-7}$$

式中:P_L——风管漏风系数;

P_{100}——风管平均百米漏风率(%),取$P_{100}=0.4\%$;

L——管路长度(m);

Q_f——风机供风量(m^3/min);

Q——管路末端风量(m^3/min)。

根据隧道工作面需风量以及风管的漏风系数可以计算出在通风过程中管路的漏风量以及风机供风量(表8.5-2),风机实际的供风量应大于图8.5-6中表示的需风量。

通风系统风量计算表　　表8.5-2

通风阶段(m)	0~1000	1000~2000	2000~3000	3000~4000	4000~5468
最大通风距离(m)	1050	2050	3050	4050	5500
风管漏风系数	0.0412	0.0789	0.115	0.150	0.198
风管末端风量(m^3/min)	—	—	≥2598	—	—
风机总供风量(m^3/min)	≥2709	≥2820	≥2936	≥3056	≥3239

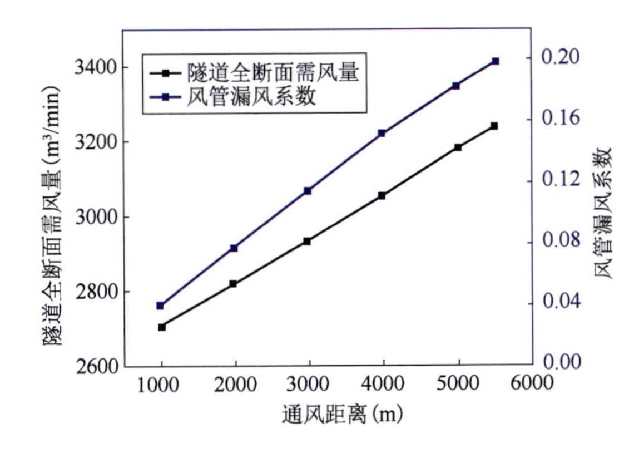

图8.5-6　风管漏风系数和风机供风量(通过工作面需风量反算)随送风距离的变化曲线

8.5.3　隧道风压计算

通风阻力包括风管内的摩擦阻力和局部阻力,为将所需风量送到工作面并达到规定风速,通风机应提供足够的风压以克服管道的通风阻力,即$H>H_{阻}$,其中,$H_{阻}$为摩阻力与局部阻力之和。

1)摩擦阻力

管路的摩擦阻力是由风流与通风管周壁摩擦以及分子间的扰动和摩擦而产生的。计算公式如下:

$$h_f = \frac{400\lambda\rho}{\pi^2 d^5} \frac{1-(1-P_{100})^{\frac{2L}{100}}}{\ln(1-P_{100})} Q_f^2 = R_f \cdot Q_f^2 \tag{8.5-8}$$

式中：h_f——摩擦阻力(Pa)；

λ——管路摩擦系数；

d——风管当量直径(m)；

ρ——空气密度(kg/m^3)；

P_{100}——风管百米漏风率平均值(%)；

Q_f——风机供风量(m^3/s)；

R_f——摩擦风阻；

其余符号含义同上。

2)局部阻力

风流突然流经扩大、缩小、转弯、交叉等的管路时，会产生能量消耗，其计算公式如下：

$$h_x = \frac{\xi\rho}{2}\left(\frac{Q}{A}\right)^2 = \frac{8\xi\rho}{\pi^2 d^4}(1-P_{100})^{\frac{2L}{100}} Q_f^2 = R_x \cdot Q_f^2 \tag{8.5-9}$$

式中：h_x——管路的局部阻力(Pa)；

ξ——局部阻力系数；

ρ——空气密度(kg/m^3)；

A——管路断面面积(m^2)；

R_x——管路风流的局部风阻(kg/m^7)。

在隧道施工中，常用的局部阻力系数可以按以下取值：

(1)管道转弯处，$\xi = 0.008\alpha^{0.75}/n^{0.8}$，其中$\alpha$为转弯角度；$n = R/d$，$R$为转弯处的曲率半径，$d$为管道直径。

(2)管道入口处，当入口处完全修圆时$\xi = 0.1$，否则$\xi = 0.5 \sim 0.6$。

(3)管道出口处，$\xi = 1.0$。

工程使用节长100m的PVC拉链式高强度阻燃软风管，风管每节较长，平均百米漏风率$P_{100} = 0.4\%$；管路摩擦系数主要取决于所用风管内壁的相对光滑程度，其对通风阻力影响很大，目前在我国隧道工程项目提供的技术文件中，管路摩擦系数取$\lambda = 0.012$，空气密度$\rho = 1.2kg/m^3$。

在隧道入口处，竖直的风管经90°弯管连接水平风管，风流在流经此处时会发生能量消耗，因此要计算弯管处局部阻力，在风管出入口处也需要计算局部阻力，综合取$\xi = 1.5$。根据工程经验，局部阻力相对摩擦阻力来说，相对较小，基本可忽略不计。

按照式(8.5-9)和式(8.5-10)可以计算得到不同直径风管在相同送风距离情况下的摩擦阻力、局部阻力以及总风阻，分别如表8.5-3、图8.5-7所示。

不同直径风管在5468m送风距离下的风阻计算表　　表8.5-3

风管直径(m)	风管风速(m/s)	摩擦阻力(Pa)	局部阻力(Pa)	总风阻(Pa)
1.3	20.1	15451	364	15815
1.4	16.3	10667	270	10937

续上表

风管直径(m)	风管风速(m/s)	摩擦阻力(Pa)	局部阻力(Pa)	总风阻(Pa)
1.5	14.1	7555	205	7760
1.6	20.7	5471	159	5630
1.7	18.4	4687	123	4810
1.8	15.4	3036	99	3135

8.5.4 隧道通风设备选型

一般先对风管的性能进行选择，然后选择风机，再根据风机的选择结果对风管进行适当的调整。

1)风管的选择

风管选择的原则：在隧道断面允许的条件下，尽可能选择大直径的风管，以降低通风阻力，延长通风距离；风管的百米漏风率和摩擦系数尽可能要小；瓦斯隧道选用的风管还应具有阻燃防爆性能；在不影响隧道内部结构施工的情况下，风管尽量悬吊在隧道拱部。

(1)风管直径

结合隧道的工程概况及内部结构同步施工条件，箱涵高度 3.4m，管片运输车满载限度 2.6m，箱涵运输车满载最大高度 2.3m，砂浆车车头高度 3.1m。所以内部运输车辆最大高度 3.1m，上部剩余高度最大可达 2m 左右。为提高风管耐用性，保证行车安全，满足长距离大风量送风的要求，宜选用直径 1.5m 左右的风管。

风管直径选定之后，列出了直径在 1.3 ~ 1.8m 之间的风管阻力特征曲线，如图 8.5-8 所示，可以明显看出在风量一定的情况下，风管直径对风压的影响较大。

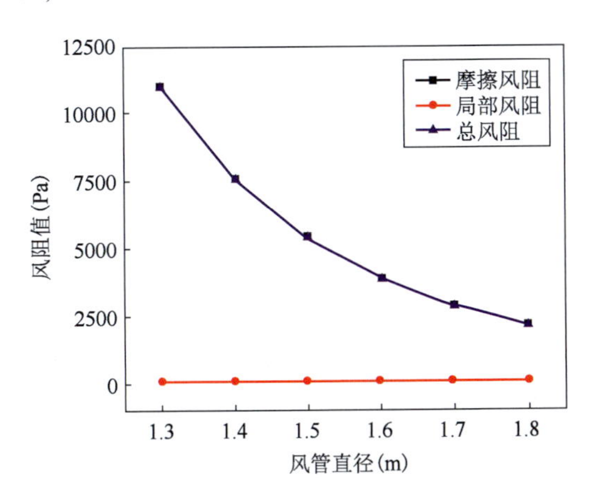

图 8.5-7 风管风阻随管径变化曲线图

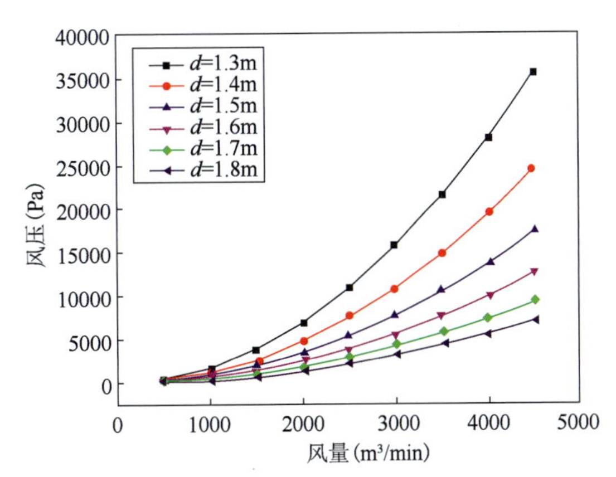

图 8.5-8 直径 1.3 ~ 1.8m 的风管阻力特性曲线

(2)风管材质与节长

由于隧道穿越的局部地层可能发生瓦斯泄漏，故风管宜选用 PVC 拉链式高强度阻燃软风管(图 8.5-9)，而对于软风管来说，防漏降阻是实现长距离隧道通风的关键。故风管的节长取 100m，接头采用拉链式接头，可以有效减少接头漏风和降低局部阻力。

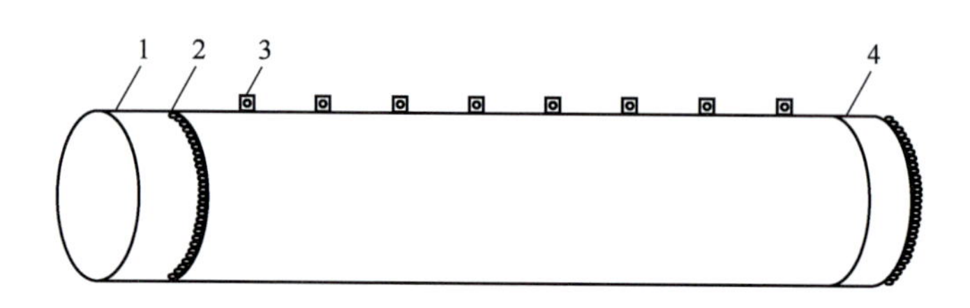

图 8.5-9　拉链式软风管结构示意图

1-内衬;2-拉链;3-吊环;4-外密封

(3)最大工作承压

由于长距离送风,离风机越近承受的风压越大,所以风管需要较大的焊接强度。风管能承受的最大工作压力可以由风管的纬向抗拉强度计算得到:

$$P_{max} = \frac{40F}{Kd} \tag{8.5-10}$$

式中:P_{max}——最大工作承压(kPa);

K——安全系数,取 $K=3$;

F——风管的纬向抗拉强度(N/5cm);

d——风管直径(mm)。

常用风管的最大工作承压见表 8.5-4。

常用风管的最大工作承压　　表 8.5-4

风管直径(mm)	最大工作承压(kPa)				
	MD56 纬向抗拉强度(1600N/5cm)	MD96 纬向抗拉强度(2000N/5cm)	584FR 纬向抗拉强度(2200N/5cm)	653FR 纬向抗拉强度(2600N/5cm)	782FR 纬向抗拉强度(3000N/5cm)
1500	13.222	17.778	19.556	23.111	26.667
1700	12.549	15.686	16.255	20.392	23.529
1800	11.853	14.815	15.296	19.259	22.222

根据初步选定的风管直径($d=1.5$m),以及表 8.5-4 所计算的最大工作承压,宜选用 MD96 纬向抗拉强度为 2000N/5cm 的风管。

综上所述,风管主要性能参数总结见表 8.5-5。

风管主要性能参数　　表 8.5-5

项目	技术参数	项目	技术参数
风管直径	1.5m 左右	焊接缝抗断强度	经、纬≥2000N/5cm
节长	100m	风管耐压	≥12kPa
平均百米漏风率	0.4%	表面电阻	≤$3\times10^{8}\Omega$
布抗断强度	经、纬≥2000N/5cm	风管面料	高强度阻燃抗静电 PVC 涂塑布

2)风机的选择

隧道施工中通风机大部分为轴流风机,因其风压低、风量大,在隧道施工中广泛采用。而离心风机在隧道施工中很少采用。

风机选择的原则:应根据计算的风量风压,结合通风方式选择风机类型,满足最大送风距离的供风需求;根据风机的性能曲线和风管的阻力特性曲线来确定风机型号,且风机工作点应在合理的工作范围内;长距离风管送风时,为满足风压需求,可采用相同型号风机串联的方式;为满足风量的要求,可采用两台型号相同的风机并联,此时可采用单路大直径风管通风,也可采用两路较小直径风管送风,但要进行综合比选;瓦斯隧道应选择防爆型风机。

(1)风机的性能曲线

当风机以某一转速在风阻为 R 的风管上工作时,可测算出一组工作参数,包括风压 H、风量 Q、功率 N 和效率 η,这就是该风机在风管风阻为 R 时的工况点。当改变风管的风阻时,就可以得到另一组相应的工作参数。将这些参数对应描绘在以 Q 为横坐标,H、N 和 η 为纵坐标的坐标系上,并用光滑的曲线连接起来,得到 H-Q、N-Q 和 η-Q 曲线,称为该风机在一定转速下的性能曲线,如图 8.5-10 所示。

由图 8.5-10 可以看出,H-Q、N-Q 和 η-Q 曲线都存在峰值点,且 H-Q、N-Q 曲线峰值以右为单调下降区段(稳定工作区),峰值以左为不稳定工作区,该区的风机风量、风压和电动机功率会发生较大波动。

对于叶片安装角度可调的轴流风机特性曲线(图 8.5-11),通常 H-Q 曲线只画出最大风压点右边的下降部分,效率曲线则以等势线的形式表示。通风机的工况点必须在合理的范围内,其运转效率不应低于 60%,且必须位于峰值点右下侧的单调下降区间上,一般限定实际的工作风压不得超过风机最高风压的 90%。

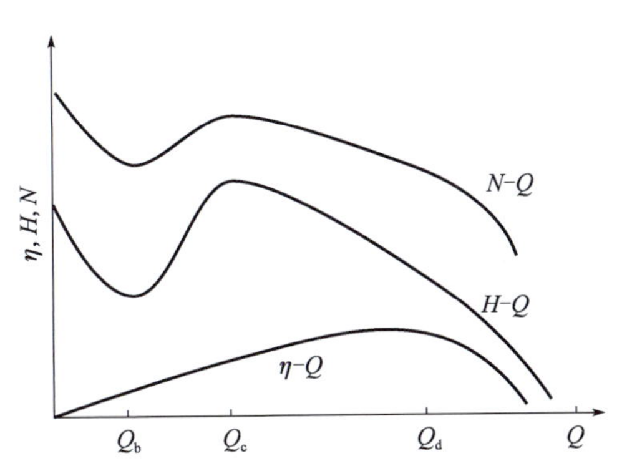

图 8.5-10 轴流风机性能曲线

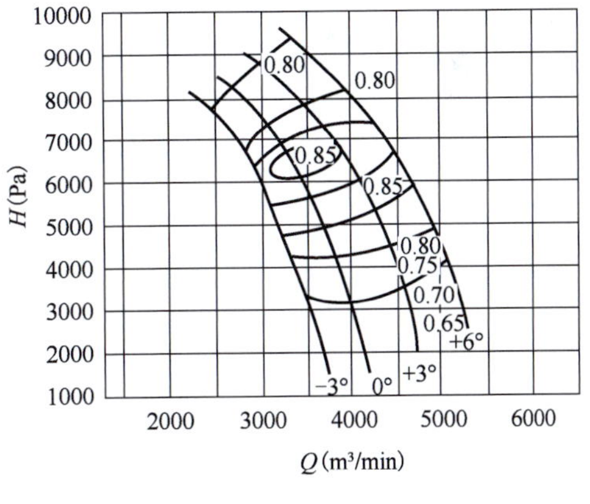

图 8.5-11 叶片安装角度可调的轴流风机特性曲线

(2)风机风管匹配选型

主要步骤如下:

①根据风机需风量、风管的选择(初步拟定风管直径 1.5m)以及最大送风距离,计算风机出口的供风量和风压:

$$Q = 1600\text{m}^3/\text{min} = 27\text{m}^3/\text{s}, H = 7760\text{Pa}$$

②根据风机供风量和风压，计算风机的有效功率 N_t：

$$N_t = Q \cdot H = 27 \times 7760 = 209.5\text{kW}$$

③根据风机的全压效率 η_t、电动机的效率 η_m、传动效率 η_{tr}，计算电动机的输入功率 N_m（其中 $\eta_t = 0.82$、$\eta_m = 0.93$、$\eta_{tr} = 1$）：

$$N_m = \frac{N_t}{\eta_t \eta_m \eta_{tr}} = \frac{209.5}{0.82 \times 0.93 \times 1} = 274.7\text{kW}$$

④根据风机的输入电功率、供风量和风压确定合适的风机型号，并找出风机的风量-风压特性曲线。

⑤根据风管通风阻力特性曲线，进行风机风管的匹配，确定风机工作点；要求工作点在合理的工作范围内，并尽可能地靠近最高效率工作点。

⑥根据工作点的风压和风量反算管路末端的风量，判断是否满足通风需求，若满足确定风机型号，若不满足重复步骤③～⑤，直到满足为止。

选用进口 ECE 风机，风机的风量-风压特性曲线如图 8.5-12 所示，ECE 风机与风管匹配曲线如图 8.5-13 所示。

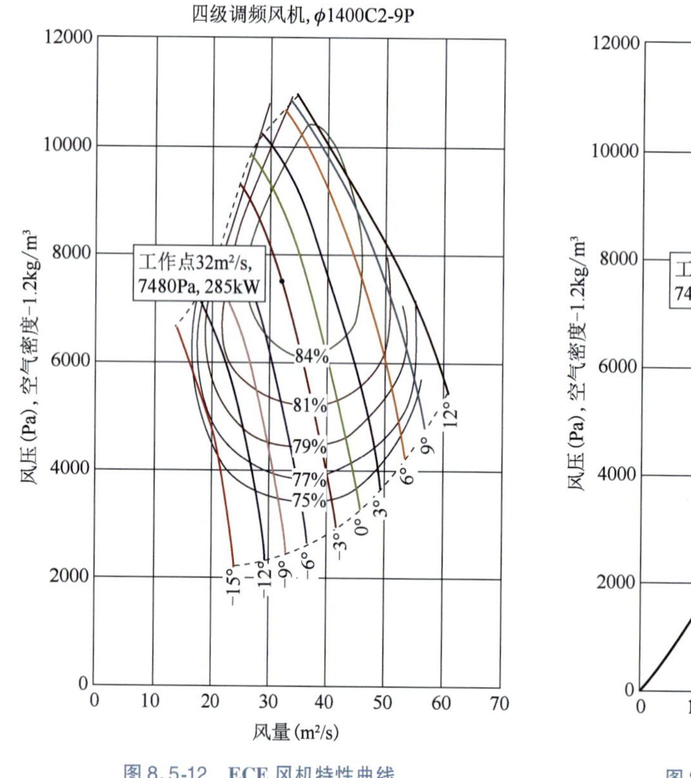

图 8.5-12　ECE 风机特性曲线

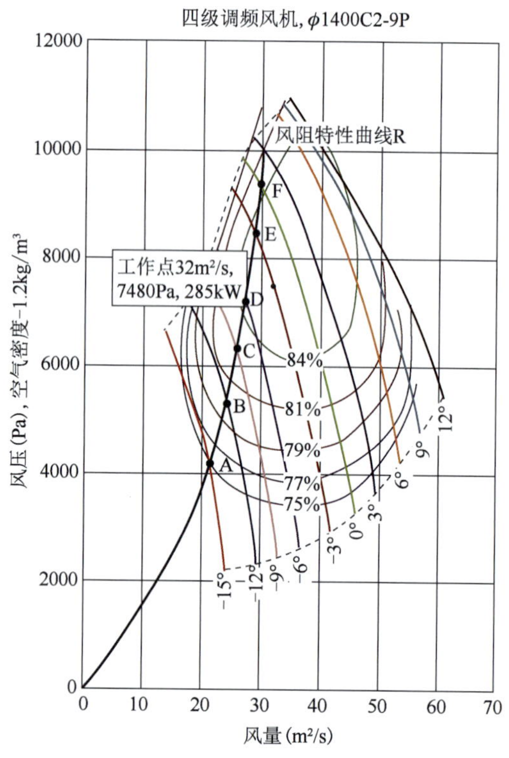

图 8.5-13　风机与风管匹配曲线

图 8.5-13 中标出了在不同叶片角度下风机特征曲线与直径 1.5m 风管的风阻特性曲线的交点，即为风机的实际工况点，可以看出，只有在叶片角度为 −3°时，风机工作点 E 的供风量为 $1723 \times 2 = 3446\text{m}^3/\text{min} > 3239\text{m}^3/\text{min}$，风压 $8431\text{Pa} > 7760\text{Pa}$ 能满足工作面的需风要求。

综上所述,根据风量和风压计算结果,选用可以充分节能和满足工程要求的多级变频防爆风机。工程选用2台ECE风机,功率为4×75kW,可实现四级调频,随着掘进距离的增加,可以改变供风风量和风压,并且工作点能够满足最大风量和风压的需求。

3)抽出式风机配置

(1)箱涵通风风机

将箱涵通风与压入式通风相结合,采用抽出式通风,有利于减小整个管廊内的通风阻力、增加通风效果,在两个边部箱涵靠近工作井处预留两个直径800mm的风口,与抽风系统的负压风管相连。

计算ϕ1500mm、10m/节的钢圈风管连接时的风筒阻力时,百米漏风率取1%,摩擦阻力系数取0.021,共2支,每支长度150m。箱涵内表面较平整,箱涵内的阻力系数$a=2.9\times10^{-4}$。但箱涵本身有缝隙与孔洞,在通风实施前必须采取密封措施。箱涵通风百米漏风率为2%,保证有害气体地层处的风速不小于0.5m/s,根据上文风阻的计算方法,计算通风阻力,并配备相应的风机。设备参数见表8.5-6(计算略)。

风管与预留孔洞采用法兰连接。负压风管与刚性风管连接时采用法兰连接,采用不燃性胶密封。负压风管采用管箍连接。

(2)预备风机

由于隧道穿越地层存在瓦斯气体,施工过程中容易出现瓦斯泄漏,在瓦斯泄漏的情况下,设置FBD系列防爆压入式对旋轴流局部通风机进行短距离抽排瓦斯。抽风量按风管出风口风量的1.1倍考虑。

设备性能参数　　表8.5-6

类别	设备型号	参数	数量	备注
主通风系统	ECE T2.140	4×75kW,高效风量30m^3/min,风压7480Pa	2台	进口,变频控制
	SDF(B)-4-NO-13	风量1695~3300m^3/min,风压930~5920Pa,电机功率2×132kW	2台	变频
	进口风机变频控制柜		2台	
	国产风机变频控制柜		2台	
	进口风机电缆		800m	
	国产风机电缆		700m	
	钢板风管	ϕ1.5m钢板风管	2套	
	测量段	ϕ1.5m、3.0mm厚钢板	96m	
	风机风量、风压测量装置	ϕ1.5m风筒,风量500~2400m^3/min,风压1000~10000Pa	2套	自动
	刚性直角弯管风管	ϕ1.5m、直角弯头	4套	
	进口瑞典风管	ϕ1.5m、200m/节	7000m	三防
	国产风管	ϕ1.5m、20m/节	4400m	三防
	出风箱	ϕ1.9m、长5m	2	

续上表

类别	设备型号	参数	数量	备注
箱涵通风系统	SCF-NO. 13	风量 13.1 ~ 43m^3/s,风压 1519 ~ 389Pa,电机功率 55kW	2 台	防爆变频
	防爆变频控制柜	电机功率 55kW	2 套	
	抽风机防爆电缆		800m	
	防爆低压配电装置		2	
	变径	钢板风管	2 套	
	刚性直角弯管风管	ϕ1.5m、直角弯头	4 套	
	负压风管	ϕ800mm、20m/节	200m	三防
	风机支座	12 号槽钢支座	2	
	风管弯头固定支架	10 号槽钢	4	

8.6 本章小结

本章分析了施工过程中沼气渗漏进入盾构机内部和隧道内部的所有途径,设计了成套的有害气体实时监测系统,并在所有途经处及易发生局部气体聚集区配置了气动局部风机,确保薄弱环节有害气体浓度始终处于安全范围,预防了因气体聚集诱发的爆燃事故;针对沼气在气垫仓顶部的聚集,首次将气垫仓内的压力、液位传感器等全部配置为音叉、压差等非电间接传感器,消除了产生电火花的可能;提出了一种新型的克泥效对有害气体密封阻隔作用试验装置进行试验,探索克泥效厚度对有害气体密封阻隔作用的影响,制定了解决超大直径泥水平衡盾构机穿越有害气体地层难题的措施和技术;分析了泥水平衡盾构机结构与施工特点,研制了开挖仓顶部、气垫仓顶部等沼气汇集区抽排装置,提出了在不进行地面抽排前提下的隧道内沼气抽排安全施工方法。针对施工期间隧道内部干扰大、暑期通风要求高、长距离风阻大及沼气加强通风等问题,研究确定了施工期采用柔性风管长距离压入式通风方案。

参考文献

[1] 陈志宁,夏沅谱,施烨辉,等. 泥水盾构刀具磨损机理研究[J]. 现代城市轨道交通,2014(4):25-28.

[2] 杨延栋,陈馈,张兵,等. 基于宏观能量理论与微观磨损机制的滚刀磨损量预测[J]. 隧道建设,2015,35(12):1356-1360.

[3] 何奖爱,工程材料,王玉玮,等. 材料磨损与耐磨材料[M]. 沈阳:东北大学出版社,2001.

[4] 王春河,许满吉. 泥水盾构泥浆复合调制的应用分析[J]. 铁道标准设计,2011(10):96-98,110.

[5] 汪辉武,郭建宁,戴兵,等. 强透水砂卵石地层泥水盾构带压与常压进舱技术[J]. 施工技术,2017,46(1):61-65,84.

[6] 翟世鸿,杨钊,鞠义成,等. 泥水盾构泥浆潜水带压进舱作业技术研究[J]. 现代隧道技术,2015,52(4):179-183.

[7] 吴忠善,杨钊,杨擎. 超大直径泥水盾构带压进舱换刀技术研究与应用[J]. 隧道建设,2014,34(7):673-678.

[8] 吕瑞虎,王光辉. 盾构刀具磨损规律及减耐磨措施研究现状分析[J]. 隧道建设,2012,32(S2):41-46.

[9] 袁大军,胡显鹏,李兴高,等. 砂卵石地层盾构刀具磨损测试分析[J]. 城市轨道交通研究,2009,12(5):48-51.

[10] 陈鹏. 南京长江隧道泥水盾构刀具磨损分析[J]. 企业技术开发,2009,28(4):7-8.

[11] 陈健,黄永亮. 超大直径泥水盾构施工难点与关键技术总结[J]. 地下空间与工程学报,2015,11(S2):637-644,660.

[12] 翟鹏程. 粗集料洛杉矶磨耗虚拟试验方法的研究[D]. 成都:西南交通大学,2014.

[13] 陈鹏. 南京长江隧道泥水盾构刀具磨损分析[J]. 企业技术开发,2009,28(4):7-8.

[14] 陈鹏. 浅谈南京长江隧道砾砂层盾构刀具的保护[J]. 凿岩机械气动工具,2009(2):45-47.

[15] 张明富,袁大军,黄清飞,等. 砂卵石地层盾构刀具动态磨损分析[J]. 岩石力学与工程学报,2008,27(2):397-397.

[16] 李奕,钟志全. 一种新型盾尾刷的设计与应用[J]. 建筑机械化,2011,32(1):82-84.

[17] 李勇成,张志鹏. 强透水地层下更换盾尾密封刷技术[J]. 探矿工程(岩土钻掘工程),2008(4):80-81.

[18] 李飞,钟志全. 泥水平衡盾构盾尾涌砂的处理[J]. 建筑机械化,2009,30(6):62-64.

[19] 张迪. 水底大型泥水盾构盾尾密封失效的应对技术[J]. 铁道建筑技术,2011(5):1-6.

[20] 刘利君. 长距离盾构隧道盾尾刷的保护[J]. 山西建筑,2012,38(13):232-233.

[21] 江旭. 盾构盾尾刷保护及盾尾漏浆防止措施[J]. 建筑机械化,2016,37(4):57-59.

[22] 陈志宁. 土压平衡盾构盾尾密封刷检修技术[J]. 隧道建设,2008,28(6):740-741,745.

[23] 施瑾伟,杨钊,杨擎,等. 注浆止水技术在高水压强渗透地层盾尾刷更换施工中的应用

[J]. 现代隧道技术,2015,52(4):190-194.

[24] 李家洋,鞠义成. 浅覆土高水压强透水地层注浆法更换盾尾刷技术[J]. 隧道建设,2015,35(S2):1-7.

[25] 陈浩. 泥水平衡盾构施工中的盾尾密封保护技术探讨[J]. 中国高新技术企业,2015(31):118-119.

[26] 杨全亮. 盾构法施工掘进参数优化分析研究[D]. 北京:北京交通大学,2007.

[27] 涂新斌,王思敬. 图像分析的颗粒形状参数描述[J]. 岩土工程学报,2004,26(5):659-662.

[28] 林辉. 基于数字图像处理技术的粗集料形状特征量化研究[D]. 长沙:湖南大学,2007.

[29] 迟明杰,赵成刚,李小军. 砂土剪胀机理的研究[J]. 土木工程学报,2009,42(3):99-104.

[30] 徐前卫,朱合华,廖少明,等. 砂土地层盾构法施工的地层适应性模型试验研究[J]. 岩石力学与工程学报,2006,25(z1):2902-2909.

[31] 徐前卫,朱合华,廖少明,等. 软土地层土压平衡盾构法施工的模型试验研究[J]. 岩土工程学报,2007,29(12):1849-1857.

[32] 谢波. 大直径泥水盾构隧道施工洞内运输方式的研究[J]. 筑路机械与施工机械化,2014,31(9):83-85

[33] 吴惠明,周文波. 高效运输系统在盾构法隧道施工中的应用[J]. 岩石力学与工程学报,2004,23(z2):5136-5139.

[34] 徐华升,郑国用. 隧道施工中的运输优化[J]. 隧道建设,2008,28(2):151-153.

[35] 白云. 土压平衡盾构隧道施工运输中的最优化方法[J]. 市政技术,2002(2):36-40.

[36] 陈寿根,张恒. 长大隧道施工通风技术研究与实践[M]. 成都:西南交通大学出版社,2014.

[37] 邱维军. 长大隧道独头压入式通风技术[J]. 科技信息,2010(18):324-325.

[38] 樊进强. 巷道式通风在摩天岭隧道中的应用[J]. 隧道建设,2007,27(3):101-104.

[39] 仇玉良. 公路隧道复杂通风网络分析技术研究[D]. 西安:长安大学,2004.

[40] 王福军. 计算流体动力学分析-CFD 软件原理及应用[M]. 北京:清华大学出版社,2004.

[41] 谢波. 大直径泥水盾构隧道施工洞内运输方式的研究[J]. 桥梁施工与机械,2014,31(9):83-85.

[42] 杨立新. 现代隧道施工通风技术[M]. 北京:人民交通出版社,2012.

[43] 住房和城乡建设部科技发展促进中心. 盾构法隧道施工与验收规范:GB 50446—2008[S]. 北京:中国建筑工业出版社,2008.

[44] 杨立新,赵军喜,郝然. 隧道施工中双软管混合式通风的风量问题[J]. 世界隧道,2000(增刊):282-287.